桂林理工大学机械与控制工程学院校企合作丛书

数字电子技术

SHUZI
DIANZI JISHU

张烈平　邱　鹏　梁　勇◎主编

四川大学出版社

项目策划：梁　胜
责任编辑：李波翔
责任校对：胡晓燕
封面设计：墨创文化
责任印制：王　炜

图书在版编目（CIP）数据

数字电子技术 / 张烈平，邱鹏，梁勇主编．— 成都：
四川大学出版社，2020.11
　　（桂林理工大学机械与控制工程学院校企合作丛书）
　　ISBN 978-7-5690-3118-8

　Ⅰ．①数… Ⅱ．①张… ②邱… ③梁… Ⅲ．①数字电
路—电子技术 Ⅳ．① TN79

中国版本图书馆 CIP 数据核字（2019）第 234461 号

书　名	数字电子技术
	SHUZI DIANZI JISHU
主　编	张烈平 邱　鹏 梁　勇
出　版	四川大学出版社
地　址	成都市一环路南一段 24 号（610065）
发　行	四川大学出版社
书　号	ISBN 978-7-5690-3118-8
印前制作	四川胜翔数码印务设计有限公司
印　刷	四川彩美印务有限公司
成品尺寸	185mm×260mm
印　张	17.25
字　数	429 千字
版　次	2020 年 11 月第 1 版
印　次	2020 年 11 月第 1 次印刷
定　价	48.00 元

扫码加入读者圈

◈ 读者邮购本书，请与本社发行科联系。
　电话：(028)85408408/(028)85401670/
　(028)86408023　邮政编码：610065
◈ 本社图书如有印装质量问题，请寄回出版社调换。
◈ 网址：http://press.scu.edu.cn

四川大学出版社
微信公众号

前　言

　　随着科学技术的发展和人类的进步，电子技术得到高度发展和广泛应用。特别是进入信息时代以来，电子技术的发展更是日新月异，其具体应用领域涵盖了测控技术、生物医学工程、信息处理、计算机技术、空间技术、遥感技术等多个领域，直接影响到工业、农业、科学技术和国防建设。

　　数字电子技术是自动化、电子信息工程、电气工程及其自动化、通信工程、计算机科学与技术等自动化、电气工程、信息工程类专业一门重要的专业基础课程，具有较强的理论性和工程实践性，是培养学生学习现代电子技术理论和实践知识的入门性课程，在专业课程体系中具有重要的地位。

　　本教材在编写过程中按照循序渐进、难易合理、重点突出、实用性强、侧重能力培养的原则，注重基础性和先进性相结合、理论知识与工程应用相结合，以适应新工科背景下对自动化、电气工程、信息工程类专业人才的培养要求，具有以下几方面的特点。

　　1. 教材内容体现了一定的基础性和先进性，使学生通过本课程的学习，能够具有较为丰富的基础理论和基础知识，具有可持续发展和创新的能力。

　　2. 教材内容注重培养学生分析问题和解决问题的能力、综合运用所学知识的能力以及工程实践的能力。

　　3. 教材内容以"必须""够用"为原则，适当简化基本原理和理论的推导和证明，注重基本原理和理论的工程应用，充分反映本学科的应用方向。

　　4. 在选材和文字叙述上符合学生的认知规律，由浅入深、由简单到复杂、由基础知识到应用举例，并配有丰富的习题。

　　本教材的出版得到桂林理工大学教材建设基金、广西高等教育本科教学改革工程项目的资助，以及深圳市奥威尔控制技术有限公司支持，是校企合作教材建设的成果。本教材由桂林理工大学机械与控制工程学院张烈平、梁勇，深圳市奥威尔控制技术有限公司邱鹏共同编写，其中张烈平负责第1~6章内容的编写，邱鹏负责第7章、第8章内容的编写，梁勇负责第9章内容的编写。由张烈平和王政忠负责最后的统稿、审校工作。

　　本书参考了同行的相关资料，在此表示衷心的感谢。由于我们水平有限，书中难免存在错误和不妥之处，敬请各位老师、同学和读者批评指正。

编　者

目　录

第1章 数字电路基础

1.1 概述

1.1.1 数字电子技术概述

1.1.1.1 数字电子技术的发展与应用

电子技术是一门研究电子器件及其应用的科学技术。自 20 世纪初第一只实用的电子器件——真空二极管问世以来，电子技术获得了巨大的发展。电子技术的广泛应用不仅有力地促进了生产力的发展，也使人们的生活变得更加丰富多彩。

现在，电子技术应用极为广泛，几乎渗透到社会生产和生活的一切领域。例如，在通信方面，利用电子技术生产的现代化通信设备（如广播、电视、DVD 机、传真机、无线电话、卫星通信设备等）琳琅满目。在工业控制方面，采用电子技术制作的传感器、测量仪表、控制器和驱动装置使系统更加灵敏、精确，从而有效地提高了自动控制系统的质量。采用大规模和超大规模集成电路工艺生产的微型计算机和单片机，在工农业生产、科学研究、经济管理、办公自动化以及日常生活的各个领域中得到了广泛的应用。可以这样说，没有先进的电子技术就没有社会生产和生活的现代化。

电子技术是 20 世纪发展最迅速、应用最广泛的技术，其发展大致分为电子管（真空管）、晶体管、微电子集成电路三个阶段。随着电子技术的发展，现在人们正处于一个信息时代，每天都要通过电视、广播、通信、互联网等多种媒体获取大量的信息，而现代信息的存储、处理和传输越来越趋于数字化。人们生活中常用的计算机、通信产品、视频设备、自动控制等电子系统，均采用数字电路或数字系统。数字电子技术正在改变人类的生产方式、生活方式和思维方式，使之朝着自动化、智能化方向发展。

数字电子技术是在布尔代数和开关理论的基础上发展起来的，其应用的典型代表是电子计算机，计算机技术的产生掀起了一场数字革命。例如照相机，传统的模拟相机用卤化银感光胶片记录影像，胶片的成像过程需要严格的加工技术，且胶片不便于传输和长期保存；数字相机将影像的光信号转换为数字信号，以像素阵列的形式进行存储，数据量压缩处理后可进行网络的远距离传输。因此，数字电子技术广泛应用于国防、工业、农业、交通、科教、医疗、娱乐、金融、财务等领域，使人们的生产生活发生了质的飞跃。

1

1.1.1.2 数字信号与数字电路

自然界中存在许多的物理量，就其变化规律的特点来说，可分为两大类。

一类是在时间和幅值上均是连续变化的信号，称为模拟信号，如图 1-1（a）所示，例如模拟语音的音频信号、模拟温度变化的电压信号和热电偶在工作时所输出的电压信号等。将传输和处理模拟信号的电子电路称为模拟电路，如模拟电子技术中的放大电路、整流电路等。

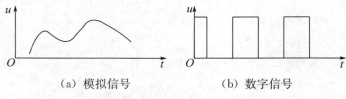

（a）模拟信号　　　　　　　　（b）数字信号

图 1-1　模拟信号与数字信号

另一类是时间和幅值上均是离散的，就是说它的变化在时间和幅值上是不连续的，称为数字信号，如图 1-1（b）所示，例如灯的工作状态、自动生产线上产品件数的统计。数字信号常用二值量的信息表示，可以用 0、1 分别表示事物的两种对立状态，如用数字电路来记录自动生产线上通过的产品件数时，当有产品通过时记为 1，没有产品通过时电路产生的信号为 0；又如用数字电路表示灯的工作状态时，灯亮用 1 表示，熄灭用 0 表示；当表示电压的高低时，用 1 表示高电平，用 0 表示低电平等。将传输和处理数字信号的电子电路称为数字电路，如门电路、触发器、计数器、编码器和译码器等。因为任何一个数字电路的输出信号与输入信号之间都存在一定的逻辑关系，所以数字电路又称为数字逻辑电路或逻辑电路。

在数字电路中，数字信号用二进制表示，采用串行和并行两种传输方法。与模拟信号相比，数字信号具有传输可靠、易于存储、抗干扰能力强、稳定性好等优点。为便于存储、分析和传输，常将模拟信号转化为数字信号，这也是数字电路应用愈来愈广泛的重要原因。

1.1.1.3 数字电路的分类及特点

1. 数字电路的分类

（1）按集成度分。

从电路结构上讲，数字电路有分立和集成电路之分。分立电路用单个元器件和导线连接而成，目前已很少使用。集成电路的所有元器件及其连线，均按照一定的功能要求，制作在同一块半导体基片上。集成电路种类很多，应用广泛。

所谓集成度，是指每一芯片所包含的门或元器件的个数。按集成度分，数字集成电路可分为小规模（SSI）、中规模（MSI）、大规模（LSI）、超大规模（VLSI）和甚大规模（ULSI）数字集成电路。数字集成电路的分类如表 1-1 所示。另外，集成电路从应用的角度又可分为通用型和专用型两大类型。

表 1-1　数字集成电路的分类

分类	门或元器件的个数	典型集成电路
小规模（SSI）	$1 \sim 10$ 门或 $10 \sim 100$ 元件	逻辑门、触发器等
中规模（MSI）	$10 \sim 100$ 门或 $100 \sim 1000$ 元件	译码器、数据选择器、加法器、移位寄存器、计数器、编码器、A/D 转换器等
大规模（LSI）	$100 \sim 10000$ 门或 $1000 \sim 10000$ 元件	小型存储器、门阵列等
超大规模（VLSI）	$10^4 \sim 10^6$ 门或 $10^5 \sim 10^7$ 元件	大型存储器、微处理器等
甚大规模（ULSI）	10^6 门或 10^7 元件	可编程逻辑器件（PLD）、多功能专用集成电路（ASI）等

（2）按所用器件制作工艺的不同分。

数字电路可分为双极型和 MOS 电路两类。双极型晶体管集成电路主要有晶体管-晶体管逻辑（Transistor Transistor Logic，TTL）、射极耦合逻辑（Emitter Coupled Logic，ECL）和集成注入逻辑（Integrated Injection Logic，I^2L）等几种类型。MOS（Metal Oxide Semiconductor）集成电路的有源器件采用金属-氧化物-半导体场效应管，又可分为 PMOS、NMOS 和 CMOS 等几种类型。

目前数字系统中普遍使用 TTL 和 CMOS 集成电路。TTL 集成电路工作速度高、驱动能力强，但功耗大、集成度低；MOS 集成电路具有集成度高、功耗低的优点，超大规模集成电路基本上都是 MOS 集成电路，其缺点是工作速度略低。目前已生产了 BiCMOS 器件，它由双极型晶体管电路和 MOS 型集成电路构成，能够充分发挥两种电路的优势，缺点是制造工艺复杂。

（3）按照电路的结构和工作原理不同分。

数字电路可分为组合逻辑电路和时序逻辑电路两类。组合逻辑电路没有记忆功能，其输出信号只与当时的输入信号有关，而与电路原来的状态无关。时序逻辑电路具有记忆功能，其输出信号不仅与当时的输入信号有关，而且与电路原来的状态有关。

2. 数字电路的特点

与模拟电路相比，数字电路主要有以下特点。

（1）结构简单，便于集成，成本低。数字电路结构简单，体积小，通用性强，集成化高，容易制造，可大批量生产，因而成本低廉。

（2）工作可靠，稳定性好，抗干扰能力强。数字电路中的电子器件工作在开关状态，对于一个给定的输入信号，输出总是相同的。而模拟电路的输出很容易受外界温度及器件老化等因素的影响。

（3）速度高，功耗低。随着集成电路工艺的发展，集成电路中单管的速度可以做到小于 10^{-11} s，超大规模集成芯片的功耗可低达几毫瓦。

（4）加密性好，可长期保存。数字电路的信息采用二进制代码进行存储、处理和传输，具有很好的保密性和存储性。

（5）易于设计，具有可编程性。数字电路只要能可靠地区分 0 和 1 两种状态就可正常工作，故分析和设计相对容易。同时，用户可根据需要用硬件描述语言（如 VHDI 等）完成设计和仿真后写入芯片，具有极强的灵活性。

1.1.2 数制及其相互转换

表达和计算数量大小的方法称为数制。数是人类文明的重要成果，是各门学科的基本要素。人类为了使自己从烦琐的数值计算中解放出来，发明了各种计算工具，计算机则是最有效的计算工具。在日常生活中人们习惯于使用十进制数，而在计算机科学中常采用二进制数、八进制数和十六进制数。

1.1.2.1 数制

1. 十进制

十进制有十个数码：0、1、2、3、4、5、6、7、8、9。数码按一定规律排列，低位到相邻高位的进位规则是"逢10进1"。数值表达式为

$$N_D = \sum_{i=-\infty}^{\infty} K_i \times 10_i, K_i = 0,1,\cdots,9$$

式中，N_D 表示十进制数（decimal number），K_i 是第 i 位的十进制数码，基数（数制的数码个数）是 10，10^i 是第 i 位十进制数码的权。

【例1】将十进制数 86.69 展开为数码与权之积的和式。

解：$86.69 = 8 \times 10^1 + 6 \times 10^0 + 6 \times 10^{-1} + 9 \times 10^{-2}$

2. 二进制

二进制有两个数码：0、1。数码按一定规律排列，低位到相邻高位的进位规则是"逢2进1"。数值表达式为

$$N_B = \sum_{i=-\infty}^{\infty} K_i \times 2^i, K_i = 0, 1$$

式中，N_B 表示二进制数（binary number），K_i 是第 i 位二进制数码（通常用 b_i 表示），基数是 2，2^i 是第 i 位二进制数码的权。

【例2】将二进制数 101.01 展开为数码与权之积的和式。

解：$101.01 = 1 \times 2^2 + 0 \times 2^1 + 1 \times 2^0 + 0 \times 2^{-1} + 1 \times 2^{-2}$

3. 十六进制

十六进制有十六个数码：0、1、2、3、4、5、6、7、8、9、A、B、C、D、E、F。其中 A、B、C、D、E、F 分别对应十进制的 10、11、12、13、14、15。数码按一定规律排列，低位到相邻高位的进位规则是"逢16进1"。数值表达式为

$$N_H = \sum_{i=-\infty}^{\infty} K_i \times 16^i, K_i = 0, 1, \cdots, F$$

式中，N_H 表示十六进制数（hexadecimal number），K_i 是第 i 位十六进制数码，基数是 16，16^i 是第 i 位十六进制数码的权。

【例3】将十六进制数 $(E9.A)_H$ 展开为数码与权之积的和式。

解：$(E9.A)_H = E \times 16^1 + 9 \times 16^0 + A \times 16^{-1}$

4. 八进制

八进制有八个数码：0、1、2、3、4、5、6、7。数码按一定规律排列，低位到相邻

高位的进位规则是"逢 8 进 1"。数值表达式为

$$N_O = \sum_{i=-\infty}^{\infty} K_i \times 8^i, \quad K_i = 0, 1, \cdots, 7$$

式中，N_O 表示八进制数（octal number），K_i 是第 i 位八进制数码，基数是 8，8^i 是第 i 位八进制数码的权。

【例 4】将八进制数 $(527.4)_O$ 展开为数码与权之积的和式。

解：$(527.4)_O = 5 \times 8^2 + 2 \times 8^1 + 7 \times 8^0 + 4 \times 8^{-1}$

综上所述，二进制数仅有两个数码 0 和 1，很方便用二进制信号表示；而其他数制的数则很难直接用二进制信号表示。所以，数字电路或计算机硬件电路处理的数都是二进制数（在计算机中称为机器数）。在计算机科学中，为了简化二进制数的表达形式，才引入了十六进制数和八进制数。

1.1.2.2　数制间的转换

1. 二/八/十六进制数转换为十进制数

转换方法：将二/八/十六进制数分别按数值表达式展开，然后按十进制运算求值。

【例 5】将二进制数 101.01 转换为十进制数。

解：$101.01 = 1 \times 2^2 + 0 \times 2^1 + 1 \times 2^0 + 0 \times 2^{-1} + 1 \times 2^{-2} = 5.25$

【例 6】将八进制数 $(527.4)_O$ 转换为十进制数。

解：$(527.4)_O = 5 \times 8^2 + 2 \times 8^1 + 7 \times 8^0 + 4 \times 8^{-1} = 343.5$

【例 7】将十六进制数 $(E9.A)_H$ 转换为十进制数。

解：$(E9.A)_H = E \times 16^1 + 9 \times 16^0 + A \times 16^{-1} = 233.625$

2. 十进制数转换为二/八/十六进制数

（1）整数转换方法。

十进制整数反复除二/八/十六进制数的基数（分别是 2、8、16），求余数；余数组合成二/八/十六进制数：先求得的余数排列在低位，后求得的余数排列在高位。

【例 8】十进制整数 13 转换为二进制整数。

解：

十进制整数	除数	商	余数	二进制数码
13	÷2	=6	1	$=B_0$
6	÷2	=3	0	$=B_1$
3	÷2	=1	1	$=B_2$
1	÷2	=0	1	$=B_3$

转换结果：$13 = B_3 B_2 B_1 B_0 = 1101$

（2）小数转换方法。

十进制小数反复乘二/八/十六进制数的基数（分别是 2、8、16），取整数。整数组合成二/八/十六进制数：先求得的整数排列在高位，后求得的整数排列在低位。

【例 9】十进制小数 0.6875 转换为二进制小数。

解：

十进制小数	乘数	积	取整	二进制数码
0.6875	×2	=1.375	1	=B_{-1}
0.375	×2	=0.75	0	=B_{-2}
0.75	×2	=1.5	1	=B_{-3}
0.5	×2	=1.0	1	=B_{-4}

转换结果：$0.6875 = 0.B_{-1}B_{-2}B_{-3}B_{-4} = 0.1011$

（3）任意十进制数转换方法。

整数、小数分别转换，然后求和。

【例 10】十进制数 13.6875 转换为二进制数。

解：$13.6875 = 13 + 0.6875 = 1101 + 0.1011 = 1101.1011$

3. 二进制与八/十六进制数间的转换

（1）十六/八进制数转换为二进制数。

转换方法：将每个十六进制数码转换为 4 位二进制数；将每个八进制数码转换为 3 位二进制数。

【例 11】十六进制数 7E.5C 转换为二进制数。

解：$(7E.5C)_H = 01111110.01011100$

【例 12】八进制数 74.53 转换为二进制数。

解：$(74.53)_O = 111100.101011$

（2）二进制数转换为十六/八进制数。

转换方法：先分组，后转换。步骤如下：

①十六进制（八进制）整数部分由低位向高位按 4 位（3 位）分组，最后分组不够 4 位（3 位）时高位添 0；十六进制（八进制）小数部分由高位向低位按 4 位（3 位）分组，最后分组不够 4 位（3 位）时低位添 0。

②将每个分组的 4 位（3 位）二进制数转换为十六进制（八进制）数码。

③按分组顺序排列十六进制（八进制）数码。

【例 13】将二进制 1101101.01 数转换为十六进制数。

解：$01101101.0100 = (6D.4)_H$

【例 14】将二进制 1101101.01 数转换为八进制数。

解：$001101101.010 = (155.4)_O$

1.1.3　编码

在数字系统中，任何数据和信息都是用若干位"0"和"1"按照一定的规则组成的二进制码来表示的。n 位二进制数码可以组成 2^n 种不同的代码，代表 2^n 种不同的信息或数据。因此，用若干位二进制数码按一定规律排列起来表示给定信息的过程称为编码。下面介绍数字系统中常用的编码及特性。

1.1.3.1　带符号数的编码

在数字系统中，需要处理的不仅有正数，还有负数。为了表示带符号的二进制数，在定点整数运算的情况下，通常以代码的最高位作为符号位，用 0 表示正，用 1 表示负，其余各位为数值位。代码的位数称为字长，它的数值称为真值。

带符号的二进制数可以用原码、反码和补码几种形式表示。

1. 原码

原码的表示方法是：符号位加数值位。

例如，真值分别为 $+62$ 和 -62，若用 8 位字长的原码来表示，则可写为

$N=+62_D=+0111110_B$　　　　　　　　$[N]_原=00111110$

$N=-62_D=-0111110_B$　　　　　　　　$[N]_原=10111110$

原码表示简单、直观，而且与真值转换方便，但用原码进行减法运算时，电路结构复杂，不容易实现，因此引入了反码和补码。

2. 反码

反码的表示方法是：正数的反码与其原码相同，即符号位加数值位；负数的反码是符号位为 1，数值位各位取反。

例如，真值分别为 $+45$ 和 -45，若用 8 位字长的反码来表示，则可写为

$[+45]_原=00101101$　　　　　　　　$[+45]_反=00101101$

$[-45]_原=10101101$　　　　　　　　$[-45]_反=11010010$

3. 补码

字长为 n 的整数 N 的补码定义如下：

$$[N]_补 = \begin{cases} N, & 0 \leqslant N \leqslant 2^{n-1} \\ 2^n + N, & -2^{n-1} \leqslant N < 0 \end{cases} \pmod{2^n}$$

由于 2^n-1 与 n 位全为 1 的二进制数等值，而 2^n 比 2^n-1 多 1，所以求一个数的补码可以用以下简便方法：

(1) 正数和 0 的补码与原码相同。

(2) 负数的补码是将其原码的符号位保持不变，对数值位逐位求反，然后在最低位加 1。

此外，应注意以下几点：

· n 位字长的二进制原码、反码、补码所表示的十进制数值范围如下：

原码：$-(2^{n-1}-1) \sim +(2^{n-1}-1)$。

反码：$-(2^{n-1}-1) \sim +(2^{n-1}-1)$。

补码：$-2^{n-1} \sim +(2^{n-1}-1)$（不含$-0$）。

例如，4 位字长的原码、反码其数值表示范围均为$-7 \sim +7$，而补码的范围则为$-8 \sim +7$；$+0$ 的原码、反码、补码均为 0000，-0 只有原码（1000）和反码（1111），而没有补码；-8 只有补码（1000），而没有原码和反码。

• 如果已知一个数的补码，则可以用$\{[X]_{\text{补}}\}_{\text{补}}=[X]_{\text{原}}$ 求其原码和真值。

【例 15】已知十进制数$+6$ 和-5，试分别用 4 位字长和 8 位字长的二进制补码来表示。

解：（1）$n=4$：

$[+6]_{\text{原}}=0110$ $[+6]_{\text{补}}=0110$

$[-5]_{\text{原}}=1101$ $[-5]_{\text{补}}=1011$

（2）$n=8$：

$[+6]_{\text{原}}=00000110$ $[+6]_{\text{补}}=00000110$

$[-5]_{\text{原}}=10000101$ $[-5]_{\text{补}}=11111011$

【例 16】已知 4 位字长的二进制补码分别为 0011、1011、1000，试求其相应的十进制数。

解：（1）因为$[X]_{\text{补}}=0011$，符号位为 0，所以$[X]_{\text{原}}=0011$，$X=+3$。

（2）因为$[X]_{\text{补}}=1011$，符号位为 1，所以$[X]_{\text{原}}=[1011]_{\text{补}}=1101$，$X=-5$。

（3）因为$[X]_{\text{补}}=1000$，符号位为 1，它是$n=4$ 时-8 的补码，而-8 没有原码和反码，所以$X=-8$。

4. 补码的运算

在数字系统中，求一个数的反码和补码都很容易，而且利用补码可以方便地进行带符号二进制数的加、减运算。若X、Y 均为正整数，则$X-Y$ 的运算可以通过$[X]_{\text{补}}+[-Y]_{\text{补}}$ 来实现，这样将减法运算变成了加法运算，因而简化了电路结构。

采用补码进行加、减法运算的步骤如下：

（1）根据$[X \pm Y]_{\text{补}}=[X]_{\text{补}}+[\pm Y]_{\text{补}}$，分别求出$[X]_{\text{补}}$、$[\pm Y]_{\text{补}}$ 和$[X \pm Y]_{\text{补}}$。

（2）补码相加时，符号位参与运算，若符号位有进位，则自动舍去。

（3）根据$[X \pm Y]_{\text{补}}$ 的结果求出$[X \pm Y]_{\text{原}}$，进而求出$X \pm Y$ 的结果。

【例 17】试用 4 位字长的二进制补码完成下列运算：

①$7-5$；②$3-4$。

解：$[7]_{\text{补}}=0111$，$[-5]_{\text{补}}=1011$，$[3]_{\text{补}}=0011$，$[-4]_{\text{补}}=1100$。

①$[7]_{\text{补}}+[-5]_{\text{补}}$ 为

$$\begin{array}{r} 0111 \\ + \quad 1011 \\ \hline \text{舍去} \leftarrow (1)\,0010 \end{array}$$

即$[7-5]_{\text{补}}=[7]_{\text{补}}+[-5]_{\text{补}}=0010$，符号位为 0，所以$[7-5]_{\text{原}}=0010$，故$7-5=+2$。

②$[3]_{\text{补}}+[-4]_{\text{补}}$ 为

$$
\begin{array}{r}
0011\\
+\quad 1100\\
\hline
1111
\end{array}
$$

即 $[3-4]_\text{补}=[3]_\text{补}+[-4]_\text{补}=1111$，符号位为 1，所以 $[3-4]_\text{原}=1001$，故 $3-4=-1$。

必须指出，两个补码相加时，如果产生的和超出了有效数字位所表示的范围，则计算结果会出错，之所以发生错误，是因为计算结果产生了溢出，解决的办法是扩大字长。

1.1.3.2 二－十进制编码（BCD 码）

二－十进制编码是用四位二进制码的 10 种组合表示十进制数 0～9，简称 BCD 码（Binary Coded Decimal）。

这种编码至少需要用四位二进制数码，而四位二进制数码可以有 16 种组合。当用这些组合表示十进制数 0～9 时，有六种组合不用。从 16 种组合中选用 10 种组合，有

$$
A_{16}^{10}=\frac{16!}{(16-10)!}\approx 2.9\times 10^{10}
$$

种编码方案，但并不是所有的方案都有实用价值。表 1－2 列出了几种常用的 BCD 码的编码方式。

表 1－2　几种常用的 BCD 码的编码方式

十进制数	8421 码	5421 码	2421 码	余 3 码	BCD Gray 码
0	0000	0000	0000	0011	0000
1	0001	0001	0001	0100	0001
2	0010	0010	0010	0101	0011
3	0011	0011	0011	0110	0010
4	0100	0100	0100	0111	0110
5	0101	1000	1011	1000	0111
6	0110	1001	1100	1001	0101
7	0111	1010	1101	1010	0100
8	1000	1011	1110	1011	1100
9	1001	1100	1111	1100	1000

1. 8421 BCD 码

8421 BCD 码是最基本和最常用的 BCD 码，它和四位自然二进制码相似，各位的权值为 8、4、2、1，故称为有权 BCD 码。和四位自然二进制码不同的是，8421 BCD 码只选用了四位二进制码中的前 10 组代码，即用 0000～1001 分别代表十进制数的 0～9，余下的六组代码 1010～1111 不用。

2. 5421 BCD 码和 2421 BCD 码

5421 BCD 码和 2421 BCD 码均属于有权 BCD 码，它们从高位到低位的权值分别为 5、4、2、1 和 2、4、2、1。这两种 BCD 码的编码方案不是唯一的。例如，5421 BCD

码中的数码 5 既可以用 1000 表示，也可以用 0101 表示；2421 BCD 码中的数码 6 既可以用 1100 表示，也可以用 0110 表示。表 1-2 只列出了一种常用的编码方式。

表 1-2 所示的 2421 BCD 码的 10 个数码中，0 和 9、1 和 8、2 和 7、3 和 6、4 和 5 的代码对应恰好一个是 0 时，另一个就是 1。我们称 0 和 9、1 和 8 互为反码。因此 2421 BCD 码具有对 9 互补的特点，它是一种对 9 的自补代码（即只要对某一组代码各位取反就可以得到 9 的补码），在运算电路中使用比较方便。

3. 余 3 码

余 3 码是 8421 BCD 码的每个码组加 3（0011）形成的。余 3 码也具有对 9 互补的特点，即它也是一种 9 的自补码，所以也常用于 BCD 码的运算电路中。

用 BCD 码可以方便地表示多位十进制数，其转换方法是每一位十进制数用一组 BCD 码代替，例如：

$$(579.8)_{10} = (0101\ 0111\ 1001.1000)_{8421\,BCD} = (1000\ 1010\ 1100.1011)_{余\,3\,码}$$

1.1.3.3　可靠性编码

代码在形成、传输过程中可能会发生错误。为了减少这种错误，出现了可靠性编码。常用的可靠性编码有以下两种。

1. Gray 码（格雷码）

Gray 码最基本的特性是任何相邻的两组代码中，仅有一位数码不同，即具有相邻性，因此又称单位距离码。此外，Gray 码的首尾两个码组也有相邻性，因此又称循环码。

Gray 码的编码方案有多种，典型的 Gray 码如表 1-3 所示。

表 1-3　典型的 Gray 码

十进制数	二进制码				Gray 码				
	B_3	B_2	B_1	B_0	G_3	G_2	G_1	G_0	
0	0	0	0	0	0	0	0	0	┄一位反射对称轴
1	0	0	0	1	0	1	0	1	┄二位反射对称轴
2	0	0	1	0	0	0	1	1	
3	0	0	1	1	0	1	0	┄三位反射对称轴
4	0	1	0	0	0	1	1	0	
5	0	1	0	1	0	1	1	1	
6	0	1	1	0	0	1	0	1	
7	0	1	1	1	0	1	0	0	
8	1	0	0	0	1	1	0	0	
9	1	0	0	1	1	1	0	1	
10	1	0	1	0	1	1	1	1	
11	1	0	1	1	1	1	1	0	┄四位反射对称轴
12	1	1	0	0	1	0	1	0	
13	1	1	0	1	1	0	1	1	
14	1	1	1	0	1	0	0	1	
15	1	1	1	1	1	0	0	0	

从表1-3中可以看出，这种代码除了具有单位距离码的特点外，还有一个特点就是具有反射特性，即按表中所示的对称轴为界，除最高位互补反射外，其余各位沿对称轴镜像对称。利用这一反射特性可以方便地构成位数不同的 Gray 码。

Gray 码的单位距离特性有很重要的意义。例如，两个相邻的十进制数 13 和 14 相应的二进制码为 1101 和 1110，在用二进制数作加 1 计数时，如果从 13 变为 14，则二进制码的最低两位都要改变，但实际上两位改变不可能同时发生，若最低位先置 0，然后次低位再置 1，则中间会出现 1101—1100—1110，即出现暂短的误码 1100，而 Gray 码只有一位变化，因而杜绝了出现这种错误的可能。

2. 奇偶校验码

奇偶校验码是一种能够检测出信息在传输中产生奇数个码元错误的代码，由信息位和检验位两部分组成。

信息位是位数不限的任何一种二进制代码。校验位仅有一位，可以放在信息位的前面，也可以放在信息位的后面。其编码方式有以下两种。

（1）使得一组代码中信息位和校验位"1"的个数之和为奇数，称为奇校验；

（2）使得一组代码中信息位和校验位"1"的个数之和为偶数，称为偶校验。

表 1-4 给出了 8421 BCD 码的奇偶校验码。

表 1-4　8421 BCD 码的奇偶校验码

十进制数	8421 BCD 奇校验		8421 BCD 偶校验	
	信息位	校验位	信息位	校验位
0	0000	1	0000	0
1	0001	0	0010	1
2	0010	0	0010	1
3	0011	1	0011	0
4	0100	1	0100	1
5	0101	1	0101	0
6	0110	1	0110	0
7	0111	0	0111	1
8	1000	0	1000	1
9	1001	1	1001	

接收端对接收到的奇偶校验码进行检测时，只需检查各码组中"1"的个数是奇数还是偶数，就可以判断代码是否出错。

奇偶校验码只能检查出奇数个代码出错，但不能确定是哪一位出错。因此，它没有纠错能力。但由于它编码简单，设备量少，而且在传输中通常一位码元出错的概率最大，因此该码被广泛采用。

1.1.3.4 字符代码

在数字系统和计算机中，需要编码的信息除了数字外，还有字符和各种专用符号。用二进制代码表示字母和符号的编码方式有多种形式。目前广泛采用的是 ASCII 码（American Standard Code for Information Interchange，美国信息交换标准代码），其编码表如表 1-5 所示。

表 1-5　ASCII 码

	B_4	B_3	B_2	B_1	0 0 0 0	1 0 0 1	2 0 1 0	3 0 1 1	4 1 0 0	5 1 0 1	6 1 1 0	7 1 1 1
		B_7	B_6	B_5								
0	0	0	0	0	NUL	DLE	SP	0	@	P	、	P
1	0	0	0	1	SOH	DC1	!	1	A	Q	a	q
2	0	0	1	0	STX	DC2	"	2	B	R	b	r
3	0	0	1	1	ETX	DC3	#	3	C	S	c	s
4	0	1	0	0	EOT	DC4	$	4	D	T	d	t
5	0	1	0	1	ENQ	NAK	%	5	E	U	e	u
6	0	1	1	0	ACK	SYN	&	6	F	V	f	v
7	0	1	1	1	BEL	ETB	'	7	G	W	g	w
8	1	0	0	0	BS	CAN	(	8	H	X	h	x
9	1	0	0	1	HT	EM	)	9	I	Y	i	y
10	1	0	1	0	LF	SUB	*	:	J	Z	j	z
11	1	0	1	1	VT	ESC	+	;	K	[	k	{
12	1	1	0	0	FF	FS	,	<	L	\	l	|
13	1	1	0	1	CR	GS	—	=	M	]	m	}
14	1	1	1	0	SO	RS	.	>	N		n	~
15	1	1	1	1	SI	US	/	?	O	—	o	DEL

ASCII 码采用七位二进制数编码，因此可以表示 128 个字符。由表 1-5 可见，数字 0~9 相应用 0110000~0111001 来表示，B_8 通常用做奇偶校验位，但在机器中表示时，常使其为 0，因此 0~9 的 ASCII 码为 30H~39H，大写字母 A~Z 的 ASCII 码为41H~5AH。

1.2 逻辑代数

逻辑代数有一系列的定律、公式和规则，用它们对逻辑表达式进行处理以完成对逻辑电路的化简、变换、分析和设计。

1.2.1 逻辑代数的基本定律

1.2.1.1 基本逻辑运算

根据与、或、非三种运算关系的逻辑功能，可以很容易得到表1-6。

表1-6　基本逻辑运算

与运算（有0出0，全1出1）	或运算（有1出1，全0出0）	非运算（有0出1，有1出0）
$0 \cdot 0 = 0$	$0 + 0 = 0$	$\overline{0} = 1$
$0 \cdot 1 = 0$	$0 + 1 = 1$	
$1 \cdot 0 = 0$	$1 + 0 = 1$	$\overline{1} = 0$
$1 \cdot 1 = 1$	$1 + 1 = 1$	

1.2.1.2 基本定律

根据基本运算法则和变量与常量之间的关系可以推导出下面常用的逻辑代数的基本定律和恒等式，如表1-7所示。

表1-7　逻辑代数的基本定律

序号	名称	基本定律	
1	0-1律	$0 + A = A$	$1 \cdot A = A$
		$1 + A = 1$	$0 \cdot A = 0$
2	重叠律	$A + A = A$	$A \cdot A = A$
3	互补律	$A + \overline{A} = 1$	$A \cdot \overline{A} = 1$
4	交换律	$A + B = B + A$	$A \cdot B = B \cdot A$
5	结合律	$(A+B) + C = A + (B+C)$	$(A \cdot B) \cdot C = A \cdot (B \cdot C)$
6	分配律	$A \cdot (B+C) = A \cdot B + A \cdot C$	$A + B \cdot C = (A+B)(A+C)$
7	吸收律	原变量 $A + AB = A$ $A(A+B) = A$ 反变量 $A + \overline{A}B = A + B$	混合变量吸收律 $AB + \overline{A}C + BC = AB + \overline{A}C$
8	还原律	$\overline{\overline{A}} = A$	

续表

序号	名称	基本定律	
9	反演律	$\overline{A+B}=\overline{A}\cdot\overline{B}$	$\overline{AB}=\overline{A}+\overline{B}$

表 1−7 中的反演律（摩根定律）可以推广到多个变量，等式依然成立。可总结反演律（摩根定律）等式的规律为：多变量整体的非变为单变量的非，中间的与号、或号互换。推广式可表示为：

$$\overline{ABC\cdots}=\overline{A}+\overline{B}+\overline{C}+\cdots$$

$$\overline{A+B+C+\cdots}=\overline{A}\,\overline{B}\,\overline{C}\cdots$$

表 1−7 中所列出的基本定律均可采用真值表加以证明，对输入取值的所有组合状态，若等式两边的各项都相同，则等式成立。例如二输入变量反演定律（也称摩根定律）的证明如表 1−8 所示。当变量 A、B 分别取 0、1 的四种组合时，对应的和的取值相同，和的取值也相同，从而证明了反演定律。

表 1−8 利用真值表证明反演律公式

A	B	$\overline{A\cdot B}$	$\overline{A}+\overline{B}$	$\overline{A+B}$	$\overline{A}+\overline{B}$
0	0	1	1	1	1
0	1	1	1	0	0
1	0	1	1	0	0
1	1	0	0	0	0

进行逻辑运算时，不能简单套用普通代数的运算规则，例如：不能进行移项和约分的运算，因为在逻辑代数中没有减法和除法运算。例如，在吸收律中 $A+AB=A$，若使用移项，则有 $AB=0$，显然这是错误的。对吸收律 $A(A+B)=A$，若使用移项，则有 $A+B=1$，显然这也是错误的。

1.2.2 逻辑代数常用公式

根据前面讨论的基本定律可以推导出几个常用公式，它们对逻辑函数的化简非常有用。

1. 公式 1

$$AB+A\overline{B}=A \tag{1-1}$$

证明：$AB+A\overline{B}=A(B+\overline{B})=A\cdot 1=A$

公式说明：如果两个乘积项中一项含有原变量，另一项含有反变量，其余因子相同，则得到的是公因子，该公式又称为合并律。

另有公式 $(A+B)(A+\overline{B})=A$，证明从略，读者自己证明。

2. 公式 2

$$A+\overline{A}B=A+B \tag{1-2}$$

利用吸收律可以证明此等式成立，具体过程如下：

$$A + \overline{A}B = (A + AB) + \overline{A}B$$
$$= A + B(A + \overline{A})$$
$$= A + B \cdot 1$$
$$= A + B$$

公式说明：两个乘积项中，如果一个乘积项的反是另一个乘积项的一个因子，则该因子的反是多余的。

另有公式 $A(\overline{A} + B) = AB$，证明从略，读者自己证明。

3. 公式 3

$$AB + \overline{A}C + BC = AB + \overline{A}C \qquad (1-3)$$

利用吸收律可以证明此等式成立，具体过程如下：

$$AB + \overline{A}C + BC = AB + \overline{A}C + BC(A + \overline{A})$$
$$= AB + ABC + \overline{A}C + \overline{A}BC$$
$$= AB + \overline{A}C$$

推广式：$AB + \overline{A}C + BCDE = AB + \overline{A}C$

证明如上，略。

公式说明：如果一个乘积项中含有原变量，另一个乘积项中含有反变量，而这两个乘积项的其余因子是第三个乘积项的因子或全部时，则第三个乘积项是多余的。

4. 公式 4

$$\overline{A\overline{B}} + \overline{AC} = AB + \overline{A}C \qquad (1-4)$$

利用摩根定律和公式 3 可以证明此等式成立，具体过程如下：

$$\overline{A\overline{B}} + \overline{AC} = \overline{A\overline{B}} \cdot \overline{AC}$$
$$= A\overline{A} + \overline{A}C + AB + B\overline{C}$$
$$= \overline{A}C + AB + B\overline{C}$$
$$= AB + \overline{A}C$$

公式说明：两个乘积项中，如果一个乘积项中含有原变量，另一个乘积项中含有反变量，将这两个乘积项中的其余因子取反，得到的是原函数的反函数。

其中，异或运算求反得同或运算，同或运算求反得异或运算即为该公式的特例。如：

$$A \odot B = \overline{A \oplus B}.$$

证明：$\overline{A \oplus B} = \overline{A\overline{B} + \overline{A}B} = (\overline{A} + B)(A + \overline{B}) = AB + \overline{A}\overline{B} = A \odot B$。

$\overline{\overline{A}B} = A \oplus B$，证明从略，读者自己证明。

5. 公式 5

$A \oplus A = 0$，$A \oplus \overline{A} = 1$，$A \oplus 0 = A$，$A \oplus 1 = \overline{A}$

证明从略，读者自己证明。

6. 公式 6

如果 $A \oplus B = C$，则 $A \oplus C = B$，$B \oplus C = A$。

推论：如果 $A \oplus B \oplus C = 0$，则有 $A \oplus B \oplus 0 = C$，$C \oplus B \oplus 0 = A$。

多变量异或运算中，运算结果只与变量为 1 的个数有关，与变量为 0 的个数无关。若有奇数个变量为 1，则结果为 1；若有偶数个变量为 1，则结果为 0。

1.2.3 逻辑代数基本规则

1.2.3.1 代入规则

在任何一个逻辑代数等式中，如果将等式两边所有的同一变量均用同一个逻辑函数式代入，等式依然成立，这就是代入规则。

利用代入规则很容易将摩根定律的基本公式推广为多变量的形式。

1.2.3.2 反演规则

对于任何一个函数表达式 Y，若将其中所有的"·"换成"+"，"+"换成"·"，"0"换成"1"，"1"换成"0"，原变量换成反变量，反变量换成原变量，则得到的结果就是原函数 Y 的反函数，表达式为 $\bar{Y}$，这个规则称为反演规则。

反演规则为求已知逻辑表达式的反逻辑表达式提供了方便。

若函数 Y 成立，其反函数 $\bar{Y}$ 也成立，同时有 $\bar{\bar{Y}} = Y$。

在使用反演规则时，还须注意以下两点。

（1）保持原来运算的优先顺序，即先进行括号内的运算，再进行与运算，后进行或运算。

（2）不属于单个变量上的非号保持不变。

回顾一下摩根定律便可发现，它只不过是反演规则的一个特例而已。正是由于这个原因，才将它称为反演律。

1.2.3.3 对偶规则

对于任何一个逻辑函数式 Y，若将其中所有的"·"换成"+"，"+"换成"·"，"0"换成"1"，"1"换成"0"，则得到一个新的逻辑函数式 Y'，Y' 为 Y 的对偶式，这就是对偶规则。

若函数 Y 成立，其对偶式 Y' 也成立，同时有 $(Y')' = Y$。

1.3 逻辑函数的化简方法

1.3.1 逻辑函数

在逻辑电路中，逻辑变量分为两种：输入逻辑变量和输出逻辑变量。如果将原因作为输入变量，将结果作为输出变量，那么当输入的取值确定后，输出的取值便随之唯一地确定。描述数字逻辑电路输入变量和输出变量之间的因果关系的表达式称为逻辑函

数，可表示为

$$Y = f(A, B, C, \cdots)$$

任何一个具体事物的因果关系都可以用一个逻辑函数来描述。由于逻辑变量只有 0、1 两种取值，因此逻辑函数是二值逻辑函数。

1.3.2 代数化简法

从前面的分析可以看出，逻辑函数表达式和逻辑电路图是一一对应的。逻辑函数表达式越简单，使用的逻辑门越少，电路就越简单。因此，有必要对逻辑函数表达式进行化简。

逻辑函数化简通常是指将逻辑函数化简为最简与或式或者最简或与式，有了这两种基本形式就可以转换成其他表达式。

最简与或（或与）式是指表达式中与项（或项）的个数最少，每个与项（或项）中的变量数最少。

代数法化简的方法是：反复使用逻辑代数的基本公式消去逻辑函数表达式中多余的乘积项和多余因子，以求得逻辑函数的最简表达式。常用方法有以下几种。

1.3.2.1 并项法

并项法是利用公式 $AB + A\overline{B} = A$ 将两个相邻项合并成一项，并消去互补因子。例如：

$$F = AB\overline{C}D + AB\overline{CD} = A\overline{C}D$$

$$F = A\overline{BC} + AB\overline{C} + ABC + A\overline{B}C$$

$$= A\overline{C} + AC = A$$

1.3.2.2 吸收法

吸收法是利用吸收律 $A + AB = A$、$A + \overline{A}B = A + B$ 和 $AB + \overline{A}C + BC = AB + \overline{A}C$ 吸收（消去）多余的乘积项或多余的因子。例如：

$$F = AB + \overline{A}C + BC = AB + (\overline{A} + \overline{B})C = AB + \overline{AB}C = AB + C$$

$$F = \overline{A} + AB\overline{C}D + C = \overline{A} + B\overline{C}D + C = \overline{A} + BD + C$$

$$F = ABC + \overline{A}D + \overline{C}D + BD = ABC + (\overline{A} + \overline{C})D + BD$$

$$= ABC + \overline{AC}D + BD = ABC + \overline{AC}D$$

$$= ABC + \overline{A}D + \overline{C}D$$

$$F = A\overline{B} + AC + ADE + \overline{C}D = A\overline{B} + AC + \overline{C}D + ADE = A\overline{B} + AC + \overline{C}D$$

1.3.2.3 配项法

配项法是利用重叠律 $A + A = A$、互补律 $A + \overline{A} = 1$ 和吸收律 $AB + \overline{A}C + BC = AB + \overline{A}C$ 先配项或添加多余项，然后逐步化简。例如：

$$F = AC + \overline{A}D + \overline{B}D + B\overline{C}$$

$$= AC + B\overline{C} + (\overline{A} + \overline{B})D$$

$$=AC+B\overline{C}+AB+\overline{A}BD \qquad （添加多余项 AB）$$

$$=AC+B\overline{C}+AB+D \qquad （去掉多余项 AB）$$

$$=AC+B\overline{C}+D$$

$$F=\overline{A}\overline{B}\overline{C}+\overline{A}B\overline{C}+\overline{A}BC+AB\overline{C}$$

$$=（\overline{A}\overline{B}\overline{C}+\overline{A}B\overline{C}）+（\overline{A}B\overline{C}+\overline{A}BC）+（\overline{A}B\overline{C}+AB\overline{C}）\quad（\overline{A}B\overline{C}可反复使用多次）$$

$$=\overline{A}\overline{C}+\overline{A}B+B\overline{C}$$

$$F=\overline{A}B+B\overline{C}+BC+AB$$

$$=\overline{A}B（C+\overline{C}）+B\overline{C}+BC（A+\overline{A}）+AB \qquad （配项）$$

$$=\overline{A}BC+\overline{A}B\overline{C}+B\overline{C}+ABC+\overline{A}BC+AB \qquad （吸收多余项）$$

$$=\overline{A}C+B\overline{C}+AB$$

由以上例子可见，代数化简法对变量的数目无限制，但是需要熟悉逻辑代数公式，并具有一定的技巧。该法的缺点是化简方法缺乏规律性，且对化简后的结果是否最简难以判断。因此，在变量不多的情况下，通常采用卡诺图化简法。

1.3.3　卡诺图化简法

卡诺图（Karnaugh Map）由美国工程师卡诺（Karnaugh）首先提出，故称卡诺图，简称 K 图。它是一种按相邻规则排列而成的最小项方格图，利用相邻项不断合并的原则可以使逻辑函数得到化简。由于这种图形化简法简单而直观，因而得到了广泛应用。

1.3.3.1　卡诺图的构成

在逻辑函数的真值表中，输入变量的每一种组合都和一个最小项相对应，这种真值表也称最小项真值表。卡诺图就是根据最小项真值表按一定规则排列的方格图。例如，三变量最小项真值表如表 1-9 所示，画三变量 K 图时首先画出八个小方格，并将输入变量 A、B、C 按行和按列分为两组表示在方格图的顶端，变量的取值分别按格雷码排列。行、列变量交叉处的小方格就是输入变量取值所对应的最小项，这样便构成了图 1-2（a）所示的三变量 K 图。由图可见，由于行、列变量的取值都按格雷码排列，因此每两个相邻方格中的最小项都是相邻项。为了便于书写和记忆，K 图各方格内的最小项也可以用最小项符号 m_i 或编号 i 表示，分别如图 1-2（b）、（c）所示。

表 1-9　三变量最小项真值表

A	B	C	最小项
0	0	0	$\overline{A}\overline{B}\overline{C}$
0	0	1	$\overline{A}\overline{B}C$
0	1	0	$\overline{A}B\overline{C}$
0	1	1	$\overline{A}BC$
1	0	0	$A\overline{B}\overline{C}$

续表

A	B	C	最小项
1	0	1	$A\bar{B}C$
1	1	0	$AB\bar{C}$
1	1	1	ABC

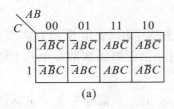
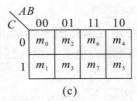
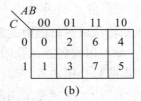

图 1-2　三变量 K 图

根据同样的方法，只要将输入变量的取值按格雷码规律排列，便可构成四变量 K 图、五变量 K 图，分别如图 1-3（a）、（b）所示。

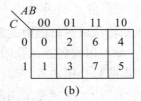

（a）四变量 K 图　　　　　　　（b）五变量 K 图

图 1-3　四变量、五变量 K 图

从以上分析可以看出，K 图具有如下特点：

（1）n 变量的卡诺图有 2^n 个方格，对应表示 2^n 个最小项。每当变量数增加一个，卡诺图的方格数就会扩大一倍。

（2）卡诺图中任何相邻位置的两个最小项都是相邻项。变量取值的顺序按格雷码排列，以确保各相邻行（列）之间只有一个变量取值不同，从而保证了卡诺图具有这一重要特点。

相邻位置包括三种情况：一是相接，即紧挨着；二是相对，即任意一行或一列的两头；三是相重，即对折起来位置重合。

相邻项是指除了一个变量不同外其余变量都相同的两个乘积项（与项）。

例如，在图 1-3（b）所示的五变量 K 图中，m_5 在位置上与 m_4、m_7、m_1、m_{13}、m_{21} 相邻，因此 $m_5 = \bar{A}B\bar{C}D\bar{E}$ 与 $m_4 = \bar{A}B\bar{C}\bar{D}\bar{E}$ 是相邻项，此外，还分别与 $m_7 = \bar{A}B\bar{C}DE$、$m_1 = \bar{A}\bar{B}\bar{C}\bar{D}E$、$m_{13} = \bar{A}BC\bar{D}E$ 和 $m_{21} = A\bar{B}C\bar{D}E$ 是相邻项，即 m_5 有五个相邻项。可见，卡诺图也反映了 n 个变量的任何一个最小项有 n 个相邻项这一特点。

卡诺图的主要缺点是：随着输入变量的增加图形迅速变得复杂，相邻项不那么直观，因此它适用于表示 6 变量以下的逻辑函数。

1.3.3.2　逻辑函数的卡诺图表示法

卡诺图是真值表的一种特殊形式，n 变量的卡诺图包含了 n 变量的所有最小项，因此任何一个 n 变量的逻辑函数都可以用 n 变量卡诺图来表示。

将逻辑函数填入卡诺图时，有以下几种情况。

1. 给出的逻辑函数为与或标准式

只要将构成逻辑函数的最小项在卡诺图上相应的方格中填 1，其余的方格填 0（或不填），就可以得到该函数的卡诺图。也就是说，任何一个逻辑函数都等于其卡诺图上填 1 的那些最小项之和。

例如，用卡诺图表示函数 $F_1 = \sum m (0，3，4，6)$ 时，只需在三变量卡诺图中将 m_0、m_3、m_4、m_6 处填 1，其余填 0（或不填）即可，其卡诺图如图 1-4 所示。

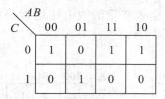

图 1-4　F_1 的卡诺图

2. 给出的逻辑函数为一般与或式

将一般与或式中每个与项在卡诺图上所覆盖的最小项都填 1，其余填 0（或不填），就可以得到该函数的卡诺图。

例如，用卡诺图表示函数 $F_2 = ABC + \overline{A}\overline{B}C + D + AD$ 时，先确定使每个与项为 1 的输入变量取值，然后在该输入变量取值所对应的方格内填 1。

F_2 为四变量函数，当 $ABCD = 101\times$（$\times$ 表示可以为 1，也可以为 0）时 $AB C$ 为 1，因此在 ABC 取值为 101 所对应的方格（m_{10}、m_{11}）处填 1；当 $ABCD = 001\times$ 时，$\overline{A}\overline{B}C$ 为 1，因此在 ABC 取值为 001 所对应的方格（m_2、m_3）处填 1；当 $ABCD = \times\times\times1$ 时 D 为 1，因此在 D 取值为 1 所对应的 8 个方格（m_1、m_3、m_5、m_7、m_9、m_{11}、m_{13}、m_{15}）处填 1；当 $ABCD = 1\times\times1$ 时 AD 为 l，因此在 AD 取值为 11 所对应的 4 个方格（m_9、m_{11}、m_{13}、m_{15}）处填 1。F_2 的 K 图如图 1-5 所示。

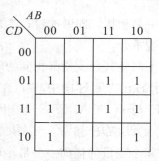

图 1-5　F_2 的卡诺图

3. 给出的逻辑函数为或与标准式

只要将构成逻辑函数的最大项在卡诺图相应的方格中填 0，其余的方格填 1 即可。也就是说，任何一个逻辑函数都等于其卡诺图上填 0 的那些最大项之积。

例如，函数 $F_3 = \prod M(0,2,6) = (A+B+C)(A+\overline{B}+C)(\overline{A}+\overline{B}+C)$ 的卡诺图如图 1-6 所示。

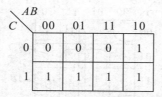

图 1-6　F_3 的卡诺图

必须注意，在卡诺图中最大项的编号与最小项的编号一致，但对于输入变量的取值是相反的。

4. 给出的逻辑函数为一般或与式

将一般或与式中每个或项在卡诺图上所覆盖的最大项处都填 0，其余的填 1 即可。

例如，将函数 $F_4 = (\overline{A}+C)(\overline{B}+C)$ 填入卡诺图时，先确定使每个或项为 0 时输入变量的取值，然后在该取值所对应的方格内填 0。

$(\overline{A}+C)$：当 $ABC=1\times0$ 时，$(\overline{A}+C)=0$，使 $F_4=0$，因此在 AC 取值为 10 所对应的方格（M_4、M_6）处填 0；

$(\overline{B}+C)$：当 $ABC=\times10$ 时，$(\overline{B}+C)=0$，也可使 $F_4=0$，因此在 BC 取值为 10 所对应的方格（M_2、M_6）处填 0。

F_4 的卡诺图如图 1-7 所示。

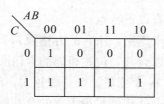

图 1-7　F_4 的卡诺图

1.3.3.3　最小项合并规律

在卡诺图中，凡是位置相邻的最小项均可以合并。

两个相邻最小项合并为一项，消去一个互补变量。在卡诺图上该合并圈称为单元圈，它所对应的与项由圈内没变化的那些变量组成，可以直接从卡诺图中读出。例如，图 1-8（a）中 m_1、m_3 合并为 $\overline{A}C$，图 1-8（b）中 m_0、m_4 合并为 $\overline{B}\,\overline{C}$。

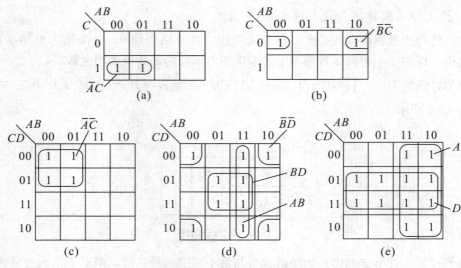

图 1-8 最小项合并规律

任何两个相邻的单元 K 圈也是相邻项，仍然可以合并，消去互补变量。因此，K 圈越大，消去的变量数也就越多。

图 1-8（c）、（d）表示四个相邻最小项合并为一项，消去了两个变量，合并后的与项由 K 圈对应的没有变化的那些变量组成。图 1-8（c）中，m_0、m_1、m_4、m_5 合并为 $\overline{A}\overline{C}$，图 1-8（d）中 m_0、m_2、m_8、m_{10} 合并为 $\overline{B}\overline{D}$，m_5、m_7、m_{13}、m_{15} 合并为 BD，m_{12}、m_{13}、m_{15}、m_{14} 合并为 AB。

图 1-8（e）表示八个相邻最小项合并为一项，消去了三个变量，即

$$\sum m(8, 9, 10, 11, 12, 13, 14, 15) = A,$$

$$\sum m(1, 3, 5, 7, 9, 11, 13, 15) = D$$

综上所述，最小项合并具有以下特点：

（1）任何一个合并圈（即卡诺圈）所含的方格数为 2^i 个。

（2）位置相邻的最小项可以合并，位置相邻的卡诺圈也是相邻项，同样可以合并。

（3）2^m 个方格合并，消去 m 个变量。合并圈越大，消去的变量数越多。

还需指出，上述最小项的合并规则对最大项的合并同样适用。由于最大项在卡诺图中与 0 格对应，因此最大项的合并是将相邻的 0 格圈在一起。

1.3.3.4 用卡诺图化简逻辑函数

1. 将函数化简为最简与或式

在卡诺图上以最少的卡诺圈数和尽可能大的卡诺圈覆盖所有填 1 的方格，即满足最小覆盖，就可以求得逻辑函数的最简与或式。

化简的一般步骤如下：

（1）填卡诺图，即用卡诺图表示逻辑函数。

（2）画卡诺圈合并最小项。选择卡诺圈的原则是：先从只有一种圈法的 1 格圈起，

卡诺圈的数目应最少（与项的项数最少），卡诺圈应最大（对应与项中变量数最少）。

（3）写出最简函数式。将每个卡诺圈写成相应的与项，并将它们相或，便得到最简与或式。

圈卡诺圈时应注意，根据重叠律（$A + A = A$），任何一个 1 格可以多次被圈用，但如果在某个 K 圈中所有的 1 格均已被别的 K 圈圈过，则该圈是多余圈。为了避免出现多余圈，应保证每个 K 圈至少有一个 1 格只被圈一次。

2. 将函数化简为最简或与式

任何一个逻辑函数既可以等于其卡诺图上填 1 的那些最小项之和，也可以等于其卡诺图上填 0 的那些最大项之积，因此，若求某函数的最简或与式，也可以在该函数的卡诺图上合并那些填 0 的相邻项。这种方法简称为圈 0 合并，其化简步骤和化简原则与圈 1 的相同，只要按卡诺圈逐一写出或项，然后将所得的或项相与即可。但需要注意，或项由 K 圈对应的没有变化的那些变量组成，当变量取值为 0 时写原变量，取值为 1 时写反变量。

卡诺图化简法的优点是简单、直观，用卡诺图进行逻辑函数式的变化也比代数法方便。但当变量数超过 6 个时，化简和变换就不再简单直观了，这时可采用 Q-M 法（或称列表法）借助计算机进行处理。

【例 18】在卡诺图中画出逻辑函数 $Y = \sum m(3, 4, 5, 7, 9, 13, 14, 15)$ 的卡诺圈。

解：按照画卡诺圈的原则依次画出如下的卡诺圈：Y_1、Y_2、Y_3、Y_4、Y_5（图 1-9），如不进行卡诺圈检查则可以立即写出化简后的逻辑表达式：

$$Y = Y_1 + Y_2 + Y_3 + Y_4 + Y_5$$

经检查最先画的卡诺圈 Y_1 中的 4 个方格已经分别被卡诺圈 Y_2、Y_3、Y_4、Y_5 重复包围，Y_1 中没有新方格，因此为多余的卡诺圈。正确的逻辑表达式应为：

$$Y = Y_2 + Y_3 + Y_4 + Y_5$$

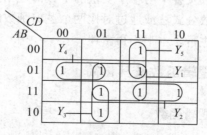

图 1-9　例 18 图例

【例 19】用卡诺图化简逻辑函数

$$Y = \sum m(2, 3, 6, 7, 8, 10, 12)$$

解：方法一

（1）由表达式画出卡诺图，如图 1-10 所示。

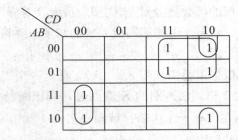

图 1-10　例 19 方法一图例

（2）画卡诺圈合并与项并相加，得最简的与或表达式。

$$Y = \overline{A}C + A\overline{C}D + \overline{B}CD$$

方法二

（1）由表达式画出卡诺图，如图 1-11 所示。

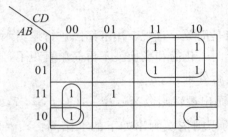

图 1-11　例 19 方法二图例

（2）画卡诺圈合并与项并相加，得最简的与或表达式。

$$Y = \overline{A}C + A\overline{C}D + A\overline{B}\overline{D}$$

通过【例 19】可以看出，同一个逻辑函数，化简的结果有时不是唯一的。两个结果虽然形式不同，但与项数及各个与项中变量的个数都是相同的，因此两个结果都是最简与式。我们可以用代数公式法或通过对比两个逻辑函数的真值表来证明两个函数相等，证明过程请读者自行进行，本书不再赘述。

1.3.4　具有无关项的逻辑函数及其化简

1.3.4.1　具有无关项的逻辑函数

逻辑问题分为完全描述和非完全描述两种。如果对于输入变量的每一组取值，逻辑函数都有确定的值，则称这类函数为完全描述的逻辑函数。如果对于输入变量的某些取值组合，逻辑函数值不确定，即函数值可以为 0，也可以为 1，那么称这类函数为非完全描述的逻辑函数。对应输出函数值不确定的输入最小项（或最大项）称为无关项。具有无关项的逻辑函数就是非完全描述的逻辑函数。

无关项通常发生在以下两种情况：

（1）由于某些条件限制或约束，不允许输入变量的某些组合出现，因而它们所对应的函数值可以任意假设，可以为 0，也可以为 1。这些不允许出现的组合所对应的最小项称为约束项（或禁止项）。

（2）在某些输入变量的取值下，其函数值为 1 或为 0 都可以，并不影响电路的功能。这些使函数不确定的变量取值所对应的最小项称为任意项（或随意项）。

约束项和任意项都称为无关项，包含无关项的逻辑函数一般用以下方式表示：

（1）在真值表或 K 图中，无关项所对应的函数值用 $\times$ 或 φ、d 表示。

（2）在逻辑表达式中，无关项用 d 表示，约束条件用约束项恒为 0 表示。

1.3.4.2　具有无关项逻辑函数的化简

化简包含无关项的逻辑函数时，应充分、合理地利用无关项，使逻辑函数得到更加简单的结果。化简时，将卡诺图中的 $\times$（或 φ）究竟是作为 1 还是作为 0 来处理应以卡诺圈数最少、卡诺圈最大为原则。因此，并不是所有的无关项都要覆盖。

【例 20】已知逻辑函数 $Y = \overline{ACD} + \overline{AC}D + \overline{ABCD} + \overline{AB}C\overline{D}$，约束条件为 $\overline{AB}D + CD = 0$，求最简的逻辑表达式。

解：（1）将逻辑函数和约束条件转移到一个卡诺图中，画卡诺圈，如图 1-12 所示。

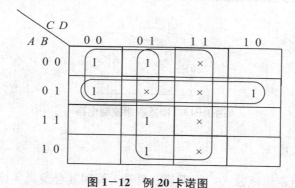

图 1-12　例 20 卡诺图

（2）写出最简与或表达式。

$Y = \overline{AC} + \overline{A}B + D$

$\overline{AB}D + CD = 0$（约束条件）

1.4　逻辑函数的表示方法及其相互之间的转换

1.4.1　逻辑函数的表示方法

常用逻辑函数的表示方法有真值表、逻辑表达式、逻辑电路图、波形图和卡诺图等，它们之间可以任意地相互转换。本节只介绍前 4 种表示方法。

1.4.1.1　真值表

逻辑真值表简称真值表，是反映输入逻辑变量的所有取值组合与输出函数值之间对应关系的表格。

由于每个输入逻辑变量的取值只有 0 和 1 两种，因此，n 个输入变量有 2^n 种不同的取值组合。真值表具有唯一性，即如果两个逻辑函数的真值表相同，则表示两个逻辑函数相等。

图 1-13 所示为控制楼道照明的开关电路。两个单刀双掷开关 A 和 B 分别安装在楼上和楼下。上楼之前，在楼下开灯，上楼后关灯；反之，下楼之前，在楼上开灯，下楼后关灯。设开关 A、B 合向左侧时为 0 状态，合向右侧时为 1 状态；$Y=1$ 时表示灯亮，$Y=0$ 时表示灯灭。则 Y 与 A、B 逻辑关系的真值表如表 1-10 所示。

表 1-10   楼道照明电路真值表

A	B	Y
0	0	1
0	1	0
1	0	0
1	1	1

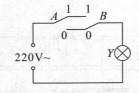

图 1-13   楼道照明控制电路

1.4.1.2   逻辑表达式

逻辑表达式也叫逻辑函数式，是用基本逻辑运算和复合逻辑运算来表示逻辑函数与输入变量之间关系的逻辑代数式。表 1-10 所对应的逻辑表达式为式（1-5），逻辑表达式表示法的主要特点是方便、灵活，但不如真值表直观明了。

$$Y=\overline{AB}+AB \tag{1-5}$$

1.4.1.3   逻辑电路图

用基本逻辑门符号和复合逻辑门符号组成的具有某一逻辑功能的电路图，称为逻辑电路图，简称逻辑图。将逻辑函数表达式中各逻辑运算用相应的逻辑符号代替，就可画出对应的逻辑图，式（1-5）所表示的逻辑电路图如图 1-14 所示。

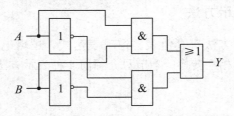

图 1-14   式（1-5）的逻辑电路图

1.4.1.4　波形图

反映逻辑函数的输入变量和对应的输出变量随时间变化的图形称为逻辑函数的波形图，也称为时序图。波形图能直观地表达输入变量在不同逻辑信号作用下对应输出信号的变化规律。常常通过计算机仿真工具和实验仪器分析波形图，以检验逻辑电路是否正确。式（1−5）中输入变量 A、B 取不同值时，可画出 Y 的波形图如图 1−15 所示。

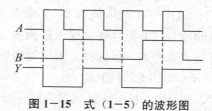

图 1−15　式（1−5）的波形图

1.4.2　逻辑函数表示方法之间的相互转换

既然同一逻辑函数可以有多种表示方法，它们之间肯定有着必然的联系，可以进行相互转换。

1.4.2.1　真值表与逻辑表达式之间的相互转换

（1）根据真值表写出逻辑表达式。具体转换方法为：

① 选出真值表中使输出变量 $Y=1$ 的输入变量的取值组合。

② 分别写出这些取值组合对应的与项（乘积项），其中输入变量为 1 的用原变量表示，输入变量为 0 的用反变量（非变量）表示。

③ 将每个与项相或，即得对应的逻辑函数表达式。

【例 21】已知逻辑函数 F 的真值表如表 1−11，试写出 F 的逻辑函数。

表 1−11　例 21 真值表

A	B	C	F
0	0	0	0
0	0	1	0
0	1	0	1
0	1	1	0
1	0	0	0
1	0	1	1
1	1	0	1
1	1	1	1

解：把 F 为 1 的最小项写出来，分别是：$\overline{A}B\overline{C}$，$A\overline{B}C$，$AB\overline{C}$，$ABC$。将这些最小用或符号"＋"连接起来就得到逻辑函数 F 的表达式，即：

$$F = \overline{A}B\overline{C} + A\overline{B}C + AB\overline{C} + ABC$$

（2）根据逻辑表达式列出真值表。由逻辑表达式列出真值表的方法与上面相反，具体转换方法如下：

① 列出逻辑表达式中输入变量的所有取值组合，n 个输入变量列出 2^n 种取值组合。

② 找出表达式中每一个与项对应的输入变量组合：与项中的非变量取 0，原变量取 1，没有出现的输入变量可以不作考虑。

③ 将对应输入变量组合的输出变量 Y 取值为 1，其余 Y 取值为 0。

当然，也可将输入变量的所有取值组合逐一代入逻辑表达式中，得出对应的 Y 值，填入表中相应的位置，即可得到真值表。但这种方法较为麻烦，一般不建议采用。

【例 22】列出函数 $Y = AZ + BZ + CZ$ 的真值表。

解：该函数有两个变量，即 $2^2 = 4$ 种组合，将它按顺序排列起来即得如表 1—12 所示的真值表：

表 1—12   例 22 的真值表

A	B	Y
0	0	0
0	1	1
1	0	1
1	1	0

1.4.2.2　逻辑表达式与逻辑图之间的相互转换

（1）根据逻辑表达式画出逻辑电路图。将逻辑表达式中的逻辑运算关系用相应的逻辑图形符号代替，并按运算的优先顺序将它们连接起来，即可得到对应的逻辑电路图。

（2）根据逻辑电路图写出逻辑表达式。在逻辑电路图中从输入端到输出端逐级写出每个逻辑符号的输出表达式，代入后得到总输出逻辑表达式。

【例 23】已知如图 1—16（a）所示逻辑图，写出它的逻辑表达式。

解：（1）由图 1—16（a）所示，左侧为输入变量 A、B，右侧为输出变量 Y，A、B 通过三级门电路得到 Y，在每一个门电路后标出其逻辑表达式如图 1—16（b）所示，可得最终的逻辑表达式 $= A\,\overline{ABC} + B\,\overline{ABC} + C\,\overline{ABC}$。

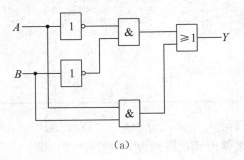

（a）

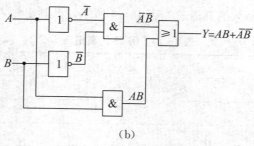

(b)

图 1—16　例 23 逻辑图

1.4.2.3　波形图与真值表之间的相互转换

（1）根据波形图列出真值表。

先从波形图上找出每个时间段输入变量与输出变量的取值，然后将这些取值组合对应列表，从波形图中自左向右依次寻找各输入变量组合所对应的输出值，即得到真值表。

【例 24】已知逻辑函数 Y 的输出波形如图 1—17 所示，试写出其真值表。

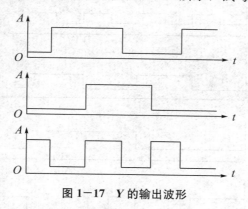

图 1—17　Y 的输出波形

解：由所给出的波形可以写出其对应的真值表，如表 1—13 所示。

表 1—13　例 24 的真值表

A	B	Y
0	0	1
0	1	0
1	1	0
1	1	1

（2）根据真值表画出波形图。

从真值表中确定所有的输入变量与对应的输出变量，按照输入和输出变量数目画出相应个数的时间轴和数值轴组成的波形图坐标系，根据输入和输出变量的对应状态的逻辑值分别画出对应时刻的状态，即可得到所求的波形图。

【**例** 25】已知逻辑函数的真值表如表 1-14 所示，试画出输入输出波形图。

表 1-14 例 25 的真值表

A	B	C	Y
0	0	0	1
0	0	1	1
0	1	0	0
0	1	1	0
1	0	0	0
1	0	1	1
1	1	0	0
1	1	1	0

解：根据上面的方法，可以自己得到 Y 的输入和输出波形图，如图 1-18 所示。

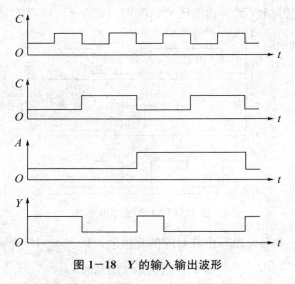

图 1-18 Y 的输入输出波形

习　题

1. 完成下面的数制转换。

（1）将二进制数转换成等效的十进制数、八进制数和十六进制数。

① $(0011101)_2$　　　② $(11011.110)_2$　　　③ $(110110111)_2$

（2）将十进制数转换成等效的二进制数（小数点后取四位）、八进制数及十六进制数。

① $(79)_{10}$　　　② $(3000)_{10}$　　　③ $(27.87)_{10}$　　　④ $(889.01)_{10}$

（3）求出下列各式的值。

① $(78.8)_{16} = ($ 　　$)_{10}$　　　　② $(76543.21)_8 = ($ 　　$)_{16}$

③ $(2FC5)_{16} = ($ 　　$)_4$　　　　④ $(3AB6)_{16} = ($ 　　$)_2$

⑤ $(12012)_3 = ($ 　　$)_4$　　　　⑥ $(1001101.0110)_2 = ($ 　　$)_{10}$

2. 完成下面带符号数的运算。

（1）对于下列十进制数，试分别用 8 位字长的二进制原码和补码表示。

① $+25$　　　　② 0　　　　③ $+32$

④ $+15$　　　　⑤ -15　　　　⑥ -45

（2）已知下列二进制补码，试分别求出相应的十进制数。

① 000101　　　　② 111111　　　　③ 010101

④ 100100　　　　⑤ 111001　　　　⑥ 100000

（3）试用补码完成下列运算，设字长为 8 位。

① $30-16$　　　　② $16-30$　　　　③ $29+14$　　　　④ $-29-14$

3. 无符号二进制数 $00000000 \sim 11111111$ 可代表十进制数的范围是多少？无符号二进制数 $0000000000 \sim 1111111111$ 呢？

4. 将 56 个或 131 个信息编码各需要多少位二进制码？

5. 写出五位自然二进制码和格雷码。

6. 分别用 8421 BCD 码、余 3 码表示下列各数。

（1）$(9.04)_{10}$　　　　　　　　　　（2）$(263.27)_{10}$

（3）$(1101101)_2$　　　　　　　　　（4）$(3FF)_{16}$

（5）$(45.7)_8$

7. 求下列函数的反函数。

（1）$F = A\bar{B} + C\ (\bar{A} + D)$

（2）$Y = A\ (\bar{B} + C\bar{D} + \bar{C}D)$

8. 用基本定理和公式证明下列等式。

（1）$ABC + A\bar{B}C + AB\bar{C} = AB + AC$

（2）$AB + \bar{A}C + \bar{B}C = AB + C$

（3）$A\bar{B} + BD + \bar{A}D + DC = A\bar{B} + D$

（4）$BC + D + \bar{D}\ (\bar{B} + \bar{C})\ (DA + B)\ = B + D$

（5）$AB + A\bar{B} + \bar{A}B + \bar{A}\bar{B} = 1$

（6）$A \oplus B \oplus C = A \odot B \odot C$

（7）$A \oplus \bar{B} = A \odot B$

（8）若 $A \oplus B = C$，则 $B \oplus C = A$，$A \oplus C = B$

9. 设 $Y_1 = \sum m\ (0,\ 4,\ 8,\ 12)$，$Y_2 = \sum m\ (1,\ 4,\ 7,\ 9,\ 10)$，试求下列逻辑函数：

（1）$L_1 = Y_1 + Y_2$；

（2）$L_2 = Y_1 \cdot Y_2$；

（3）$L_3 = Y_1 \cdot \overline{Y_2}$。

10. 已知 $Y_1 = \prod M(0,2,4,6)$，$Y_2 = \prod M(1,3,5,7)$，试求下列逻辑函数：

(1) $L_1 = Y_1 + Y_2$；

(2) $L_2 = Y_1 \cdot Y_2$；

(3) $L_3 = \overline{Y_1} \cdot Y_2$；

(4) $L_4 = \overline{Y_1} \cdot \overline{Y_2}$。

11. 画出下列函数的逻辑图。

(1) $Y = \overline{\overline{A \overline{AB}} + B \overline{AB}}$

(2) $Y = \overline{\overline{A + B} + \overline{A} + C}$

(3) $Y = (AB + \overline{C})(CD + \overline{E})$

12. 根据题表 1（a）、（b）写出逻辑函数的两种标准表达式，画出函数的卡诺图，并化简。

题表 1（a）

A	B	C	Y
0	0	0	0
0	0	1	1
0	1	0	1
0	1	1	0
1	0	0	1
1	0	1	0
1	1	0	0
1	1	1	1

题表 1（b）

A	B	C	D	Y
0	0	0	0	0
0	0	0	1	0
0	0	1	0	0
0	0	1	1	0
0	1	0	0	0
0	1	0	1	0
0	1	1	0	0
0	1	1	1	1
1	0	0	0	0

A	B	C	D	Y
1	0	0	1	0
1	0	1	0	1
1	0	0	1	1
1	1	0	0	0
1	1	0	1	1
1	1	1	0	1
1	1	1	1	1

13. 写出下列函数的最小项表达式。

(1) $Y = AB + \overline{A}\overline{B} + C\overline{D}$

(2) $Y = A(\overline{B} + CD) + \overline{A}BCD$

(3) $Y = \overline{\overline{A}(B + \overline{C})}$

(4) $Y = \overline{A}B + ABD \cdot (B + CD)$

14. 写出下列函数的最大项表达式。

(1) $Y(A + B)(\overline{A} + \overline{B} + \overline{C})$

(2) $Y = A\overline{B} + C$

(3) $Y = \overline{A}B\overline{C} + \overline{B}C + A\overline{B}C$

(4) $Y = BC\overline{D} + C + \overline{A}D$

(5) $Y(A, B, C) = \sum(m_1, m_2, m_4, m_6, m_7)$

15. 用公式法将下列函数化简为最简与或表达式。

(1) $Y = A\overline{B} + B + \overline{A}B$

(2) $Y = \overline{A}B\overline{C} + A + \overline{B} + C$

(3) $Y = \overline{A + B + C} + A B\overline{C}$

(4) $Y = A\overline{B}CD + ABD + A\overline{C}D$

(5) $Y = A\overline{C} + ABC + AC\overline{D} + CD$

(6) $Y = \overline{A}\overline{B}C + A + B + C$

(7) $Y(A, B, C) = \sum m(0, 2, 3, 4, 6) \cdot \sum m(4, 5, 6, 7)$

16. 画出下列函数的卡诺图。

(1) $Y_1 = ABC + \overline{\overline{AC}(B + D)} \cdot CD$

(2) $Y_2 = \overline{AB + BC + \overline{A}\overline{B}} \cdot (\overline{A}B + A\overline{B} + \overline{B}C)$

17. 试用卡诺图化简法将下列函数化为最简与或形式。

(1) $Y = A\overline{B} + B\overline{C} + \overline{A} + \overline{B} + ABC$

(2) $Y = \overline{A}B + B\overline{C} + \overline{A} + \overline{B} + ABC$

(3) $Y = AB\overline{C} + \overline{A}B + \overline{A}D + C + BD$

(4) $F(A, B, C) = \sum m(1, 3, 5, 7)$

(5) $F(A, B, C, D) = \sum m(0, 1, 2, 3, 4, 5, 6, 7, 8, 9, 11, 15)$

(6) $F(A, B, C, D) = \sum m(0, 1, 2, 3, 4, 6, 8, 9, 10, 11, 14)$

18. 试用卡诺图法将下列具有无关项（约束项）的函数化简为最简与或表达式。

(1) $F(A, B, C, D) = \sum m(0, 2, 7, 13, 15) + \sum d(1, 3, 5, 6, 8, 10)$

(2) $F(A, B, C, D) = \sum m(0, 3, 5, 6, 8, 13) + \sum d(1, 4, 10)$

(3) $F(A, B, C, D) = \sum m(0, 2, 3, 5, 7, 8, 10, 11) + \sum d(14, 15)$

(4) $F(A, B, C, D) = \sum m(1, 4, 9, 13) + \sum d(5, 6, 7, 10)$

第 2 章　逻辑门电路

2.1　概述

用以实现基本逻辑运算和复合逻辑运算的单元电路称为门电路。常用的门电路有与门、或门、非门、与非门、或非门、与或非门、异或门、同或门等。

逻辑门电路种类繁多。按是否集成分类有分立元件逻辑门电路、集成逻辑门电路。而后者又分为 TTL 门电路和 MOS 门电路等。

在电子电路中，用高、低电平分别表示二值逻辑的 1 和 0 两种逻辑状态。获得高、低输出电平的基本原理可以用图 2-1 表示。当开关 S 断开时，输出电压 V_o 为高电平；而当开关 S 接通以后，输出便为低电平。

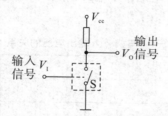

图 2-1　获得高、低电平的基本原理图

开关 S 是用半导体二极管或三极管组成的。利用二极管单向导电和控制三极管工作在截止和导通两个状态，它们均能起到图 2-1 中开关 S 的作用。

如果以输出的高电平表示逻辑 1，以低电平表示逻辑 0，则称这种表示方法为正逻辑。反之，若以输出的高电平表示 0，而以低电平表示 1，则称这种表示方法为负逻辑。今后除非特别说明，本书中一律采用正逻辑。

2.2　分立元件门电路

2.2.1　二极管与门电路

实现"与"逻辑运算功能的电路称为"与门"。每个与门有两个或两个以上的输入端和一个输出端。图2-2为二极管与门。

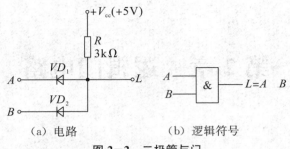

（a）电路　　　　　　（b）逻辑符号

图 2-2　二极管与门

① $V_A = V_B = 0$ V。此时二极管 VD_1 和 VD_2 都导通，由于二极管正向导通时起钳位作用，$V_L \approx 0$ V。

② $V_A = 0$ V，$V_B = 5$ V。此时二极管 VD_1 导通，由于钳位作用，$V_L \approx 0$ V，VD_2 受反向电压而截止。

③ $V_A = 5$ V，$V_B = 0$ V。此时 VD_2 导通，$V_L \approx 0$ V，VD_1 受反向电压而截止。

④ $V_A = V_B = 5$ V。此时二极管 VD_1 和 VD_2 都截止，$V_L = V_{CC} = 5$ V。

把上述分析结果归纳起来列入表2-1中，如果采用正逻辑体制，很容易看出它实现逻辑运算：

$$L = A \cdot B$$

表2-2为与逻辑真值表。增加一个输入端和一个二极管，就可变成三输入端与门。按此办法可构成更多输入端的与门。

表 2-1　与门输入输出电压的关系（V）

输入		输出
V_A	V_B	V_L
0	0	0
0	5	0
5	0	0
5	5	5

表 2-2　与逻辑真值表

输入		输出
A	B	L
0	0	0
0	1	0
1	0	0
1	1	1

【例 1】画出表示 3 输入与门和 8 输入与门的逻辑符号。

解：使用标准符号，并加入正确数量的输入数据线，结果如图 2-3 所示。

图 2-3   例 1 的 3 输入和 8 输入与门

在实际应用中，制造工艺限制了与门电路的输入变量数目，所以实际与门电路的输入个数是有限的。其他门电路中同样如此。

【例 2】如图 2-4 所示，向 2 输入与门输入图示的波形，求其输出波形 F。

解：当输入波形 A 和 B 同时为高电平时（对应图 2-5 中的阴影部分），输出波形 F 为高电平。

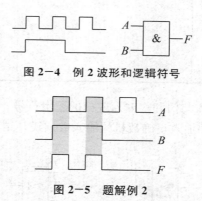

图 2-4   例 2 波形和逻辑符号

图 2-5   题解例 2

2.2.2   二极管或门电路

实现"或"逻辑运算功能的电路称为"或门"。每个或门有两个或两个以上的输入端和一个输出端。如图 2-6 所示。

可见，它实现逻辑运算：

$$L = A + B$$

表 2-3 为或门输入输出电压的关系，表 2-4 为或逻辑真值表。同样，可用增加输入端和二极管的方法，构成更多输入端的或门。

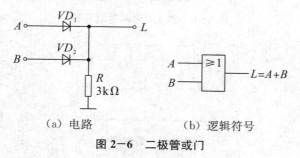

（a）电路   （b）逻辑符号

图 2-6   二极管或门

表 2-3　或门输入输出电压的关系（V）

输入		输出
V_A	V_B	V_L
0	0	0
0	5	5
5	0	5
5	5	5

表 2-4　或逻辑真值表

输入		输出
A	B	L
0	0	0
0	1	1
1	0	1
1	1	1

【例 3】画出表示 3 输入与门和 8 输入或门的逻辑符号。

解：使用标准符号，并加入正确数量的输入数据线，结果如图 2-7 所示。

图 2-7　3 输入和 8 输入与门

【例 4】如图 2-8 所示，向 2 输入或门输入图示的波形，求其输出波形 F。

解：当输入波形 A 和 B 之一或全部为高电平时（对应图 2-9 中的阴影部分），输出波形 F 为高电平。

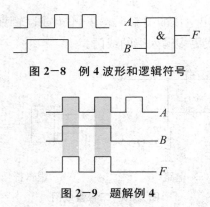

图 2-8　例 4 波形和逻辑符号

图 2-9　题解例 4

3.2.3 三极管非门电路

实现"非"逻辑运算功能的电路称为"非门"。非门也叫反相器。每个非门有一个输入端和一个输出端。

图 2-10 (a) 是由三极管组成的非门电路仍设输入信号为+5 V 或 0 V。此电路只有以下两种工作情况。

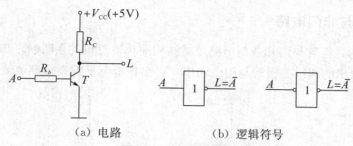

(a) 电路   (b) 逻辑符号

图 2-10 三极管非门

(1) $V_A = 0$ V。此时三极管的发射结电压小于死区电压，满足截止条件，所以管子截止，$V_L = V_{CC} = 5$ V。

(2) $V_A = 5$ V。此时三极管的发射结正偏，管子导通，只要合理选择电路参数，使其满足饱和条件 $I_B > I_{BS}$，则管子工作于饱和状态，有 $V_L = V_{CES} \approx 0$ V （0.3 V）。

可见，它实现逻辑运算：

$$L = \overline{A}$$

把上述分析结果列入表 2-5 中，此电路不管采用正逻辑体制还是负逻辑体制，都满足非运算的逻辑关系。表 2-6 为非逻辑真值表。

表 2-5 非门输入输出电压的关系 (V)

输入 V_A	输出 V_L
0	5
5	0

表 2-6 非逻辑真值表

输入 A	输出 B
0	1
1	0

【例 5】如图 2-11 所示，向非门输入图示的波形，求其输出波形 F。

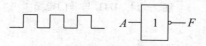

图 2-11 例 5 波形和逻辑符号

解：如图 2−12 所示，当输入波形为高电平时，输出就为低电平，反之亦然。

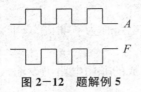

图 2−12　题解例 5

2.2.4　DTL 与非门电路

前面介绍的二极管与门和或门电路虽然结构简单、逻辑关系明确，却不实用。例如在图 2−13 所给出的两级二极管与门电路中，会出现低电平偏离标准数值的情况。

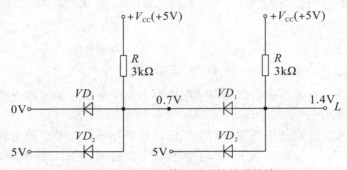

图 2−13　两级二极管与门串接使用的情况

为此，常将二极管与门和或门与三极管非门组合起来组成与非门和或非门电路，以消除在串接时产生的电平偏离，并提高带负载能力。

图 2−14 所示就是由三输入端的二极管与门和三极管非门组合而成的与非门电路。其中，做了两处必要的修正。

（1）将电阻 R_b 换成两个二极管 VD_4、VD_5，作用是提高输入低电平的抗干扰能力，即当输入低电平有波动时，保证三极管可靠截止，以输出高电平。

（2）增加了 R_1，目的是当三极管从饱和向截止转换时，给基区存储电荷提供一个泄放回路。

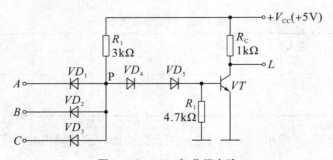

图 2−14　DTL 与非门电路

该电路的逻辑关系如下。

（1）当三输入端都接高电平时（即 $V_A = V_B = V_C = 5$ V），二极管 $VD_1 \sim VD_3$ 都截

止，而 VD_4、VD_5 和 VT 导通。可以验证，此时三极管饱和，$V_L = V_{CES} \approx 0.3$ V，即输出低电平。

（2）在三输入端中只要有一个为低电平 0.3 V 时，则阴极接低电平的二极管导通，由于二极管正向导通时的钳位作用，$V_P \approx 1$ V，从而使 VD_4、VD_5 和 VT 都截止，$V_L = V_{CC} = 5$ V，即输出高电平。

可见该电路满足与非逻辑关系，即：

$$L = \overline{A \cdot B \cdot C}$$

把一个电路中的所有元件，包括二极管、三极管、电阻及导线等都制作在一片半导体芯片上，封装在一个管壳内，就是集成电路。图 2-14 就是早期的简单集成与非门电路，称为二极管－三极管逻辑门电路，简称 DTL 电路。

2.3　TTL 集成门电路

2.2 节介绍的分立元件组成的门电路，其优点是结构简单、成本低，但是存在着严重的缺点。一是输出的高、低电平数值和输入的高、低电平数值不相等。例如，二极管构成的与门、或门电路，其输出和输入电平相差一个二极管的导通压降。对于三极管构成的非门电路，其输出的低电平和输入的低电平相差三极管饱和导通压降。如果将这些门的输出作为下一级门的输入信号，将产生信号高、低电平的偏移。二是带负载能力差。一般不用它去驱动负载电路。近几年来，集成电路高速发展，其成本也大大下降。目前在实际应用中，一般都采用集成门电路，而分立元件构成的门电路只是作为集成门电路的部分电路。

集成门电路分为 TTL 门电路和 MOS 门电路两大类。下面先介绍 TTL 集成门电路。

2.3.1　TTL 集成门电路的结构

TTL 集成门电路的结构框图如图 2-15 所示。一般分为三级，即输入级、中间级和输出级。一般而言，输入级完成信号输入放大作用，中间级完成信号处理及耦合作用，输出级完成驱动放大作用。

图 2-15　TTL 集成门电路结构框图

2.3.1.1　输入级形式

输入级构成形式有多种，分别列在图 2-16 中。

（a）单发射极　　　（b）多发射极　　　（c）二极管与门　　　（d）二极管或门

图 2−16　输入级的电路形式

由图 2−16（a）可知，输出与输入的逻辑关系为

$$C = A$$

由图 2−16（b）可知，输出与输入的逻辑关系为

$$C = AB$$

由图 2−16（c）可知，输出与输入的逻辑关系为

$$C = AB$$

由图 2−16（d）可知，输出与输入的逻辑关系为

$$C = A + B$$

其中，图 2−16（a）中 VD 和图 2−16（b）中 VD_1、VD_2 是输入端的钳位二极管，它既可以抑制输入端可能出现的负极性干扰脉冲，又可以防止输入电压为负时，VT 的发射极电流过大，起到保护作用。

2.3.1.2　中间级形式

中间级主要是对信号进行处理、耦合。如 TTL 与非门中间级就是分相器，或非门中间级就是线与（线或）电路（即 $A + B$ 的分相器），对于功能不同的门，这部分电路不一样。这里只介绍两种形式的分相器。

1. 单变量分相器

单变量（A）分相器的电路图如图 2−17 所示。设输入变量 A 高电平 $V_{IH} = 3$ V，低电平 $V_{IL} = 0.3$ V，$V_{CC} = 12$ V。由图 2−17 可见，其输入、输出的逻辑电平关系如表 2−7 所示。真值表如表 2−8 所示。注意：在这种情况下，所谓高、低电平是相对变量本身而言的。

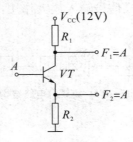

图 2−17　单变量（A）分相器

表 2—7 图 2—17 电路的逻辑电平（V）

A	F_1	F_2
0.3	12	0
3	2.6	2.3

表 2—8 图 2—17 电路的真值表

A	F_1	F_2
0	1	0
1	0	1

由图 2—17 和真值表 2—7 可知，分相器的逻辑表达式为

$$F_1 = \overline{A} , \quad F_2 = A$$

2. $A + B$ 分相器

$A + B$ 分相器（线与—线或电路）电路如图 2—18 所示。由图可见，由于 VT_1 和 VT_2 的发射极相连接，集电极相连。当 A 或 B 之中有一个为高电平（3 V），则 VT_1 或 VT_2 必有一个饱和导通，于是 F_2 必然为高电平（2.7 V），F_1 为低电平（3 V）。只要 A、B 两输入变量均为低电平（0.3V）时，两管才截止，此时，F_1 为高电平（12 V），F_2 为低电平（0 V）。其输入、输出逻辑电平关系如表 2—9 所示。其对应的真值表如表 2—10 所示。请注意，这里所指的高、低电平是指对变量本身而言的。

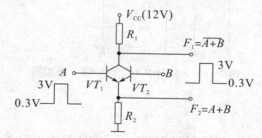

图 2—18 A＋B 分相器

表 2—9 **A ＋B 分相器输入、输出逻辑电平（V）**

A	B	F_1	F_2
0.3	0.3	12	0
0.3	3	3	2.7
3	0.3	3	2.7
3	3	3	2.7

表 2-10　*A*+*B* 分相器真值表

A	B	F_1	F_2
0	0	1	0
0	1	0	1
1	0	0	1
1	1	0	1

由图 2-18 和表 2-10 可知，F_1、F_2 与 $A+B$ 的关系是分相关系，即

$$F_1=\overline{A+B}, \quad F_2=A+B$$

因 $F_1=\overline{A+B}=\overline{A}\cdot\overline{B}$（根据反演律）

故 $A+B$ 分相器又称线与一线或电路。

根据以上分析，不难得到 n 个变量之和（或）的分相器，如图 2-19 所示。其输出与输入变量的逻辑关系为

$$\left.\begin{array}{l}F_1=\overline{A+B+C+\cdots+K}\\ F_2=A+B+C+\cdots+K\end{array}\right\}$$

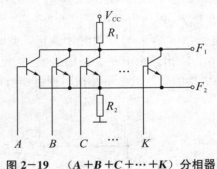

图 2-19　（*A*+*B*+*C*+…+*K*）分相器

2.3.1.3　输出级形式

TTL 集成门电路输出一般采用图 2-20 所示的四种输出形式，即图（a）为集电极开路输出，图（b）为三态门输出，图（c）为图腾柱输出，图（d）为复合管和图腾柱输出。

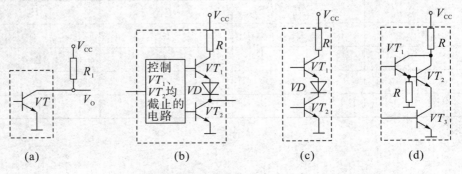

图 2-20　输出级的电路形式

集电极开路输出的特点：要外接负载电阻 R_L 和驱动电压 V_{CC}，实现高压、大电流驱动。

三态门输出特点：具有控制 VT_1、VT_2 均截止的电路，当控制有效时，使输出端 F 呈高阻态。当控制无效时，按逻辑门正常功能输出 0、1 两状态。三态门故此得名。

图腾柱输出的特点：任何时候作为输出的两个三极管，总有一个处于截止状态，而另一个处于饱和导通状态，该电路具有较强的驱动能力。

复合管和图腾柱输出的特点：具有图腾柱输出和复合管输出的特点，有极强驱动能力。

上面介绍了输入级、中间级和输出级各种单元电路，它们的组合可以构成品种繁多、形式各异的逻辑门电路。下面介绍几种 TTL 门电路。

2.3.2　TTL 门电路

2.3.2.1　TTL 与非门电路

TTL 集成与非门电路如图 2－21 所示，它由输入级、中间级和输出级三部分组成。

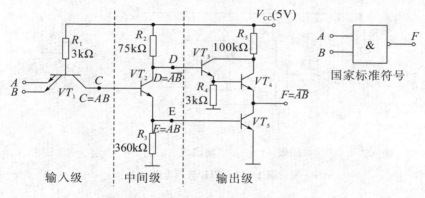

图 2－21　TTL 与非门电路图

输入级由多发射极三极管 VT_1 和电阻 R_1 组成。多发射极三极管可看作两个发射极独立，而基极和集电极分别并联在一起的三极管，如图 2－22 所示。当 A、B 变量只要一个为低电平（假设为 0.3 V），则基极 b 被钳位在 1 V 左右，c 极电位被钳位在 0.5 V 左右，处于低电平状态。只有 A、B 变量均为高电平（假设为 3 V），则多发射极三极管截止，且三极管处于倒置工作状态，使 c 极电位提高。如果将多发射极三极管的集电极作为输出端，其输出与输入的逻辑关系为 $C=AB$。

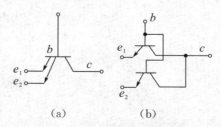

（a）　　　　　（b）

图 2－22　多发射极三极管

中间级为典型的单变量 C 输入的分相器。根据 2.3.1 节讨论可知，其 $D = \overline{C} = \overline{AB}$，$E = C = AB$。说明 D 与 E 逻辑关系为互补。

输出级属典型的复合管和图腾柱输出形式。VT_3、VT_4 组成复合管，当 D 端为高电平时，复合管导通。此时 E 端必为低电平，VT_5 被截止，输出端 F 为高电平。所以 VT_3、VT_4 构成的复合管又称为"1"电平驱动级。反之，当 E 端为高电平，D 端为低电平时，复合管被截止，VT_5 被导通，输出端 F 为低电平。故 VT_5 又称为"0"电平驱动级。

根据上述分析，很容易写出图 2−21 中各点与输入变量 A、B 之间的逻辑关系为
$$C = AB,\ D = \overline{AB},\ E = AB,\ F = \overline{AB}$$

2.3.2.2　TTL 与门电路

TTL 与门电路如图 2−23 所示。它同"与非门"的区别仅仅在中间级多加了一级倒相级，该级由 $VT_2{}'$、$R_2{}'$ 和 $VD_1{}'$ 组成。根据还原律，其输出与输入的逻辑关系为
$$F = \overline{\overline{AB}} = AB$$

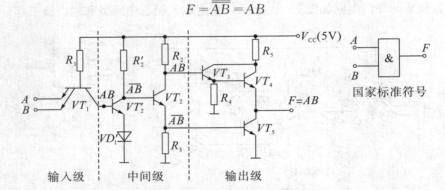

图 2−23　TTL 与门电路

2.3.2.3　与或非门电路和或非门电路

与或非门电路如图 2−24 所示。输入级由两个独立的与门电路组成；输出级是由复合管和图腾柱输出构成；中间级就是 $A + B$ 典型分相器。电路中各级的输出与输入变量的逻辑关系均标在图中。图 2−24 的最后输出为
$$F = \overline{AB + CD}$$

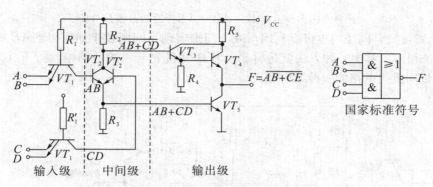

图 2-24 TTL 与或非门电路

或非门电路构成：在图 2-24 的基础上，去除输入级发射极 B 和 D。即输入级就是单发射极三极管，或者在图 2-24 中，在 B、D 加固定的高电平 "1"，就构成了或非门电路。其输出与输入变量的逻辑关系为

$$F = \overline{A + C}$$

2.3.2.4 TTL 异或门电路

首先将异或公式变换一下，

$$F = A \oplus B = \overline{A \odot B} = \overline{\overline{AB} + \overline{\overline{A}\overline{B}}} = \overline{\overline{AB} + \overline{A} + \overline{B}}$$

根据上式可知，异或门实际上可用与或非门来实现。现在的问题是如何得到 $\overline{A} \cdot \overline{B}$ 项。根据反演律公式可得

$$\overline{A} \cdot \overline{B} = \overline{A + B}$$

显然，$\overline{A + B}$ 是由 $(A + B)$ 分相器来实现。于是就容易得到异或门电路，如图 2-25 所示。其中 VT_8、R_6，R_7 作为分相器的有源负载。

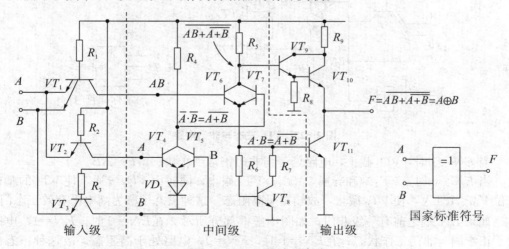

图 2-25 TTL 异或门电路

2.3.2.5 集成 TTL 同或门电路

首先将同或公式变换一下：

$$F = A \odot B = \overline{A \oplus B} = \overline{AB} + \overline{A}\,\overline{B} = \overline{A\,\overline{AB} + B\,\overline{AB}}$$

由上式可知，同或门也可以利用与或非门来实现，问题在于如何得到$\overline{AB}$。要获得$\overline{AB}$的方法很多。其中一种方法就是将A、B两变量先与，然后倒相就行了。图$2-26$就是 TTL 同或门电路的一种结构形式。

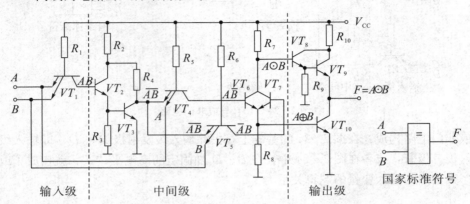

图 2—26　TTL 同或门电路

2.3.2.6　TTL 三态门电路

每一种基本逻辑门电路均可以构成三态门电路。下面以 TTL 三态与非门为例。其电路图如图$2-27$所示。所谓"三态"，即输出不仅有"0""1"两态，还有第三态，即高阻态。

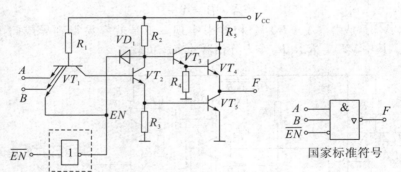

图 2—27　TTL 三态与非门电路

当$EN=1$时，VD_1截止，电路处于与非门正常工作状态，$F=\overline{AB}$。

当$EN=0$时，VT_1饱和导通，VT_2、VT_5截止，同时因VD_1导通，使VT_3的基极电位$V_{B3}<1.4$ V，使VT_4截止，故输出呈高阻态。这种三态门称为高电平有效三态门。

如果EN端之前有一级非门，如图中虚框部分所示。在$\overline{EN}=0$时，$EN=1$，电路处于正常的与非门工作状态；在$\overline{EN}=1$时，$EN=0$，电路处于高阻态。故这种三态门称为低电平有效三态门。

2.3.2.7　集电极开路的门电路（OC 门）

集电极开路（Open Collector Gate）的门电路简称 OC 门。

我们知道，虽然推拉式输出电路结构具有输出电阻很低的优点，但使用时有一定的局限性。首先不能把它们的输出端并联使用。由图 2—28 可见，倘若一个门的输出是高电平而另一个门的输出是低电平，则输出端并联之后必然有很大的负载电流同时流过这两个门的输出级。这个电流的数值将远远超过正常工作电流，可能使门电路损坏。

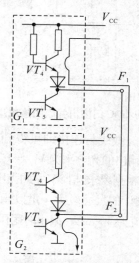

图 2—28　推拉式输出级并联的情况

其次，在采用推拉式输出级的门电路中，电压一经确定（通常规定工作在 +5V），输出的高电平就固定了，因而无法满足对不同输出高低电平的要求。此外，推拉式电路结构也不能满足驱动较大电流且高电压的负载的要求。

克服上述局限性的方法就是把输出级改为集电极开路的三极管结构，做成集电极开路的门电路。

图 2—29 给出了 OC 门的电路结构和国家标准符号。这种门电路需要外接负载电阻和电源。只要电阻的阻值和电源电压的数值选择得当，就能够做到既保证输出的高、低电平符合要求，输出端三极管的负载电流又不过大。

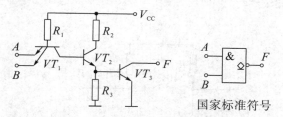

国家标准符号

图 2—29　集电极开路与非门的电路

图 2—30 是将两个 OC 结构与非门输出并联的例子。由图可知，只有 A、B 同时为高电平时 VT_5 才导通，F_1 输出低电平，故

$$F_1 = \overline{A \cdot B}$$

同理，$F_2 = \overline{C \cdot D}$。现将 F_1、F_2 两条输出线直接接在一起，因而只要 F_1、F_2 有一个是低电平，F 就是低电平。只有 F_1、F_2 同时为高电平时，F 才是高电平，即 $F =$

$F_1 \cdot F_2$。F 和 F_1、F_2 之间的这种连接方式称为"线与"，在逻辑图中用图 2-30（b）表示。

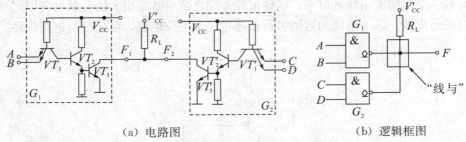

（a）电路图　　　　　　　　　（b）逻辑框图

图 2-30　OC 门输出并联的接法及逻辑图

所以将两个 OC 结构的与非门做线与连接即可得到与或非的逻辑功能。

由于 VT_5 和 VT'_5 同时截止时输出的高电平为 $V_{OH} = V'_{CC}$，而 V'_{CC} 的电压数值可以不同于门电路本身的电源 V_{CC}，所以只要根据要求选择 V'_{CC} 的大小，就可以得到所需的 V_{OH} 值。

另外，有些 OC 门的输出管设计的尺寸较大，足以承受较大的电流和较高电压。例如，SN7407 输出管允许的最大负载电流为 40 mA，截止时耐压 30 V，足以直接驱动小型继电器。

2.3.2.8　ECL 门电路

由于 TTL 门电路中 VT 工作在饱和状态，由于存储电荷效应，开关速度受到了限制。只有改变电路的工作方式，从饱和型变为非饱和型，才能从根本上提高速度。ECL 门就是一种非饱和型高速数字集成电路，它的平均传输延迟时间可在 2 ns 以下，是目前双极型电路中速度最快的。

1. ECL 门电路的基本单元

ECL 门电路的基本单元是一个差动放大器，如图 2-31 所示。根据差动放大器原理，V_{C2} 与 V_I 同极性，V_{C1} 与 V_I 反极性。因此输出与输入的逻辑关系为

$$V_{C1} = \overline{V_I}, \quad V_{C2} = V_I$$

故图 2-31 是单变量的分相器。

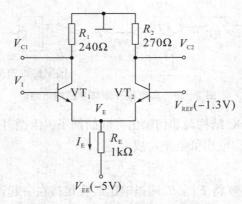

图 2-31　ECL 门电路的基本单元

当输入 V_1 为低电平 $V_{IL}=-1.6$ V 时，VT_1 截止，VT_2 导通，此时

$$V_E=V_{REF}-V_{BE2}=-1.3-0.7=-2 \text{ （V）}$$

R_E 上的电流 I_E 为

$$I_E=[V_E-V_{EE}]/R_E=(-2+5)/1000=0.003 \text{ （A）}=3 \text{ （mA）}$$

$$V_{C2}=-I_E \cdot R_2=-3\times270=-810 \text{ （mV）} \approx-0.8 \text{ （V）}$$

$$V_{C1}=0 \text{ V}$$

此时 VT_2 集电结的反偏电压 V_{CB2} 为

$$V_{CB2}=V_{C2}-V_{REF}=-0.8-(-1.3)=0.5 \text{ （V）}$$

故 VT_2 工作在放大状态，而不是饱和状态。

当输入 V_1 为高电平，$V_{IH}=-0.8$ V 时，VT_1 导通，VT_2 截止，此时

$$V_E=V_{IH}-V_{BE1}=-0.8-0.7=-1.5 \text{ （V）}$$

$$I_E=(V_E-V_{EE})/R_E=[-1.5-(-5)]/1000=3.5 \text{ （mA）}$$

$$V_{C1}=-I_ER_1=-3.5\times0.24\approx-0.8 \text{ （V）}$$

此时 VT_1 集电结的反偏电压 V_{CB1} 为

$$V_{CB1}=V_{C1}-V_{IH}=-0.8-(-0.8)=0 \text{ （V）}$$

故也未进入饱和状态。上述工作状态列入表 2-11 中。

表 2-11 ECL 基本单元的工作状态（V）

V_1	V_{C1}	V_{C2}
-1.6	0	-0.8
-0.8	-0.8	0

2. ECL 门的实际电路

图 2-32 是 ECL 门的电路实例。由于集成电路的特点，本电路只用一种负电源 $V_{EE}=-5$V，而 $V_{CC}=0$V。该电路按虚线划分为三个部分：电流开关、基准电压源和射极输出电路。

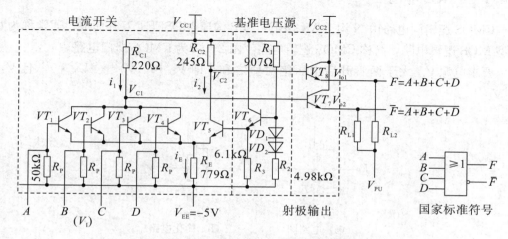

图 2-32 ECL 或/或非门的电路及逻辑符号

图中 $VT_1 \sim VT_4$ 组成四变量之或（和）的分相器。并与 VT_5 组成射极耦合电路（差分放大器）。VT_6 组成一个简单的电压跟随器，它为 VT_5 提供一个参考电压 V_{REF}（ -1.3 V）。为了补偿温漂，在 VT_6 的基极回路接入了两个二极管 VD_1 和 VD_2。

图中 VT_7 和 VT_8 组成电压跟随器，起电平移动作用和隔离作用。

V_{C1} 和 V_{C2} 通过电压跟随器后，使输出变为标准的 ECL 电平。其典型值是：高低电平的电压分别为 -0.9 V 和 -1.75 V。同时由于有了这两个电压跟随器作为输出级，也有效地提高了 ECL 门的带负载能力。

该电路输出与输入变量的逻辑关系为

$$\overline{F} = \overline{A+B+C+D}, \ F = A+B+C+D$$

3. ECL 门电路的工作特点

优点：① 由于三极管导通时工作在非饱和状态，且逻辑电平摆幅小，传输时间 t_{pd} 可缩短至 2 ns 以下，工作速度最高；② 输出有互补性，使用方便，灵活；③ 因输出是射极跟随器，输出阻抗低，带负载能力强；④ 电源电流基本不变，电路内部的开关噪声很低。

缺点：① 噪声容限低；② 电路功耗大。

适应范围：基于 ECL 工作特点，目前仅限于在中、小规模集成电路，主要用于高速、超高速的电路中。

2.4 CMOS 集成门电路

MOS 逻辑门电路是继 TTL 之后发展起来的另一种应用广泛的数字集成电路。由于它功耗低、抗干扰能力强、工艺简单，几乎所有的大规模、超大规模数字集成器件都采用 MOS 工艺。就其发展趋势看，MOS 电路特别是 CMOS 电路有可能超越 TTL 成为占统治地位的逻辑器件。

2.4.1 CMOS 非门

CMOS 逻辑门电路由 N 沟道 MOSFET 和 P 沟道 MOSFET 互补而成，通常称为互补型 MOS 逻辑电路，简称 CMOS 逻辑电路。图 2-33 为 CMOS 非门电路。

要求电源 V_{DD} 大于两管开启电压绝对值之和，即 $V_{DD} > (V_{T_N} + |V_{T_P}|)$，且 $V_{T_N} = |V_{T_P}|$。

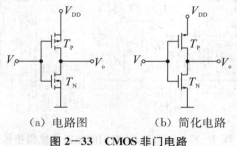

（a）电路图   （b）简化电路

图 2-33 CMOS 非门电路

2.4.1.1　工作原理

（1）当输入为低电平，即 $V_I=0$ V 时，T_N 截止，T_P 导通，T_N 的截止电阻约为 500 MΩ，T_P 的导通电阻约为 750 Ω，所以输出 $V_O \approx V_{DD}$，即 V_O 为高电平。

（2）当输入为高电平，即 $V_I=V_{DD}$ 时，T_N 导通，T_P 截止，T_N 的导通电阻约为 750 Ω，T_P 的截止电阻约为 500M Ω，所以输出 $V_O \approx 0$V，即 V_O 为低电平。所以该电路实现了非逻辑。

通过以上分析可以看出，在 CMOS 非门电路中，无论电路处于何种状态，T_N、T_P 中总有一个截止，所以它的静态功耗极低，有微功耗电路之称。

2.4.1.2　电压传输特性

设 CMOS 非门的电源电压 $V_{DD}=10$ V，两管的开启电压为 $V_{T_N}=|V_{T_P}|=2$ V。如图 2-34 所示。

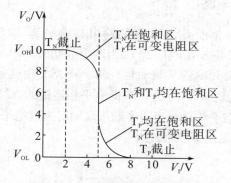

图 2-34　CMOS 电路的传输特性

（1）当 $V_I<2$ V 时，T_N 截止，T_P 导通，输出 $V_O \approx V_{DD}=10$ V。

（2）当 2 V$<V_I<5$ V 时，T_N 和 T_P 都导通，但 T_N 的栅源电压$<T_P$ 栅源电压绝对值，即 T_N 工作在饱和区，T_P 工作在可变电阻区，T_N 的导通电阻$>T_P$ 的导通电阻，所以，这时 V_O 开始下降，但下降不多，输出仍为高电平。

（3）当 $V_I=5$ V 时，T_N 的栅源电压$=T_P$ 栅源电压绝对值，两管都工作在饱和区，且导通电阻相等，所以，$V_O=(V_{DD}/2)=5$ V。

（4）当 5 V$<V_I<8$ V 时，情况与（2）相反，T_P 工作在饱和区，T_N 工作在可变电阻区，T_P 的导通电阻$>T_N$ 的导通电阻，所以 V_O 变为低电平。

（5）当 $V_I>8$ V 时，T_P 截止，T_N 导通，输出 $V_O=0$ V。

可见两管在 $V_I=V_{DD}/2$ 处转换状态，所以 CMOS 门电路的阈值电压（或称门槛电压）$V_{TH}=V_{DD}/2$。

2.4.1.3　工作速度

由于 CMOS 非门电路工作时总有一个管子导通，且导通电阻较小，因此当带电容负载时，给电容充电和放电都比较快。CMOS 非门的平均传输延迟时间约为 10 ns。图

2−35为 CMOS 非门带电容负载的情况。

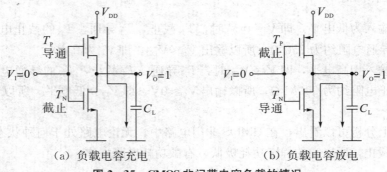

（a）负载电容充电　　　　（b）负载电容放电

图 2−35　CMOS 非门带电容负载的情况

2.4.2　CMOS 与非门和或非门电路

2.4.2.1　CMOS 与非门电路

电路如图 2−36 所示，设 CMOS 管的输出高电平为"1"，低电平为"0"，图中 T_1、T_2 为两个串联的 NMOS 管，T_3、T_4 为两个并联的 PMOS 管，每个输入端（A 或 B）都直接连到配对的 NMOS 管（驱动管）和 PMOS（负载管）的栅极。当两个输入中有一个或一个以上为低电平"0"时，与低电平相连接的 NMOS 管仍截止，而 PMOS 管导通，使输出 F 为高电平，只有当两个输入端同时为高电平"1"时，T_1、T_2 管均导通，T_3、T_4 管都截止，输出 F 为低电平。

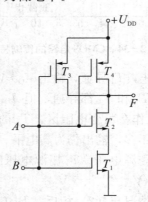

图 2−36　CMOS 与非门

由以上分析可知，该电路实现了逻辑与非功能，即：

$$F = \overline{AB}$$

2.4.2.2　CMOS 或非门电路

图 2−37 所示电路为两输入 CMOS "或非" 门电路，其连接形式正好和 "与非" 门电路相反，T_1、T_2 两 NMOS 管是并联的，作为驱动管，T_3、T_4 两个 PMOS 管是串联的，作为负载管，两个输入端 A、B 仍接至 NMOS 管和 PMOS 管的栅极。

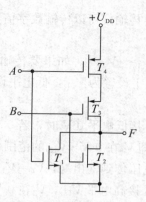

图 2-37　CMOS 或非门

其工作原理是：当输入 A、B 中只要有一个或一个以上为高电平 "1" 时，与高电平直接连接的 NMOS 管 T_1 或 T_2 就会导通，PMOS 管 T_3 或 T_4 就会截止，因而输出 F 为低电平。只有当两个输入均为低电平 "0" 时，T_1、T_2 管才截止，T_3、T_4 管都导通，故输出 F 为高电平 "1"，因而实现了或非逻辑关系，即：

$$F = \overline{A + B}$$

2.4.3　其他功能的 CMOS 门电路

2.4.3.1　CMOS 三态输出门电路

图 2-38 所示为 CMOS 传输门的电路图和逻辑符号。A 为信号输入端，L 为输出端，EN 为控制端。

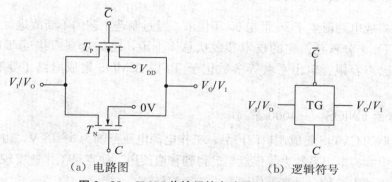

　　（a）电路图　　　　　　　　　　　（b）逻辑符号
图 2-38　CMOS 传输门的电路图和逻辑符号

其工作原理如下：

当 $EN = 0$ 时，T_{P2} 和 T_{N2} 同时导通，T_{N1} 和 T_{P1} 组成的非门正常工作，输出 $L = \overline{A}$。

当 $EN = 1$ 时，T_{P2} 和 T_{N2} 同时截止，输出 L 对地和对电源都相当于开路，为高阻状态。

2.4.3.2　CMOS 传输门

CMOS 传输门由一个 NMOS 管 T_N 和一个 PMOS 管 T_P 组成，C 和 $\overline{C}$ 为控制端，使

用时总是加互补的信号。CMOS 传输门可以传输数字信号，也可以传输模拟信号。

其工作原理如下：

（1）设两管的开启电压 $V_{T_N} = |V_{T_P}|$。如果要传输的信号 V_I 的变化范围为 0 V～ V_{DD}，则将控制端 C 和 $\bar{C}$ 的高电平设置为 V_{DD}，低电平设置为 0。并将 T_N 的衬底接低电平 0 V，T_P 的衬底接高电平 V_{DD}。

（2）当 C 接高电平 V_{DD}，$\bar{C}$ 接低电平 0 V 时，若 0 V $<V_I<$ （$V_{DD}-V_{T_N}$），T_N 导通；若 $|V_{T_P}| \leqslant V_I \leqslant V_{DD}$，$T_P$ 导通。即 V_I 在 0 V～V_{DD} 的范围变化时，至少有一管导通，输出与输入之间呈低电阻，将输入电压传到输出端，$V_O=V_I$，相当于开关闭合。

（3）当 C 接低电平 0 V，$\bar{C}$ 接高电平 V_{DD}，V_I 在 0 V～V_{DD} 的范围变化时，T_N 和 T_P 都截止，输出呈高阻状态，输入电压不能传到输出端，相当于开关断开。

可见 CMOS 传输门实现了信号的可控传输。将 CMOS 传输门和一个非门组合起来，由非门产生互补的控制信号，如图 2－39 所示，称为模拟开关。

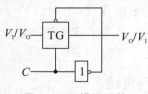

图 2－39　模拟开关

2.4.4　CMOS 集成电路产品简介

2.4.4.1　CMOS 逻辑门电路的系列

CMOS 集成电路诞生于 20 世纪 60 年代末，经过制造工艺的不断改进，在应用的广度上已与 TTL 平分秋色。它的技术参数从总体上说，已经达到或接近 TTL 的水平，其中功耗、噪声容限、扇出系数等参数优于 TTL。CMOS 集成电路主要有以下几个系列。

1. 基本的 CMOS——4000 系列

这是早期的 CMOS 集成逻辑门产品，工作电源电压范围为 3～18 V，由于具有功耗低、噪声容限大、扇出系数大等优点，已得到普遍使用。缺点是工作速度较低，平均传输延迟时间为几十纳秒，最高工作频率小于 5 MHz。

2. 高速的 CMOS——HC（HCT）系列

该系列电路主要从制造工艺上做了改进，大大提高了工作速度，平均传输延迟时间小于 10 ns，最高工作频率可达 50 MHz。HC 系列的电源电压范围为 2～6 V。HCT 系列的主要特点是与 TTL 器件电压兼容，它的电源电压范围为 4.5～5.5 V。它的输入电压参数为 V_{IH}（min）＝2.0 V，V_{IL}（max）＝0.8 V，与 TTL 完全相同。另外，74 HC/HCT 系列与 74 LS 系列的产品，只要最后 3 位数字相同，则两种器件的逻辑功能、外形尺寸、引脚排列顺序也完全相同，这样就为以 CMOS 产品代替 TTL 产品提供了方便。

3. 先进的 CMOS——AC（ACT）系列

该系列的工作频率得到了进一步的提高，同时保持了 CMOS 超低功耗的特点。其中 ACT 系列与 TTL 器件电压兼容，电源电压范围为 $4.5\sim5.5$ V。AC 系列的电源电压范围为 $1.5\sim5.5$ V。AC（ACT）系列的逻辑功能、引脚排列顺序等都与同型号的 HC（HCT）系列完全相同。

2.4.4.2　CMOS 逻辑门电路的主要参数

CMOS 门电路主要参数的定义同 TTL 电路，下面主要说明 CMOS 电路主要参数的特点。

（1）输出高电平 V_{OH} 与输出低电平 V_{OL}。CMOS 门电路 V_{OH} 的理论值为电源电压 V_{DD}，V_{OH}（min）$= 0.9V_{DD}$；V_{OL} 的理论值为 0 V，V_{OL}（max）$= 0.01V_{DD}$。所以 CMOS 门电路的逻辑摆幅（即高低电平之差）较大，接近电源电压 V_{DD} 值。

（2）阈值电压 V_{th}。从 CMOS 非门电压传输特性曲线中看出，输出高低电平的过渡区很陡，阈值电压 V_{th} 约为 $V_{DD}/2$。

（3）抗干扰容限。CMOS 非门的关门电平 V_{OFF} 为 $0.45V_{DD}$，开门电平 V_{ON} 为 $0.55V_{DD}$。因此，其高、低电平噪声容限均达 $0.45V_{DD}$。其他 CMOS 门电路的噪声容限一般也大于 $0.3V_{DD}$，电源电压 V_{DD} 越大，其抗干扰能力越强。

（4）传输延迟与功耗。CMOS 电路的功耗很小，一般小于 1 毫瓦/门，但传输延迟较大，一般为几十纳秒/门，且与电源电压有关，电源电压越高，CMOS 电路的传输延迟越小，功耗越大。前面提到 74HC 高速 CMOS 系列的工作速度已与 TTL 系列相当。

（5）扇出系数。因 CMOS 电路有极高的输入阻抗，故其扇出系数很大，一般额定扇出系数可达 50。但必须指出的是，扇出系数是指驱动 CMOS 电路的个数，若就灌电流负载能力和拉电流负载能力而言，CMOS 电路远远低于 TTL 电路。

2.4.5　CMOS 集成门电路使用注意事项

2.4.5.1　对电源的要求

（1）CMOS 电路可以在很宽的电源电压范围内提供正常的逻辑功能，其电源电压范一般在 $8\sim12$ V 之间，通常选择 $V_{DD}=12$ V。

（2）V_{DD} 与 V_{SS}（接地端）绝对不允许接反，否则无论是保护电路或内部电路都可能因电流过大而损坏。

2.4.5.2　对输入端的要求

（1）为保护输入级 MOS 管的氧化层不被击穿，一般 CMOS 电路输入端都有二极管保护网络，这就给电路的应用带来一些限制。

① 输入信号必须在 $V_{DD}\sim V_{SS}$ 之间取值，以防二极管因正偏电流过大而烧坏。一般 $V_{SS}\leqslant V_{IL}\leqslant 0.3V_{DD}$；$0.7V_{DD}\leqslant V_{IH}\leqslant V_{DD}$。$u_i$ 的极限值为 $(V_{SS}-0.5$ V$)\sim(V_{DD}+0.5$ V$)$。

② 每个输入端的典型输入电流为 10 pA。输入电流以不超过 1 mA 为佳。

（2）多余输入端不允许悬空。与门及与非门的多余输入端应接至 V_{DD} 或高电平，或门和或非门的多余输入端应接至 V_{SS} 或低电平。

2.4.5.3 对输出端的要求

（1）CMOS 集成电路的输出端不允许直接接 VDD 或 V_{SS}，否则将导致器件损坏。

（2）一般情况下不允许输出端并联。因为不同的器件参数不一致，有可能导致 NMOS 和 PMOS 同时导通，形成大电流。但为了增加驱动能力，可以将同一芯片上相同门电路的输入端、输出端分别并联使用。

习 题

1. 二极管门电路如题图 1 所示，已知二极管 D_1、D_2 导通压降为 0.7 V，试回答下列问题。

（1）A 接 10 V，B 接 0.3 V 时，输出 v_O 为多少伏？

（2）A、B 都接 10 V 时，v_O 为多少伏？

（3）A 接 10 V，B 悬空，用万用表测量 B 端电压时，V_B 为多少伏？

（4）A 接 0.3 V，B 悬空，测量 V_B 电位时应为多少伏？

（5）A 接 10 kΩ 电阻，B 悬空，测量 V_B 电位时应为多少伏？

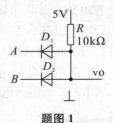

题图 1

2. 在题图 2（a）、（b）两个电路中，试计算当输入电压 v_I 分别为 0 V、5 V 和悬空时输出电压 v_O 的数值，并指出晶体管都工作在什么状态。假定晶体管导通以后 $v_{BE} = 0.7$ V，电路参数如图中所标注。

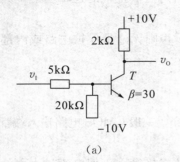
（a）

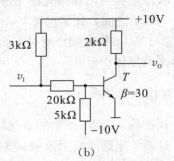
（b）

题图 2

---

3. 分析题图 3 所示各电路的逻辑功能，写出输出函数 Y 的逻辑表达式。

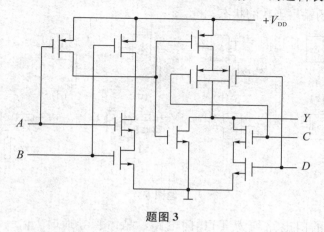

题图 3

4. 分析题图 4 (a)、(b) 所示电路的逻辑功能，写出输出函数 Y 的逻辑表达式。

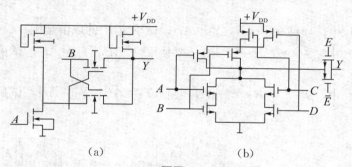

(a)   (b)

题图 4

5. 分析题图 5 所示电路的逻辑功能，写出输出函数 Y 的逻辑表达式。

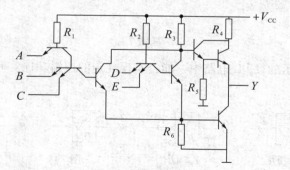

题图 5

6. 在题图 6 所示的 TTL 门电路中，已知关门电阻 $R_{OFF}=700\ \Omega$，开门电阻 $R_{ON}=2\ \mathrm{k\Omega}$，分析各图的输出函数的状态。

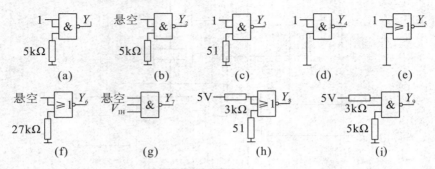

题图 6

7. 题图 7 中的门电路均为 TTL 门电路，晶体管导通时 $U_{BE}=0.7\ \mathrm{V}$，若 $U_{IH}=3.6\ \mathrm{V}$，$U_{IL}=0.3\ \mathrm{V}$，$U_{OH\,min}=3\ \mathrm{V}$，$U_{OL\,max}=0.4\ \mathrm{V}$，$I_{OL\,max}=15\ \mathrm{mA}$，$I_{OH\,max}=0.5\ \mathrm{mA}$。试回答下列问题。

题图 7 (a) 中，要使 $Y_1=\overline{AB}$，$Y_2=AB$，试确定 R 的取值范围。

题图 7 (b) 中，$\beta=20$，$R_C=2\ \mathrm{k\Omega}$，要使 $Y_1=\overline{AB}$，$Y_2=AB$，试确定 R_B 的取值范围。

题图 7 (c) 中，$\beta=30$，$R_C=2\ \mathrm{k\Omega}$，要使 $Y_1=\overline{AB}$，$Y_2=AB$，试确定 R_B 的取值范围。

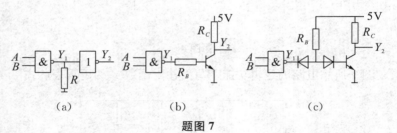

题图 7

8. 在题图 8 所示的 TTL 电路中，能否实现规定的逻辑功能？其连接有无错误？如有错误请改正。

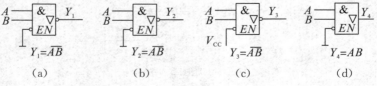

题图 8

9. 判断题图 9 所示电路能否实现逻辑功能。

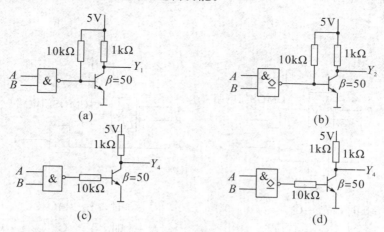

(a)

(b)

(c)

(d)

题图 9

10. 分析题图 10 所示各 TTL 门电路中,哪个电路是正确的?并写出其输出函数 Y 的逻辑表达式。

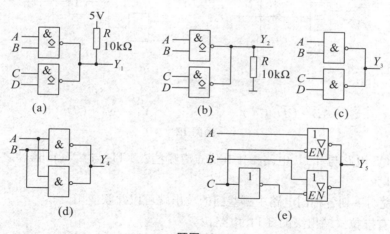

(a)

(b)

(c)

(d)

(e)

题图 10

11. 试分析题图 11 (a)、(b) 所示电路的逻辑功能。写出 Y_1、Y_2 的逻辑表达式。图中的门电路均为 CMOS 门电路,这种连接方式能否用于 TTL 门电路?

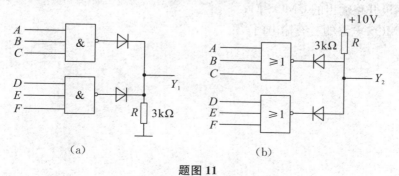

(a)

(b)

题图 11

12. 判断题图 12（a）～（d）所示逻辑电路能否实现所规定的逻辑功能？对的打
√，错的打×。

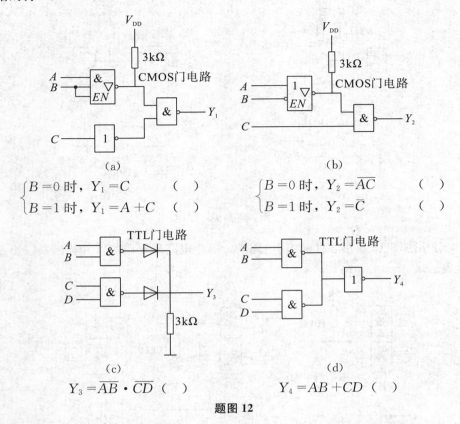

$$\begin{cases} B=0 \text{ 时，} Y_1=C & (\quad) \\ B=1 \text{ 时，} Y_1=A+C & (\quad) \end{cases}$$

$$\begin{cases} B=0 \text{ 时，} Y_2=\overline{AC} & (\quad) \\ B=1 \text{ 时，} Y_2=\overline{C} & (\quad) \end{cases}$$

$$Y_3=\overline{AB}\cdot\overline{CD} \quad (\quad)$$

$$Y_4=AB+CD \quad (\quad)$$

题图 12

13. CMOS 电路与 TTL 电路相比其优点有哪些？TTL 与 CMOS 器件之间的连接要注意哪些问题？

14. 试说明下列各种门电路中哪些门的输出端可以并联使用。

（1）具有推拉式输出级的 TTL 电路；

（2）TTL 电路的 OC 门；

（3）TTL 电路的三态输出门；

（4）普通的 CMOS 门；

（5）漏极开路输出的 CMOS 门；

（6）CMOS 电路的三态输出门。

第 3 章　组合逻辑电路

3.1　概述

3.1.1　组合逻辑电路的特点

按照逻辑功能的不同，数字逻辑电路可分为两大类，一类是组合逻辑电路（简称组合电路），另一类是时序逻辑电路（简称时序电路）。本章介绍组合逻辑电路，时序逻辑电路将在后续章节中介绍。

所谓组合电路是指电路在任一时刻的电路输出状态只与同一时刻各输入状态的组合有关，而与前一时刻的输出状态无关。组合电路没有记忆功能，这是组合电路功能上的共同特点。

在第 2 章所讲的逻辑门电路就是简单的组合逻辑电路。为了保证组合电路的逻辑功能，组合电路在电路结构上要满足以下几点。

（1）输出、输入之间没有反馈延迟通路，即只有从输入到输出的通路，没有从输出到输入的回路。

（2）电路中不包含存储单元，例如触发器等。这也是组合逻辑电路结构的共同特点。

（3）组合逻辑电路可以有一个或多个输入端，也可以有一个或多个输出端。

3.1.2　组合逻辑电路的逻辑功能概述

组合逻辑电路主要由门电路组成，可以有多个输入端和多个输出端。组合逻辑电路的示意图如图 3-1 所示。

图 3-1　组合逻辑电路示意图

图中 $X_1 \sim X_i$ 为输入变量，$Y_1 \sim Y_j$ 为输出变量，其输出变量与输入变量之间的逻辑关系可用如下的函数表达式来描述，即：

$$\left.\begin{array}{l} Y_1 = f_1\ (X_1,\ X_2,\ \cdots,\ X_i) \\ Y_2 = f_2\ (X_1,\ X_2,\ \cdots,\ X_i) \\ \vdots \\ Y_j = f_j\ (X_1,\ X_2,\ \cdots,\ X_i) \end{array}\right\}$$

组合逻辑电路的逻辑功能除了可以用逻辑函数表达式来描述外，还可以用真值表、卡诺图和逻辑图等各种方法来描述。

3.1.3 组合逻辑电路的类型、研究方法和任务

3.1.3.1 组合逻辑电路的类型

组合逻辑电路的类型有多种。目前集成组合逻辑电路主要有 TTL 和 CMOS 两大类产品，根据实际用途，常用产品可分为加法器、编码器、译码器、数据选择器、数值比较器和数据分配器等。

3.1.3.2 组合逻辑电路的研究方法

对组合逻辑电路研究的目的是为了获得性能更加优良的组合逻辑电路产品以满足实际的需要。这包含多个方面的内容。一方面，要对已有的产品进行分析，熟悉产品的逻辑功能和性能指标，这样才能正确使用集成器件，即为将要详细讲解的组合逻辑电路的分析方法。另一方面，要设计出符合实际要求的组合逻辑电路，即为将要详细讲解的组合逻辑电路的设计方法。

3.1.3.3 研究组合逻辑电路的任务

研究组合逻辑电路的主要任务是：
(1) 分析已给定组合电路的逻辑功能；
(2) 根据命题要求，设计组合逻辑电路；
(3) 掌握常用中规模集成电路的逻辑功能，选择和应用到工程实际中去。

3.2 组合逻辑电路的基本分析和设计方法

3.2.1 组合逻辑电路的基本分析方法

由给定组合电路的逻辑图出发，分析其逻辑功能所要遵循的基本步骤，称为组合电磁析方法。一般情况下，在得到组合电路的真值表（真值表是组合电路逻辑功能最基本的描述方法）后，还需要做简单文字说明，指出其功能特点。

3.2.1.1 分析步骤

（1）根据给定的逻辑图，分别用符号标注各级门的输出端；
（2）从输入端到输出端逐级写出逻辑表达式，最后列出输出函数表达式；
（3）利用公式化简法或卡诺图化简法对输出逻辑函数进行化简；
（4）列出输出函数的真值表；
（5）说明给定电路的基本功能。

3.2.1.2 分析举例

【例 1】图 3—2 是一个逻辑电路图，试分析其逻辑功能。

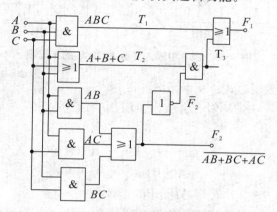

图 3—2 例 1 的逻辑电路图

解：（1）用 T_1、T_2、T_3 表示中间变量，如图 3—2 所示。

（2）由输入端向输出端逐级写出逻辑函数。

$$T_1 = ABC$$
$$T_2 = A + B + C$$
$$F_2 = AB + BC + AC$$
$$T_3 = T_2 \cdot \overline{F_2} = (A + B + C)\overline{F_2}$$
$$F_1 = T_1 + T_3 = ABC + (A + B + C)\overline{F_2}$$

（3）列出真值表（见表 3—1）。

表 3—1 真值表

A	B	C	F_2	F_1
0	0	0	0	0
0	0	1	0	1
0	1	0	0	1
0	1	1	1	0
1	0	0	0	1

A	B	C	F_2	F_1
1	0	1	1	0
1	1	0	1	0
1	1	1	1	1

（4）画出 F_1 和 F_2 的卡诺图（见图 3-3）。

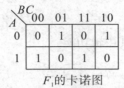 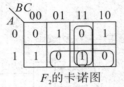

F_1 的卡诺图　　　　　　F_2 的卡诺图

图 3-3　例 1 中输入变量 F_1 和 F_2 的卡诺图

（5）化简逻辑函数表达式：从卡诺图可得

$$F_1 = AB C + \overline{A}\overline{B}C + \overline{A}B\overline{C} + A\overline{B}\overline{C}$$
$$= A（B \odot C）+ \overline{A}（B \oplus C）$$
$$= A（\overline{B \oplus C}）+ \overline{A}（B \oplus C）$$
$$= A \oplus B \oplus C$$
$$F_2 = AB + BC + AC$$

（6）确定逻辑功能：从上述真值表和逻辑函数可见，图 3-3 所示的逻辑电路是一位全加器电路。F_1 为本位和输出，F_2 为进位输出。

【例 2】试分析图 3-4 所示电路的逻辑功能，图中输入信号 A、B、C、D 是一组 4 位二进制代码。

解：（1）写出中间变量 W、X 和输出变量 Y 的逻辑表达式

$$W = \overline{\overline{A \cdot \overline{AB}} \cdot \overline{\overline{AB} \cdot B}}$$
$$X = \overline{\overline{W \cdot \overline{WC}} \cdot \overline{\overline{WC} \cdot C}}$$
$$Y = \overline{\overline{X \cdot \overline{XD}} \cdot \overline{\overline{XD} \cdot D}}$$

图 3-4　例 2 的逻辑电路图

（2）进行化简

$$W = A \overline{AB} + \overline{AB}B = A\overline{B} + \overline{A}B = A \oplus B$$
$$X = W\overline{C} + \overline{W}C = （A \oplus B）\overline{C} + \overline{A \oplus B}C = A \oplus B \oplus C$$
$$Y = X\overline{D} + \overline{X}D = （A \oplus B \oplus C）\overline{D} + \overline{（A \oplus B \oplus C）}D = A \oplus B \oplus C \oplus D$$

（3）列真值表，如表 3-2 所示。

（4）功能说明：

由表 3-2 所示真值表和输出函数表达式可以看出，图 3-4 所示的逻辑电路是一个

检奇电路，即当输入 4 位二进制代码 A、B、C、D 的取值中，1 的个数为奇数时输出 Y 为 1，反之，为偶数时输出 Y 为 0。

注意：对于此例，第（3）步列真值表可以省去，从输出函数 Y 的表达式已经非常明显看出，图 3-4 电路为检奇电路。

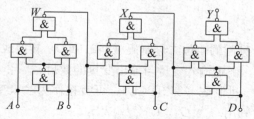

图 3-4　例 2 的逻辑电路

表 3-2　例 2 的真值表

A	B	C	D	Y
0	0	0	0	0
0	0	0	1	1
0	0	1	0	1
0	0	1	1	0
0	1	0	0	1
0	1	0	1	0
0	1	1	0	0
0	1	1	1	1
1	0	0	0	1
1	0	0	1	0
1	0	1	0	0
1	0	1	1	1
1	1	0	0	0
1	1	0	1	1
1	1	1	0	1
1	1	1	1	0

3.2.2　组合逻辑电路的基本设计方法

根据要求，设计出适合需要的组合逻辑电路，应该遵循的基本步骤如下。

3.2.2.1　设计步骤

（1）逻辑抽象：分析设计题目要求，确定输入变量和输出变量的数目，明确输出函数与输入变量之间的逻辑关系；

（2）列出真值表；

（3）根据真值表写出函数表达式，利用公式法或卡诺图法化简函数表达式；

（4）根据最简输出函数表达式画出逻辑图。

3.2.2.2　设计举例

【例 3】试设计将十进制的 4 位二进制码（8421BCD）转换成典型格雷码。

解：（1）分析题意，确定输入变量与输出变量的数目。

本题是给定了 4 位二进制码（8421BCD），可直接作为输入变量，用 B_3，B_2，B_1，B_0表示，输出 4 位格雷码用G_3，G_2，G_1，G_0表示。

（2）根据 4 位二进制码（8421BCD）和典型格雷码的因果关系列成真值表，如表 3−3所示。

表 3−3　真值表

	输入变量				输出变量			
	B_3	B_2	B_1	B_0	G_3	G_2	G_1	G_0
	0	0	0	0	0	0	0	0
	0	0	0	1	0	0	0	1
	0	0	1	0	0	0	1	1
	0	0	1	1	0	0	1	0
	0	1	0	0	0	1	1	0
	0	1	0	1	0	1	1	1
	0	1	1	0	0	1	0	1
	0	1	1	1	0	1	0	0
禁用码	1	0	0	0	1	1	0	0
	1	0	0	1	1	1	0	1
	1	0	1	0	ϕ	ϕ	ϕ	ϕ
	1	0	1	1	ϕ	ϕ	ϕ	ϕ
	1	1	0	0	ϕ	ϕ	ϕ	ϕ
	1	1	0	1	ϕ	ϕ	ϕ	ϕ
	1	1	1	0	ϕ	ϕ	ϕ	ϕ
	1	1	1	1	ϕ	ϕ	ϕ	ϕ

（3）根据真值表，填写输出函数卡诺图。

注意：十进制只有 10 个数符，而 4 位 8421BCD 码有 16 种组合状态。其中 4 位 8421BCD 码中 1010~1111 属于禁用码。在填写卡诺图时可将它们作为任意项处理。其

$G_0 \sim G_3$ 卡诺图如图 3-5 所示。

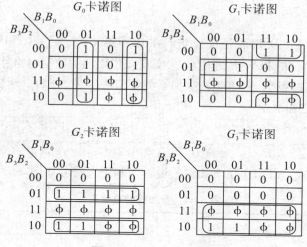

图 3-5　$G_0 \sim G_3$ 卡诺图

（4）利用卡诺图化简逻辑函数。得出 $G_0 \sim G_3$ 逻辑函数表达式，即

$$G_0 = B_1 \oplus B_0, \quad G_1 = B_2 \oplus B_1, \quad G2 = B_3 \oplus B_2, \quad G_3 = B_3$$

这里需要指出的是：由 G_2 卡诺图还可以对 G_2 进一步化简，即

$$G_2 = B_2 + B_3$$

在实际工程中，应尽量使元器件种类最少，G_0、G_1 已采用异或逻辑门，不妨 G_2 也采用异或门。

（5）根据最简函数表达式画出逻辑图。输出函数逻辑图见图 3-6。

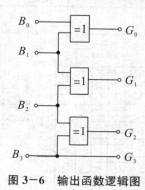

图 3-6　输出函数逻辑图

3.3　加法器和数值比较器

3.3.1　加法器

算术运算是数字系统的重要功能之一。由于二进制数的四则运算可转化为加法运

算，因此加法器是运算电路的核心。

3.3.1.1 1位全加器

两个二进制数 A、B 相加是按位进行的，即第 i 位 A_i、B_i 和第 $i-1$ 位的进位 C_i-1 共同确定第 i 位的和 S_i 及进位 C_i。实现按位相加的数字电路称为 1 位全加器。

根据二进制加法规则，列出 1 位全加器的真值表（表 3-4）。输出函数是函数值为 0 所对应的最小项之和取反

$$S_i = \overline{\overline{A_i}\,\overline{B_i}\,\overline{C_{i-1}} + \overline{A_i}B_iC_{i-1} + A_i\,\overline{B_i}\,C_{i-1} + A_iB_i\,\overline{C_{i-1}}}$$

$$C_i = \overline{\overline{A_iB_i\overline{C_{i-1}} + \overline{A_i}B_iC_{i-1} + \overline{A_i}B_i\,\overline{C_{i-1}} + A_i\,\overline{B_i}\,C_{i-1}}} = \overline{\overline{A_iB_i} + \overline{A_iC_{i-1}} + \overline{B_iC_{i-1}}}$$

根据上述表达式，画出 1 位全加器的逻辑图和逻辑符号如图 3-7 所示。

表 3-4　全加器的真值表

A_i	B_i	C_{i-1}	C_i	S_i
0	0	0	0	0
0	0	1	0	1
0	1	0	0	1
0	1	1	1	0
1	0	0	0	1
1	0	1	1	0
1	1	0	1	0
1	1	1	1	1

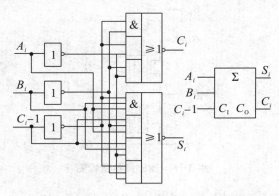

图 3-7　1位全加器的逻辑图和逻辑符号

3.3.1.2 多位加法器

1. 串行进位加法器

两个多位二进制数相加，可采用串行进位相加的方式实现。例如，图 3-8 所示为两个 4 位二进制数 $A = A_3A_2A_1A_0$，$B = B_3B_2B_1B_0$ 相加的电路，利用 4 个 1 位全加器

仿人工计算过程完成 4 位加法，即从最低位开始相加，并向高位进位。注意，最低有效位的进位输入为 0，构成半加器。这种串行进位加法器的优点是电路结构简单，缺点是工作速度较慢。因为进位信号从低位到高位是逐级传送的，完成一次加法的时间等于 n（本例为 4）个 1 位加法器的传输延迟时间之和。位数越多，时间越长。

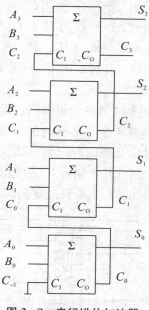

图 3-8 串行进位加法器

2. 超前进位加法器

为了提高多位加法器的工作速度，可采用超前进位加法器。

设计原理是让每位的进位信号仅与原始数据（加数 $A_{n-1}A_{n-2}\cdots A_0$、被加数 $B_{n-1}B_{n-2}\cdots B_0$、最低位进位输入 C_{-1}）有关，避免进位信号从低位向高位传递，减小传输延迟时间。

由全加器的真值表 3-4，得

$$S_i = \overline{A_i}\,\overline{B_i}C_{i-1} + \overline{A_i}B_i\,\overline{C_{i-1}} + A_i\,\overline{B_i}C_{i-1} + A_iB_iC_{i-1}$$
$$= (\overline{A_i}\,\overline{B_i} + A_iB_i)\,C_{i-1} + (\overline{A_i}B_i + A_i\,\overline{B_i})\,\overline{C_{i-1}}$$
$$= \overline{A_i \oplus B_i}C_{i-1} + (A_i \oplus B_i)\,\overline{C_{i-1}} = A_i \oplus B_i \oplus C_{i-1}$$
$$C_i = \overline{A_i}B_iC_{i-1} + A_i\,\overline{B_i}C_{i-1} + A_iB_i\,\overline{C_{i-1}} + A_iB_iC_{i-1}$$
$$= A_iB_i + (A_i \oplus B_i)\,C_{i-1}$$

令　$G_i = A_i \cdot B_i$

$$P_i = A_i \oplus B_i$$

代入 S_i 和 C_i，得

$$S_i = P_i \oplus C_{i-1}$$
$$C_i = G_i + P_iC_{i-1}$$

如果 $G_i = 1$，则 $C_i = 1$，产生进位，故 G_i 称为进位生成函数；如果 $G_i = 0$，$P_i = 1$，

则 $C_i=C_{i-1}$，低位的进位信号能传送到相邻高位的进位输出端，故 P_i 称为进位传输函数。将进位表达式展开，得 4 位加法器的递推公式（超前进位信号）

$$S_0=P_0\oplus C_{-1}, \quad C_0=G_0+P_0C_{-1}$$
$$S_1=P_1\oplus C_0, \quad C_1=G_1+P_1C_0=G_1+P_1G_0+P_1P_0C_{-1}$$
$$S_2=P_2\oplus C_1, \quad C_2=G_2+P_2C_1=G_2+P_2G_1+P_2P_1G_0+P_2P_1P_0C_{-1}$$
$$S_3=P_3\oplus C_2, \quad C_3=G_3+P_3C_2=G_3+P_3G_2+P_3P_2G_1+P_3P_2P_1G_0+P_3P_2P_1P_0C_{-1}$$

可见，每个进位信号只与输入 $G_i=A_i\cdot B_i$、$P_i=A_i\oplus B_i$ 和 C_{-1} 有关，故各位的进位信号在相加运算一开始就能同时（并行）产生。按照这种方式构成的多位加法器就是超前进位加法器。

图 3-9 所示为 4 位超前进位加法器的逻辑电路。第一级异或门实现 P_i、与门实现 G_i，它经过一级门延时后几乎同时产生。第二级的与或门（图中虚线框内）实现进位信号的展开式，各位的进位信号也几乎同时产生。第三级的异或门实现本位和 S_i。完成一次加法只需三极门的传输时间（几十纳秒）。故超前进位加法器工作速度快，缺点是电路较为复杂，特别是位数增加时，复杂程度更高。

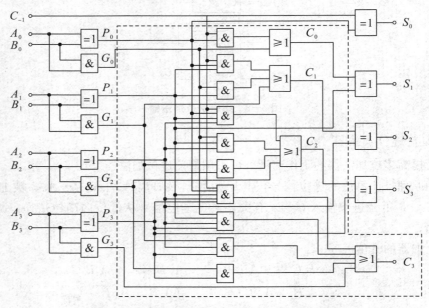

图 3-9 4 位超前进位加法器（74LS283）的逻辑电路

3.3.1.3 加法器的应用

1. 8 位二进制加法器

用两片 74LS283 可实现 8 位二进制加法，电路如图 3-10 所示。4 位内是超前进位加法，4 位之间则是串行进位。同样，可以设计 4 位之间的超前进位链，实现多位超前进位加法器。

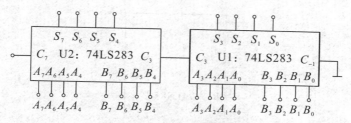

图 3—10　8 位二进制加法器

2. 8421BCD 码转换为余 3 码

余 3 码是在 8421BCD 码的基础上加 3 形成，故可用加法器实现 8421BCD 码转换为余 3 码。电路如图 3—11 所示。

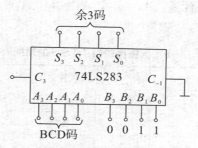

图 3—11　8421BCD 码转换为余 3 码

3.3.2　数值比较器

数值比较器是对两个位数相同的二进制数进行数值比较，并判定其关系大小的组合逻辑电路，比较结果有 $A>B$、$A<B$ 和 $A=B$ 三种情况。常用的中规模集成数值比较器有 4 位数值比较器 74LS85 和 8 位数值比较器 74LS682 等。

3.3.2.1　数值比较器的功能描述

4 位数值比较器 74LS85 的逻辑符号如图 3—12 所示，其功能表如表 3—5 所示。图中，$A_3 \sim A_0$、$B_3 \sim B_0$ 为待比较的四位二进制数输入端；$F_{A>B}$、$F_{A=B}$、$F_{A<B}$ 是三个比较结果；$A>B$、$A=B$、$A<B$ 是反映低位比较结果的三个级联输入端。将级联输入端与其他比较器的输出连接，可组成位数更多的数值比较器。从表 3—5 中可以得出如下结论。

（1）两个 4 位二进制数从最高位 A_3 和 B_3 开始逐位进行比较，如果它们不相等，则该位的比较结果就可以作为两个数 A 和 B 的比较结果。

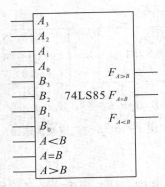

图 3-12　74LS85 的逻辑符号

（2）输出 $F_{A=B}=1$ 的条件是：$A_3=B_3$，$A_2=B_2$，$A_1=B_1$，$A_0=B_0$，而且级联输入端 $A=B=1$，$A<B=0$，$A>B=0$。

表 3-5　数值比较器 74LS85 的功能表

比较输入				级联输入			输出		
A_3　B_3	A_2　B_2	A_1　B_1	A_0　B_0	$A>B$	$A<B$	$A=B$	$F_{A>B}$	$F_{A<B}$	$F_{A=B}$
$A_3>B_3$	×	×	×	×	×	×	1	0	0
$A_3<B_3$	×	×	×	×	×	×	0	1	0
$A_3=B_3$	$A_2>B_2$	×	×	×	×	×	1	0	0
$A_3=B_3$	$A_2<B_2$	×	×	×	×	×	0	1	0
$A_3=B_3$	$A_2=B_2$	$A_1>B_1$	×	×	×	×	1	0	0
$A_3=B_3$	$A_2=B_2$	$A_1<B_1$	×	×	×	×	0	1	0
$A_3=B_3$	$A_2=B_2$	$A_1=B_1$	$A_0>B_0$	×	×	×	1	0	0
$A_3=B_3$	$A_2=B_2$	$A_1=B_1$	$A_0<B_0$	×	×	×	0	1	0
$A_3=B_3$	$A_2=B_2$	$A_1=B_1$	$A_0=B_0$	1	0	0	1	0	0
$A_3=B_3$	$A_2=B_2$	$A_1=B_1$	$A_0=B_0$	0	1	0	0	1	0
$A_3=B_3$	$A_2=B_2$	$A_1=B_1$	$A_0=B_0$	0	0	1	0	0	1

3.3.2.2　数值比较器的扩展

数值比较器的扩展方式有串联和并联两种。

1. 串联扩展

图 3-13 是将两片 4 位数值比较器 74LS85 扩展为 8 位数值比较器的连接图，其中，低位片 74LS85（1）的输出 $F_{A>B}$、$F_{A=B}$、$F_{A<B}$ 分别和高位片 74LS85（2）的级联输入 $A>B$、$A=B$、$A<B$ 连接，当高 4 位相等（$A_7 \sim A_4 = B_7 \sim B_4$）时，就可以由低 4 位 $A_3 \sim A_0$ 和 $B_3 \sim B_0$ 来决定数值的大小。

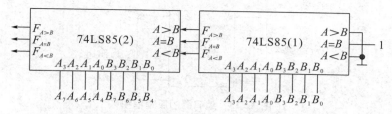

图 3－13　用 4 位数值比较器扩展为 8 位数值比较器

2. 并联扩展

当比较的位数较多，且速度要求较快时，可以采用并联方式扩展。例如，用五片 4 位比较器扩展为 16 位比较器，可按图 3－14 的方式连接。图中，将待比较的 16 位二进制数分成四组，各组的 4 位比较是并行进行的，再将每组的比较结果输入第五片 4 位比较器来进行比较，最后得出比较结果。这种方式从数据输入到输出只需要两倍的 4 位比较器的延迟时间，而如果采用串联方式时，则需要四倍的 4 位比较器的延迟时间。

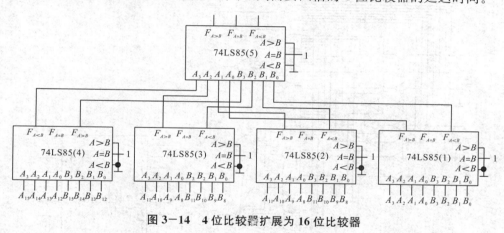

图 3－14　4 位比较器扩展为 16 位比较器

3.4　编码器和译码器

3.4.1　编码器

将数字、文字、符号或特定含义的信息用二进制代码表示的过程称为编码。能够实现编码功能的电路称为编码器（Encoder）。图 3－15 是编码器的原理框图，它有 m 个输入信号、n 位二进制代码输出。m 和 n 之间的关系为 $m \leqslant 2^n$。当 $m = 2^n$ 时，称为二进制编码器。$m = 10$，$n = 4$ 时称为二－十进制（BCD）编码器。常用的编码器有普通编码器和优先编码器两类。普通编码器的特点是：任何时刻只允许输入一个有效信号，不允许出现多个输入同时有效的情况，否则编码器将产生错误的输出。优先编码器则在一定条件下允许多个输入同时有效，它能够根据事先安排好的优先顺序只对优先级别最高的有效输入信号进行编码。下面主要介绍优先编码器的功能及应用。

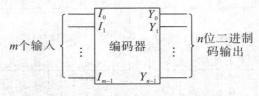

图 3-15　编码器的原理框图

3.4.1.1　二进制优先编码器

常用中规模优先编码器有 74LS148（8 线－3 线优先编码器）、74LS147（10 线－4 线 BCD 优先编码器）。

74LS148 是一种带扩展功能的二进制优先编码器，其逻辑电路和逻辑符号如图 3-16 所示。在逻辑符号中，小圆圈表示低电平有效。

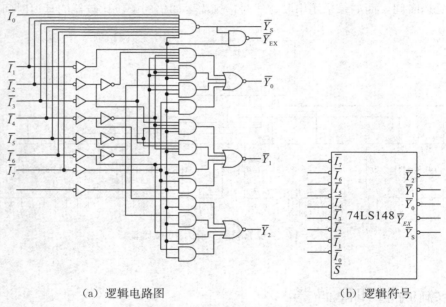

（a）逻辑电路图　　　　　　　　　　　　（b）逻辑符号

图 3-16　优先编码器 74LS148

74LS148 有 8 个信号输入端 $\bar{I}_7 \sim \bar{I}_0$，$\bar{I}_7$ 优先级别最高，有 3 个代码（反码）输出端 $\bar{Y}_2 \sim \bar{Y}_0$，均为低电平有效。此外，还设置了使能输入端 $\bar{S}$、选通输出端 $\bar{Y}_S$ 和扩展端 $\bar{Y}_{EX}$，也均为低电平有效。

74LS148 的功能表如表 3-6 所示。从表中可以看出，当 $\bar{S}=1$ 时，电路处于禁止编码状态，此时无论 $\bar{I}_7 \sim \bar{I}_0$ 中有无有效信号，输出 $\bar{Y}_2 \sim \bar{Y}_0$ 均为 1，且 $\bar{Y}_S$、$\bar{Y}_{EX}$ 也为 1，表示编码器不工作。当 $\bar{S}=0$ 时，电路处于正常工作状态，如果 $\bar{I}_7 \sim \bar{I}_0$ 中有低电平（有效信号）输入，则输出 $\bar{Y}_2 \sim \bar{Y}_0$ 只对级别最高的输入进行编码输出。例如，$\bar{I}_7=1$，$\bar{I}_6=0$ 时，无论其他输入端是否有效，输出端只对 $\bar{I}_6$ 的输入进行编码，因此 $\bar{Y}_2 \bar{Y}_1 \bar{Y}_0=001$（即 110 的反码）；74LS148 正常工作时 $\bar{Y}_S=1$，$\bar{Y}_{EX}=0$。如果 $\bar{I}_7 \sim \bar{I}_0$ 中无有效信号输入，则输出 $\bar{Y}_2 \sim \bar{Y}_0$ 均为高电平，且 $\bar{Y}_S=0$，$\bar{Y}_{EX}=1$。

表 3-6 74LS148 的功能表

输入									输出				
$\overline{S}$	$\overline{I}_7$	$\overline{I}_6$	$\overline{I}_5$	$\overline{I}_4$	$\overline{I}_3$	$\overline{I}_2$	$\overline{I}_1$	$\overline{I}_0$	$\overline{Y}_2$	$\overline{Y}_1$	$\overline{Y}_0$	$\overline{Y}_{EX}$	$\overline{Y}_S$
1	×	×	×	×	×	×	×	×	1	1	1	1	1
0	1	1	1	1	1	1	1	1	1	1	1	1	0
0	0	×	×	×	×	×	×	×	0	0	0	0	1
0	1	0	×	×	×	×	×	×	0	0	1	0	1
0	1	1	0	×	×	×	×	×	0	1	0	0	1
0	1	1	1	0	×	×	×	×	0	1	1	0	1
0	1	1	1	1	0	×	×	×	1	0	0	0	1
0	1	1	1	1	1	0	×	×	1	0	1	0	1
0	1	1	1	1	1	1	0	×	1	1	0	0	1
0	1	1	1	1	1	1	1	0	1	1	1	0	1

从功能表还可以看出，当扩展输出端 $\overline{Y}_{EX}=0$ 时，表示编码器正常工作，当 $\overline{Y}_{EX}=1$ 时，表示编码器被禁止或无有效输入信号，故也可以将 $\overline{Y}_{EX}$ 称为编码状态指示端；选通输出端 $\overline{Y}_S$ 只有在允许编码器工作（$\overline{S}=0$）但没有有效信号输入时才为 0，因此也称为无编码输入指示端。整个芯片只有当 $\overline{S}=0$，$\overline{Y}_{EX}\overline{Y}_S=01$ 时才处于正常工作状态，因此可以利用这些特点实现编码器的扩展。

3.4.1.2 二-十进制优先编码器

二-十进制优先编码器也称 BCD 优先编码器。74LS147BCD 优先编码器的逻辑符号如图 3-17 所示，功能表如表 3-7 所示。它有 9 个输入端 $\overline{I}_1 \sim \overline{I}_9$ 和 4 个输出端 $\overline{Y}_3 \sim \overline{Y}_0$（反码），均为低电平有效。

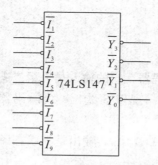

图 3-17 74LS147 的逻辑符号

表 3－7　74LS147 的功能表

$\overline{I}_1$	$\overline{I}_2$	$\overline{I}_3$	$\overline{I}_4$	$\overline{I}_5$	$\overline{I}_6$	$\overline{I}_7$	$\overline{I}_8$	$\overline{I}_9$	$\overline{Y}_3$	$\overline{Y}_2$	$\overline{Y}_1$	$\overline{Y}_0$
1	1	1	1	1	1	1	1	1	1	1	1	1
×	×	×	×	×	×	×	×	0	0	1	1	0
×	×	×	×	×	×	×	0	1	0	1	1	1
×	×	×	×	×	×	0	1	1	1	0	0	0
×	×	×	×	×	0	1	1	1	1	0	0	1
×	×	×	×	0	1	1	1	1	1	0	1	0
×	×	×	0	1	1	1	1	1	1	0	1	1
×	×	0	1	1	1	1	1	1	1	1	0	0
×	0	1	1	1	1	1	1	1	1	1	0	1
0	1	1	1	1	1	1	1	1	1	1	1	0

应注意，74LS147 没有 $\overline{I}_0$ 输入，实际上当 $\overline{I}_9 \sim \overline{I}_1$ 均无效时，输出 $\overline{Y}_3 \sim \overline{Y}_0$ 为 1111，其反码为 0000，即为 BCD 码的 0 输出，因此表中的第 1 行默认为 $\overline{I}_0$ 输入。74LS147 的输入、输出均为低电平有效，因此给每个输出端加一个反相器，即可将反码输出的 BCD 码转换为正常的 BCD 码。

3.4.2　译码器

译码是编码的逆过程，即将二进制数码还原成给定的信息符号（数符、字符、运算符或代码等）。能完成译码功能的电路称译码器。根据需要，输出信号可以是脉冲，也可以是高电平或低电平。译码器的种类很多。但它们的工作原理和分析方法大同小异。下面将分别介绍变量译码器、码制变换译码器和显示译码器，它们是三种最典型、使用十分广泛的译码电路。

3.4.2.1　变量译码器

1. 逻辑抽象

变量译码器又称二进制译码器，它的输入是一组二进制代码，输出是一组与输入代码一一对应的高、低电平信号。现以 3 线－8 线译码器为例说明变量译码器的工作原理。

设输入是 3 位二进制代码 $A_2A_1A_0$，输出是其状态译码 $Y_0 \sim Y_7$。其框图如图 3－18 所示。

图 3-18　3 线-8 线译码器框图

2. 真值表

表 3-8 是 3 位二进制（3 线-8 线）译码器的真值表。

表 3-8　真值表

输入			输出							
A_2	A_1	A_0	Y_7	Y_6	Y_5	Y_4	Y_3	Y_2	Y_1	Y_0
0	0	0	0	0	0	0	0	0	0	1
0	0	1	0	0	0	0	0	0	1	0
0	1	0	0	0	0	0	0	1	0	0
0	1	1	0	0	0	0	1	0	0	0
1	0	0	0	0	0	1	0	0	0	0
1	0	1	0	0	1	0	0	0	0	0
1	1	0	0	1	0	0	0	0	0	0
1	1	1	1	0	0	0	0	0	0	0

3. 逻辑表达式

由表 3-8 所示的真值表可直接得到逻辑表达式

$$\begin{cases} Y_0 = \overline{A_2}\,\overline{A_1}\,\overline{A_0}, \ Y_1 = \overline{A_2}\,\overline{A_1}A_0 \\ Y_2 = \overline{A_2}A_1\overline{A_0}, \ Y_3 = \overline{A_2}A_1A_0 \\ Y_4 = A_2\,\overline{A_1}\,\overline{A_0}, \ Y_5 = A_2\,\overline{A_1}A_0 \\ Y_6 = A_2A_1\overline{A_0}, \ Y_7 = A_2A_1A_0 \end{cases}$$

4. 逻辑图

实现上述逻辑功能常见的有二极管组成的电路和三极管组成的电路。图 3-19 所示为用二极管与阵列组成的 3 线-8 线译码器。图 3-20 所示的是用与非门组成的 3 线-8 线译码器 74LS138。

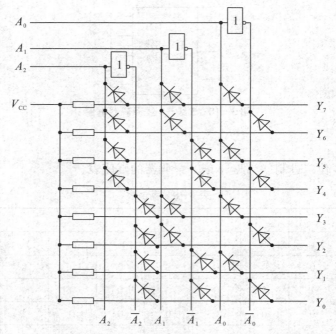

图 3-19　用二极管与阵列组成的 3 线-8 线译码器

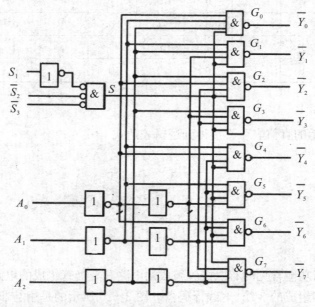

图 3-20　用与非门组成的 3 线-8 线译码器 74LS138

74LS138 有一个附加控制门 G_s，当 G_s 输出 S 为高电平 "1" 时，译码器各与非门被打开。其逻辑函数为

$$\begin{cases} \overline{Y_0}=\overline{\overline{A_2}\,\overline{A_1}\,\overline{A_0}} \\ \overline{Y_1}=\overline{\overline{A_2}\,\overline{A_1}\,A_0} \\ \overline{Y_2}=\overline{\overline{A_2}\,A_1\,\overline{A_0}} \\ \overline{Y_3}=\overline{\overline{A_2}\,A_1\,A_0} \\ \overline{Y_4}=\overline{A_2\,\overline{A_1}\,\overline{A_0}} \\ \overline{Y_5}=\overline{A_2\,\overline{A_1}\,A_0} \\ \overline{Y_6}=\overline{A_2\,A_1\,\overline{A_0}} \\ \overline{Y_7}=\overline{A_2\,A_1\,A_0} \end{cases}$$

74LS138 有三个附加控制端 S_1、$\overline{S_2}$、$\overline{S_3}$，它们作为附加控制门的 G_s 输入，其真值表见表 3-9。

表 3-9　真值表

输入			输出
S_1	$\overline{S_2}$	$\overline{S_3}$	S
0	0	0	0
0	0	1	0
0	1	0	0
0	1	1	0
1	0	0	1
1	0	1	0
1	1	0	0
1	1	1	0

从真值表 3-9 可以看出，只有当 $S_1=1$，$\overline{S_2}=\overline{S_3}=0$ 时，$S=1$ 为有效。否则，译码器被禁止，所有的输出被封锁在高电平上。这三个控制端也叫作"片选"输入端，利用它可以将多片连接起来以扩展译码器的功能。

例如，用两片 3 线-8 线译码器 74LS138 组成 4 线-16 线译码器，输入的 4 位二进制 $D_3D_2D_1D_0$ 译成 16 个独立的低电平信号 $\overline{Z_0}\sim\overline{Z_{15}}$。

其逻辑图如图 3-21 所示。当 $D_3=0$ 时，片I正常工作，片II被封锁，将 $D_3D_2D_1D_0$ 的 0000~0111 这 8 个代码译成 $\overline{Z_0}\sim\overline{Z_7}$ 8 个低电平信号。

当 $D_3=1$ 时，片II被选中，片I被封锁，将 $D_3D_2D_1D_0$ 的 1000~1111 这 8 个代码译成 $\overline{Z_8}\sim\overline{Z_{15}}$ 这 8 个低电平信号。这样就用两片 74LS138 构成了 4 线-16 线译码器。

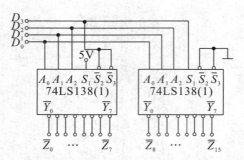

图 3-21　两片 3 线－8 线译码器（74LS138）组成 4 线－16 线译码器逻辑图

3.4.2.2　码制变换译码器

二进制译码器是全译码的电路，它将每一种输入二进制代码状态都翻译出来了。如果把输入信号当作逻辑变量，输出变量当成逻辑函数，那么每一个输出信号就是输入变量的一个最小项，所以二进制译码器，在其输出端提供了输入变量的全部最小项。

二－十进制译码器就是最常见的码制变换译码器。它是将输入 BCD 码的 10 个代码译成 10 个高低电平输出信号。仿照 4 线－16 线二进制译码器的译码的方法，不难写出二－十进制译码器的逻辑函数。

$$
\begin{cases}
\overline{Y_0} = \overline{\overline{A_3}\,\overline{A_2}\,\overline{A_1}\,\overline{A_0}} & \overline{Y_1} = \overline{\overline{A_3}\,\overline{A_2}\,\overline{A_1}\,A_0} \\
\overline{Y_2} = \overline{\overline{A_3}\,\overline{A_2}\,A_1\,\overline{A_0}} & \overline{Y_3} = \overline{\overline{A_3}\,\overline{A_2}\,A_1\,A_0} \\
\overline{Y_4} = \overline{\overline{A_3}\,A_2\,\overline{A_1}\,\overline{A_0}} & \overline{Y_5} = \overline{\overline{A_3}\,A_2\,\overline{A_1}\,A_0} \\
\overline{Y_6} = \overline{\overline{A_3}\,A_2\,A_1\,\overline{A_0}} & \overline{Y_7} = \overline{\overline{A_3}\,A_2\,A_1\,A_0} \\
\overline{Y_8} = \overline{A_3\,\overline{A_2}\,\overline{A_1}\,\overline{A_0}} & \overline{Y_9} = \overline{A_3\,\overline{A_2}\,\overline{A_1}\,A_0}
\end{cases}
$$

由上述逻辑函数不难构成二－十进制译码器的逻辑图，图 3-22 所示的就是 74LS42 逻辑图、外引线排列图、逻辑功能示意图和国家标准符号。类似的产品还有 7442、MC14028B 等。

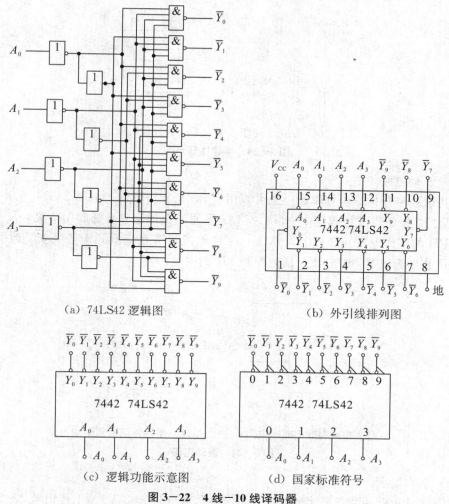

(a) 74LS42 逻辑图　　　　　　　　　(b) 外引线排列图

(c) 逻辑功能示意图　　　　　(d) 国家标准符号

图 3－22　4 线－10 线译码器

3.4.2.3　显示译码器

在数字系统中，经常需要将数字、文字、符号的二进制代码翻译成人们习惯的形式并直观地显示出来，供人们读取或监视系统的工作情况。由于各种工作方式的显示器件对译码器的要求区别很大，而实际工作中又希望显示器和译码器配合使用，甚至直接利用译码器驱动显示器。因此，人们就把这种类型的译码器叫作显示译码器。而要弄懂显示译码器，必须对最常用的显示器有所了解。下面先介绍两种常用的数码显示器。

1. 半导体显示器

（1）简单显示原理。

某些特殊的半导体器件，如用磷砷化镓做成的 PN 结，当外加正向电压时，可以将电能转换成光能，从而发出清晰悦目的光线。利用这样的 PN 结，既可以封装成单个的发光二极管（LED），也可以封装成分段式（或者点阵式）的显示器件，如图 3－23 所示。

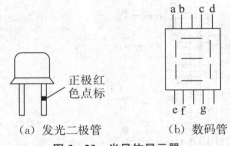

(a) 发光二极管　　　　　(b) 数码管

图 3−23　半导体显示器

（2）驱动电路。

既可以用半导体三极管驱动，也可以用 TTL 与非门驱动，如图 3−24 所示。图中 VD 为发光二极管（或数码管中一段），当 G 导通或 VT 饱和导通时 VD 亮，R 为限流电阻。VD 的工作电压一般为 $1.5 \sim 3$ V，工作电流只需几毫安到十几毫安。改变 R 的数值，可改变流经 VD 的电流，从而控制 VD 的亮度。

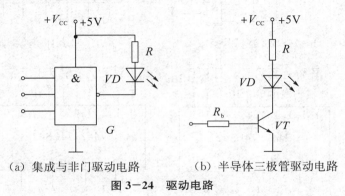

（a）集成与非门驱动电路　　　（b）半导体三极管驱动电路

图 3−24　驱动电路

（3）基本特点。

半导体显示器的特点是清晰悦目、工作电压低（$1.5 \sim 3$ V）、工作电流 $5 \sim 20$ mA、体积小、寿命长（大于 1000 h）、响应速度快（$1 \sim 100$ ns）、颜色丰富（有红、绿、黄等色）、可靠等。

2. 液晶显示器件

液晶显示器件（LCD）是一种平板薄型显示器件，其驱动电压很低、工作电流极小，与 CMOS 电路组合起来可以组成微功耗系统，广泛地用于电子钟表、电子计数器、各种仪器和仪表中。液晶是一种介于晶体和液体之间的有机化合物，常温下既有液体的流动性和连续性，又有晶体的某些光学特性。液晶显示器件本身不发光，在黑暗中不能显示数字，它依靠在外界电场作用下产生的光电效应，调制外界光线使液晶不同部位显视出反差，从而显示出字形。

3. 显示译码器

设计显示译码器首先要考虑到显示器的字形，现以驱动七段发光二极管的二−十进制译码器为例，具体说明显示译码器的设计过程。

（1）逻辑抽象。

我们知道，十进制中 0~9 这 10 个字符可由七段组合而成，如图 3−25 所示。

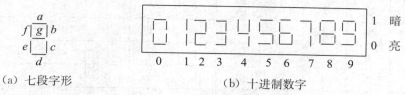

（a）七段字形 　　　　（b）十进制数字

图 3−25　十进制数字与七段字形

现设输入变量为 A_3、A_2、A_1、A_0，组成 8421BCD 码。输出是驱动七段发光二极管显示字形的信号——Y_a、Y_b、Y_c、Y_d、Y_e、Y_f、Y_g。示意图见图 3−26。

图 3−26　显示译码器示意图

若采用共阳极数码管，则 Y_a~Y_g 应为 0，即低电平有效；反之，若采用共阴极数码管，那么 Y_a~Y_g 应为 1，即高电平有效。所谓有效，就是能驱动显示段发光。图 3−27 给出的是七段发光二极管内部的两种接法——共阳极和共阴性接法，R 是外接限流电阻，V_{cc} 是外接电压。

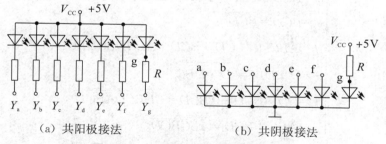

（a）共阳极接法 　　　　（b）共阴极接法

图 3−27　七段发光二极管的两种接法

下面以共阳极接法进行讨论。

（2）列真值表。

假如采用共阳极数码管，其输入变量为 A、B、C、D，真值表见表 3−10。

表 3−10　显示译码器的真值表

A	B	C	D	a	b	c	d	e	f	g	显示
0	0	0	0	0	0	0	0	0	0	1	0
0	0	0	1	1	0	0	1	1	1	1	1
0	0	1	0	0	0	1	0	0	1	0	2

续表

A	B	C	D	a	b	c	d	e	f	g	显示
0	0	1	1	0	0	0	0	1	1	0	3
0	1	0	0	1	0	0	1	1	0	0	4
0	1	0	1	0	1	0	0	1	0	0	5
0	1	1	0	0	1	0	0	0	0	0	6
0	1	1	1	0	0	0	1	1	1	1	7
1	0	0	0	0	0	0	0	0	0	0	8
1	0	0	1	0	0	0	0	1	0	0	9

（3）画卡诺图。

根据表 3-10 真值表，画出 a、b、c、d、e、f、g 各段的卡诺图，如图 3-28 所示。

注意：① 利用卡诺图化简，伪码对应的最小项是约束项；② e、f 两式，本可以进一步化简，但从工程角度考虑，尽量避免增加新项，这样可以节约一个与门，这一点对于多变量输出非常重要，可以说这是多输出函数的一个特点。

（4）写逻辑表达式。

根据图 3-28 的卡诺图，写出 a、b、c、d、e、f、g 各段的逻辑表达式。

$$
\begin{cases}
a = \overline{A}BCD + B\overline{C}\overline{D} = \overline{\overline{\overline{A}BCD} \cdot \overline{B\overline{C}\overline{D}}} \\
b = B\overline{C}D + BC\overline{D} = \overline{\overline{B\overline{C}D} \cdot \overline{BC\overline{D}}} \\
c = \overline{B}C\overline{D} = \overline{\overline{\overline{B}C\overline{D}}} \\
d = \overline{A}BCD + B\overline{C}\overline{D} + BCD = \overline{\overline{\overline{A}BCD}\,\overline{B\overline{C}\overline{D}}\,\overline{BCD}} \\
e = D + \overline{D}B\overline{C} = \overline{\overline{D} \cdot \overline{\overline{D}B\overline{C}}} \\
f = CD + B\overline{C}D + \overline{A}BCD = \overline{\overline{CD}\,\overline{B\overline{C}D}\,\overline{\overline{A}BCD}} \\
g = \overline{A}\overline{B}C + BCD = \overline{\overline{\overline{A}\overline{B}C}\,\overline{BCD}}
\end{cases}
$$

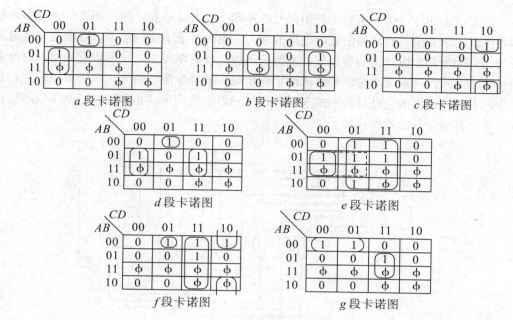

图 3-28 卡诺图

（5）画逻辑图。

根据输出函数 a、b、c、d、e、f、g 各段的逻辑表达式画逻辑图。如图 3-29 所示。

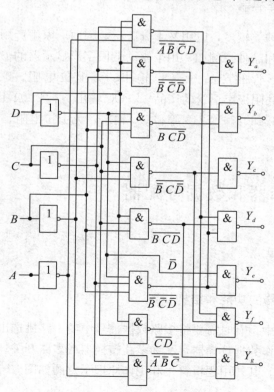

图 3-29 BCD 七段译码显示电路

需要指出的是，由于采用了共阳极七段发光二极管显示器，因此图3－29所示译码器各个输出端必须具有足够的吸收电流的能力，也即带灌电流的能力，以驱动有关显示段发光。因为共阳极结构的显示器，电源的正极是接在阳极上，显示段发光时其电流由阴极流出进入译码器相应输出端形成灌电流负载，其接线图如图3－30所示。总之，显示译码器的输出级的电路结构形式与所选用显示器的结构形式相匹配，否则不仅不能正常工作，甚至会导致器件损坏。

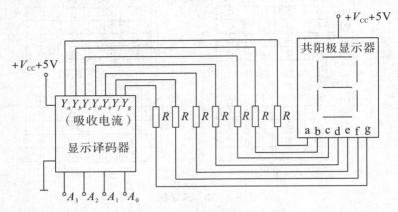

图3－30　显示译码器与共阳极显示器的接线图

3.4.2.4　集成显示译码器

由于显示器件的种类较多，应用又十分广泛，因而厂家生产用于显示驱动的译码器也有各种不同的规格和品种。例如，用来驱动七段字形显示器的BCD七段字形译码器，就有适用共阳极字形管的产品——OC输出、无上拉电阻、0电平驱动的74247、74LS247等；有适用共阴极字形管的产品——OC输出、有2 kΩ上拉电阻、1电平驱动的7448、74LS48、74248、74LS248等和OC输出、无上拉电阻、1电平驱动的74249、74LS249、7449等。

3.5　数据选择器和数据分配器

3.5.1　数据选择器

3.5.1.1　数据选择器的功能和结构

在数据传输过程中，有时需要将多路数据信号中的一路挑选出来进行传送，完成这种功能的逻辑电路称作数据选择器，又称多路转换器或多路开关。它是一个多输入、单输出的组合逻辑电路。其通用逻辑符号和工作原理示意图如图3－31所示。

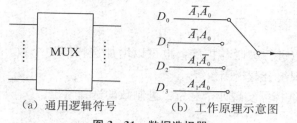

(a) 通用逻辑符号　　　　(b) 工作原理示意图

图 3-31　数据选择器

中规模集成电路数据选择器有 16 选 1 的 74150、8 选 1 的 74151、4 选 1 的 74153 等。利用选择控制端可选择数据通道的地址。显然，用 n 位地址，可选择 2^n 个通道。

4 选 1 数据选择器 74153 的逻辑功能表如表 3-11 所示，内部逻辑电路和外引线排列图如图 3-32 所示。4 选 1 数据选择器 74153 内部有两个数据选择器，它们有各自的选通端 $1\overline{S}$ 和 $2\overline{S}$，低电平有效。共用一组地址 $A_1 A_0$ 进行数据选择。输出为原码，相当于"双刀四掷"开关。由如图 3-32 所示的 74153 逻辑电路图可见，输出 Y 的逻辑表达式为：

$$Y = \overline{S}\ (\overline{A_1}\,\overline{A_0} D_0 + \overline{A_1} A_0 D_1 + A_1\,\overline{A_0} D_2 + A_1 A_0 D_3)$$

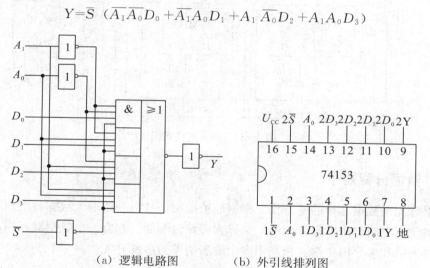

(a) 逻辑电路图　　　　(b) 外引线排列图

图 3-32　4 选 1 数据选择器 74153

表 3-11　174153 的逻辑功能表

输入			输出
$\overline{S}$	A_1	A_0	Y
1	φ	φ	0
0	0	0	D_0
0	0	1	D_1
0	1	0	D_2
0	1	1	D_3

3.5.1.2 数据选择器的应用

数据选择器可以进行级联与扩展，也可以增加选择器的个数，实现多位的数据传送，还可以用作实现组合逻辑函数等。

【例 4】用数据选择器实现四个三位二进制数的选择输出。

解：

可选用三个 4 选 1 数据选择器并联在一起，接线如图 3-33 所示。将选通端接地，两位地址端 A_1A_0 并联。四个数据的最低位 a_0、b_0、c_0、d_0 均接在第 1 片的数据输入端，次低位 a_1、b_1、c_1、d_1 和高位现 a_2、b_2、c_2、d_2 分别接在第二片和第三片的数据输入端。地址 $A_1A_0=10$ 时，输出为 $Y_2Y_1Y_0=c_2c_1c_0$。数据增加位数时，只需要相应地增加器件的数目。图 3-33 中数据选择器 MUX 可选用 $\frac{1}{2}$74153。

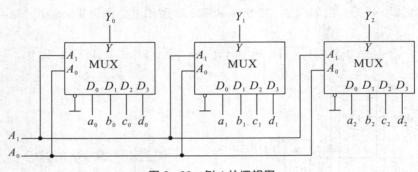

图 3-33　例 4 的逻辑图

3.5.2 数据分配器

数据分配是数据选择的逆过程。根据地址控制信号将一路输入数据分配到不同的通道上去的逻辑电路称为数据分配器，又称为多路分配器。它有一个数据输入端，多个地址信号输入端和多个输出端，相当于多个输出的单刀多掷开关。

3.5.2.1 1路-4路数据分配器

图 3-34 是一个 1 路-4 路数据分配器的逻辑图，图中，D 是数据输如入端，A_1、A_0 是地址控制端，$Y_0 \sim Y_3$ 是 4 个输出端。其逻辑图功能示意图如图 3-35 所示。

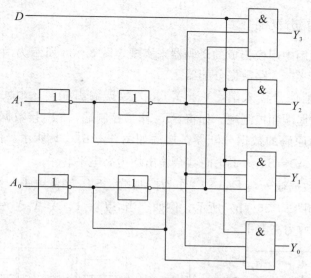

图 3－34　1 路－4 路数据分配器的逻辑图

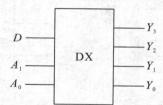

图 3－35　1 路－4 路数据分配器的逻辑图功能示意图

根据逻辑电路图可写出输出逻辑表达式如下：

$$\left.\begin{aligned}
Y_0 &= \overline{A_1}\,\overline{A_0}D\\
Y_1 &= \overline{A_1}A_0D\\
Y_2 &= A_1\,\overline{A_0}D\\
Y_3 &= A_1A_0D
\end{aligned}\right\}$$

1 路－4 路数据分配器的功能表如表 3－12 所示。根据地址控制信号 A_1、A_0 分别将数据 D 分配给 4 个输出端 $Y_0 \sim Y_3$，故称为 1 路－4 路数据分配器。

表 3－12　1 路－4 路数据分配器的功能表

地址输入		输出			
A_1	A_0	Y_0	Y_1	Y_2	Y_3
0	0	D	0	0	0
0	1	0	D	0	0
1	0	0	0	D	0
1	1	0	0	0	D

3.5.2.2　集成数据分配器

数据分配器可用中规模集成的译码器来实现，图 3−36 所示为由 3 线−8 线译码器 CT74LS138 构成 1 路−8 路数据分配器。

$A_2 \sim A_0$ 是地址信号输入端，$\overline{Y}_0 \sim \overline{Y}_7$ 是为数据输出端，三个使能端 ST_1、$\overline{ST_2}$、$\overline{ST_3}$ 可分别作为数据端和控制端。如将 ST_1 作为控制端，$\overline{ST_2}$ 接数据输入端 D，$\overline{ST_3}$ 接低电平，则输出为原码的数据分配器，接法如图 3−36（a）所示。例如，当 $ST_1 = 1$，$A_2A_1A_0 = 010$ 时，$\overline{Y}_2 = \overline{ST_2} = D$，而其余输出均为高电平。

如将 ST_1 接数据输入端 D，$\overline{ST_2}$ 作为控制端，$\overline{ST_3}$ 接低电平，则输出为反码的数据分配器，接法如图 3−36（b）所示。例如，当 $ST_2 = 1$，$A_2A_1A_0 = 010$ 时，$\overline{Y}_2 = \overline{ST_1} = \overline{D}$，而其余输出均为高电平。

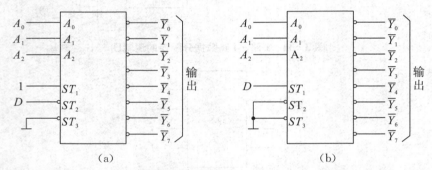

图 3−36　3 线−8 线译码器 CT74LS138 构成 1 路−8 路数据分配器

3.6　用中规模集成电路实现组合逻辑函数

目前中规模集成电路规格品种很多，市场上很容易买到，在许多情况下，直接用它们实现组合逻辑函数，常常可以取得事半功倍的结果，不仅省时、省钱、省工，而且连线少、体积小，可靠性也高。

用中规模集成电路实现组合逻辑函数的基本方法就是对照比较。因为在 MSI 中，输出与输入信号之间的函数关系已被固化在芯片中，不能也不可能更改，而且只有对常用 MSI 产品的性能十分熟悉，才能合理、恰当地选用。一般情况下，使用较多的中规模集成电路是数据选择器和二进制译码器，在某些特殊条件下使用全加器等则会更好。

3.6.1　用数据选择器实现组合逻辑函数

3.6.1.1　用数据选择器实现组合逻辑函数的基本原理与步骤

1. 基本原理

（1）数据选择器输出信号逻辑表达式的一般形式。

① 4 选 1 数据选择器输出信号的逻辑表达式。

图 3-37 所示是 4 选 1 数据选择器的逻辑功能示意图，表 3-13 所示是它的真值表。

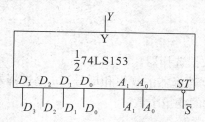

图 3-37　4 选 1 数据选择器 74LS153

表 3-13　74LS153 真值表

型　号	输入				输出
	D_i	A_1	A_0	$\overline{S}$	Y
	$\times$	$\times$	$\times$	1	0
	D_0	0	0	0	D_0
74153	D_1	0	1	0	D_1
	D_2	1	0	0	D_2
74LS153	D_3	1	1	0	D_3

由表 3-13 所示真值表可得

$$Y = S\overline{A}_1\overline{A}_0 D_0 + S\overline{A}_1 A_0 D_1 + S A_1 \overline{A}_0 D_2 + S A_1 A_0 D_3$$

若令 $S=1$ 即 $\overline{S}=0$，选择器使能，则

$$Y = \overline{A}_1\overline{A}_0 D_0 + \overline{A}_1 A_0 D_1 + A_1 \overline{A}_0 D_2 + A_1 A_3 D_3$$

$$= m_0 D_0 + m_1 D_1 + m_2 D_2 + m_3 D_3$$

$$= \sum_0^3 m_i D_i$$

② m 选 1 数据选择器输出信号的逻辑表达式中：

$$m = 2^n$$

n 是选择器地址码的位数，也就是地址变量的个数，根据 4 选 1 数据选择器输出信号的逻辑表达式，可推论出其一般表达形式为：

$$Y = \sum_0^{m-1} m_i D_i = \sum_0^{2^n-1} m_i D_i$$

（2）数据选择器输出信号逻辑表达式的主要特点。

① 具有标准与或表达式的形式。

② 提供了地址变量的全部最小项。

③ 一般情况下，D_i 可以当成一个变量处理。

④ 受选通（使能）信号 $\overline{S}$ 控制，当 $\overline{S}=0$ 时有效，$\overline{S}=1$ 时 $Y=0$。

（3）组合逻辑函数的标准表达形式。

任何组合逻辑函数都是由它的最小项构成的，都可以表示成为量小项之和的标准形式。

综上所述可知，从原理上讲，应用对照比较的方法，用数据选择器可以不受限制地实现任何组合逻辑函数。如果函数的变量数为 k，那么应选用地址变量数 $n=k-1$ 的数据选择器。

2. 基本步骤

（1）确定应该选用的数据选择器。

根据 $n=k-1$ 确定数据选择器的规模和型号，n 是选择器地址码（地址变量，地址输入端）的位数，k 是函数的变量个数。

（2）写逻辑表达式。

写出函数的标准与或表达式和选择器输出信号的表达式。

（3）求选择器输入变量的表达式。

用公式法或者图形法，通过对照比较确定选择器各个输入变量的表达式（或为变量或为常量）。

（4）画连线图。

根据采用的数据选择器和求出的表达式画出连线图。

3.6.1.2 应用举例

【例 5】画出用数据选择器实现函数 $F=AB+BC+CA$ 的连线图。

解：（1）选用数据选择器。

函数变量个数为 3，根据 $n=k-1=3-1=2$，确定选用 4 选 1 数据选择器 74LS153。

（2）写标准与或表达式。

安排好函数变量排列顺序，写出函数 F 的标准与或表达式

$$F=AB+BC+CA$$
$$=AB+BC+AC$$
$$=\overline{A}BC+A\overline{B}C+AB\overline{C}+ABC$$

4 选 1 数据选择器输出信号的标准与或表达式为

$$Y=\overline{A}_1\overline{A}_0D_0+\overline{A}_1A_0D_1+A_1\overline{A}_0D_2+A_1A_0D_3$$

（3）确定数据选择器输入变量的表达式。

比较两个表达式，寻找它们相等的条件，确定比较器各个输入变量的表达式。

① 函数变量按 A、B、C 顺序排列，保持 A、B 在表达式中的形式，变换 F

$$F=\overline{A}BC+A\overline{B}C+AB\overline{C}+ABC$$
$$=\overline{A}\overline{B}\cdot 0+\overline{A}BC+A\overline{B}C+AB\ (\overline{C}+C)$$
$$=\overline{A}\overline{B}\cdot 0+\overline{A}BC+A\overline{B}+AB\cdot 1$$

选择器输出信号的表达式为

$$Y=\overline{A}_1\overline{A}_0D_0+\overline{A}_1A_0D_1+A_1\overline{A}_0D_2+A_1A_0D_3$$

比较 F 和 Y 的表达式，显然两者相等的条件是

$$A_1=A、A_0=B、D_0=0、D_1=D_2=C、D_3=1$$

② 函数变量按 B、C、A 的顺序排列，保持 B、C 形式不变，可写出

$$F = \overline{B}CA + B\overline{C}A + BC\overline{A} + BCA$$
$$= \overline{B}\overline{C} \cdot 0 + B\overline{C}A + BC\overline{A} + BC\ (\overline{A} + A)$$
$$= \overline{B}\overline{C} \cdot 0 + B\overline{C}A + BC\overline{A} + BC \cdot 1$$

与 Y 的表达式进行比较，利用两者相等的可得

$$A_1 = B,\ A_0 = C,\ D_0 = 0,\ D_1 = D_2 = A,\ D_3 = 1$$

可见，函数变量排序顺序不同，求得的选择器输入变量的表达式在形式上会不一样，但本质上并无区别。

（4）画连线图。

图 3-38 所示是根据 $A_1 = A$、$A_0 = B$、$D_0 = 0$、$D_1 = D_2 = C$、$D_3 = 1$ 画出的连线图。

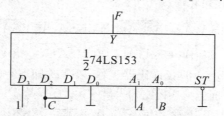

图 3-38　实现【例 5】中 F 的连线图

从上面例子可以明显看出，用集成数据选择器实现组合逻辑函数是非常方便的，设计过程也比较简单。数据选择器是一种通用性比较强的中规模集成电路，如果能够灵活应用，一般的单输出信号的组合逻辑问题都可以用它解决。

3.6.2　用二进制译码器实现组合逻辑函数

3.6.2.1　用二进制译码器实现组合逻辑函数的基本原理与步骤

1. 基本原理

（1）二进制译码器的特点。

二进制译码器的输出端提供了其输入变量的全部最小项，译码器的基本电路由与门组成的阵列。在集成二进制译码器中，使用的是与非门，因此其输出信号都是反变量，也就是说二进制译码器的输出端所提供的是输入变量最小项的反函数。

图 3-39 所示是集成双 2 线-4 线译码器 74LS139 的逻辑功能示意图，表 3-14 所示是其真值表。

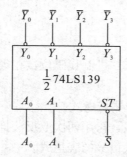

图 3-39　74LS139 的逻辑功能示意图

表 3-14　74LS139 真值表

型　号	输入			输出			
	$\overline{S}$	A_1	A_0	$\overline{Y}_0$	$\overline{Y}_1$	$\overline{Y}_2$	$\overline{Y}_3$
	1	×	×	1	1	1	1
	0	0	0	0	1	1	1
74LS139	0	0	1	1	0	1	1
	0	1	0	1	1	0	1
	0	1	1	1	1	1	0

由表 3-14 所示真值表可得

$$\overline{Y}_0 = \overline{\overline{S}\,\overline{A_1}\,\overline{A_0}} = \overline{S\overline{A_1}\,\overline{A_0}}, \quad \overline{Y}_1 = \overline{\overline{S}\,\overline{A_1}\,A_0} = \overline{S\overline{A_1}A_0}$$

$$\overline{Y}_2 = \overline{\overline{S}A_1\overline{A_0}} = \overline{SA_1\overline{A_0}}, \quad \overline{Y}_3 = \overline{\overline{S}A_1A_0} = \overline{SA_1A_0}$$

选通控制端 $\overline{S} = 0$ 即 $S = 1$ 时，译码器工作；$\overline{S} = 1$ 即 $S = 0$ 时，译码被禁止，$\overline{Y}_0 \sim \overline{Y}_3$ 均为 1。$\overline{S} = 0$ 即 $S = 1$ 时：

$$\overline{Y}_0 = \overline{\overline{A_1}\,\overline{A_0}}, \quad \overline{Y}_1 = \overline{\overline{A_1}A_0}, \quad \overline{Y}_2 = \overline{A_1\overline{A_0}}, \quad \overline{Y}_3 = \overline{A_1A_0}$$

74LS139 的输出信号表达式生动具体地告诉我们，集成二进制译码器提供输入变量最小项反函数的情况。也可以由此推论出集成二进制译码器输出信号表达式的一般形式

$$\overline{Y}_i = \overline{m}_i$$

（2）组合逻辑函数的最小项构成的与非－与非表示式——标准与非－与非表达式。

既然任何组合逻辑函数都可以表示成为最小项之和的标准形式，那么利用两次取反的方法，就会很容易地得到其由最小项构成的与非－与非表达式，例如函数

$$Z = AB + BC + \overline{A}\overline{B}$$

其标准与或表达式为

$$Z = \overline{A}\,\overline{B}\,\overline{C} + \overline{A}BC + \overline{A}BC + AB\overline{C} + ABC = m_0 + m_1 + m_3 + m_6 + m_7$$

两次取反并用摩根定理去掉一个反号，可得

$$\overline{\overline{Z}} = \overline{\overline{m_0 + m_1 + m_3 + m_6 + m_7}}$$

$$Z = \overline{\overline{m}_0\,\overline{m}_1\,\overline{m}_3\,\overline{m}_6\,\overline{m}_7}$$

综上所述可知，从原理上讲，利用二进制译码器和与非门可以实现任何组合逻辑函数，它们尤其适合于用来构成有多个输出的组合逻辑电路。因为二进制译码器提供了其输入变量全部最小项的反函数，只要用与非门把译码器相应输出信号组合起来就可以了。

2．基本步骤

（1）选择集成二进制译码器。

根据函数变量数与译码器输入二进制代码位数相等的原则，选择集成二进制译码器的类型和规格。

（2）写出函数的标准与非－与非表达式。

先求出函数的标准与或表达式，再用两次取反法推导出其标准与非－与非表达式。

（3）确认译码器和与非门输入信号的表达式。

译码器的输入信号——地址变量，就是函数的变量，但是要特别注意变量排列顺

序，如果在写函数标准与非—与非表达式时是按 A、B、$\cdots$，顺序排列，那么在确认译码器地址变量（地址码）时，A 应为最高位，B 次之……因为译码器地址变量在排列中，A_0 是最低位，A_1 比 A_0 高 1 位，依此类推，即 A 下表数值愈大位愈高，至于与非门的输入信号，则应根据函数标准与非-与非表达式中最小项反函数的情况进行确认。若函数标准与非-与非表达式中含有 $\overline{m_i}$，显然译码器的输出信号 $\overline{Y_i}$ 就是与非门中的 1 个输入信号，依此类推，把译码器输出中有关信号都挑出来，它们就是与非门的全部输入信号。

（4）画连线图。

根据译码器和与非门输入信号的表达式画连线图，便可以得到所需要的电路。

3.6.2.2　应用举例

【例 6】试用集成译码器设计一个全加器。

解：（1）选择译码器。

全加器有三个输入信号 A_i、B_i、C_{i-1}，两个输出信号 S_i、C_i，选 3 线-8 线译码器 74LS138。

（2）写标准与非—与非表达式。

按 A_i、B_i、C_{i-1} 顺序排列变量

$$
\begin{aligned}
S_i &= \overline{A}_i\overline{B}_iC_{i-1} + \overline{A}_iB_i\overline{C}_{i-1} + A_i\overline{B}_i\overline{C}_{i-1} + A_iB_iC_{i-1} \\
&= m_1 + m_2 + m_4 + m_7 \\
&= \overline{\overline{m_1}\,\overline{m_2}\,\overline{m_4}\,\overline{m_7}} \\
C_i &= \overline{A}_iB_iC_{i-1} + A_i\overline{B}_iC_{i-1} + A_iB_i\overline{C}_{i-1} + A_iB_iC_{i-1} \\
&= m_3 + m_5 + m_6 + m_7 \\
&= \overline{\overline{m_3}\,\overline{m_5}\,\overline{m_6}\,\overline{m_7}}
\end{aligned}
$$

（3）确认表达式。

$$A_2 = A_i \qquad A_1 = B_i \qquad A_0 = C_{i-1}$$

$$S_i = \overline{\overline{Y}_1\overline{Y}_2\overline{Y}_4\overline{Y}_7} \qquad C_i = \overline{\overline{Y}_3\overline{Y}_5\overline{Y}_6\overline{Y}_7}$$

（4）画连线图，如图 3-40 所示。

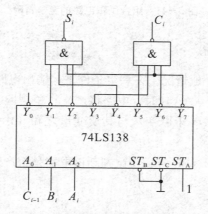

图 3-40　【例 6】全加器连线图

97

例 6 具体地说明了用集成二进制译码器实现组合逻辑函数时，大体上应遵循的步骤，同时也告诉我们，必须使用附加与非门的情况。用数据选择器实现组合逻辑函数时不需要附加与非门，是其突出的优点，但若是要构成具有多个输出信号的组合电路，那就不如用译码器了。至于在一些特殊情况下使用其他类型的 MSI，由于没有明确的具体步骤可以遵循，就不赘述了。

3.7 组合逻辑电路的竞争冒险

3.7.1 竞争冒险

在图 3-41（a）所示电路中，当不考虑门电路的传输延迟时间时，输出 $Y = A\overline{A} = 0$。实际上，由于非门的传输延迟时间 t_{pd}，与门的两个输入信号状态变化存在微小的时间差 t_{pd}。如果输入 A 从逻辑 0 跳变至逻辑 1，在非门的传输延迟时间 t_{pd} 内出现 $\overline{A} = 1$，使输出 $Y = A\overline{A} = 1 \cdot 1 = 1$，偏离稳态值 0，波形如图 3-41（b）所示。

这种同一信号经过不同路径传输到门电路的不同输入端而使门的输出产生偏离稳态值的现象称为竞争冒险。竞争冒险产生宽度为纳秒级的窄脉冲。当组合电路的工作频率低（小于 1 MHz）时，由于竞争冒险时间很短，它基本不影响电路的功能。但工作频率高（大于 10 MHz）时，必须考虑竞争冒险对电路的影响。

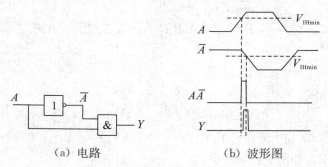

（a）电路　　　　　（b）波形图

图 3-41　组合逻辑电路的竞争冒险

3.7.2 竞争冒险的判断

由前述特例，推广到一般情况。在一定条件下，输出电路的竞争冒险逻辑函数等于原变量与其反变量之积（$Y = A\overline{A}$）时，电路将产生竞争冒险。由逻辑函数的对偶规则，在一定条件下输出逻辑函数等于原变量与其反变量之和（$Y = A + \overline{A}$）时，电路也将产生竞争冒险。

【例 7】电路如图 3-42（a）所示，试判断该电路是否产生竞争冒险。

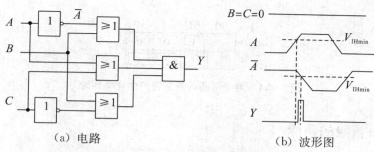

（a）电路　　　　　　　　　　　　（b）波形图

图 3－42　【例 7】图

解：图 3－42（a）电路的输出逻辑函数为

$$Y = (A + C)(\overline{A} + B)(B + \overline{C})$$

当 $B = 0$，$C = 0$ 时，$Y = A\overline{A}$，电路产生竞争冒险，波形图如图 3－42（b）所示，在信号 A 的上升沿同时出现 $A = 1$ 和 $\overline{A} = 1$，导致 $Y = A\overline{A} = 1$，偏离稳态值 0。

同样，当 $A = 0$，$B = 0$ 时，$Y = C\overline{C}$，电路也产生竞争冒险。

【例 8】如图 3－43（a）所示，试判断该电路是否产生竞争冒险。

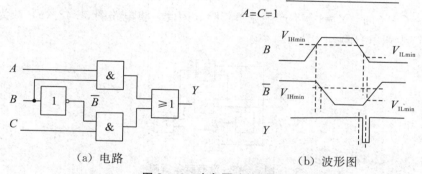

（a）电路　　　　　　　　　　　　（b）波形图

图 3－43　竞争冒险的判断

解：图 3－43（a）电路的输出逻辑函数为

$$Y = \overline{B}C + AB$$

当 $A = C = 1$ 时，$Y = \overline{B} + B$，电路产生竞争冒险，波形图如图 3－43（b）所示，在信号 B 的下降沿同时出现 $B = 0$ 和 $\overline{B} = 0$，导致 $Y = B + \overline{B} = 0$，偏离稳态值 1。

还可以用卡诺图判断电路是否产生竞争冒险。在卡诺图上，如果函数 Y 有两个卡诺圈相切（具有公共边），电路必然存在冒险。

因为相切的两个卡诺圈中，一个含有原变量，另一个含有该变量的反。例如，图 3－44所示为某电路输出函数的卡诺图，图中有两个卡诺圈相切（具有公共边）。由卡诺图，输出函数的最简与或式为

$$Y = \overline{B}C + AB$$

当 $A = C = 1$ 时，$Y = \overline{B} + B$，电路将产生竞争冒险。

通过上面的例子介绍了判断竞争冒险的两种方法，即代数法和卡诺图法。

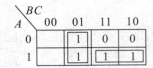

图 3—44　用卡诺图判断是否产生竞争冒险

3.7.3　竞争冒险的消除

消除逻辑竞争冒险常用的方法是增加冗余项、并联电容和选通控制。

3.7.3.1　增加冗余项

在逻辑函数中增加冗余项，避免出现 $Y=A\overline{A}$ 或 $Y=A+\overline{A}$。例如，图 3—43（a）电路的输出逻辑函数为

$$Y=\overline{B}C+AB$$

增加冗余项 AC，不改变逻辑关系，函数变为

$$Y=\overline{B}C+AB+AC$$

当 $A=C=1$ 时，$Y=1$，不产生竞争冒险。因此，将电路图 3—43（a）改为图3—45则电路不产生竞争冒险。

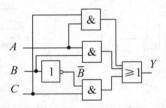

图 3—45　没有竞争冒险

另外，函数 $Y=\overline{B}C+AB$ 的卡诺图是图 3—44，增加的冗余项 AC 将 2 个相切的卡诺圈搭接，消除了出现 $Y=A\overline{A}$ 或 $Y=A+\overline{A}$ 的条件。所以，可以通过卡诺图增加冗余项，消除竞争冒险。

通过上面的例子介绍了增加冗余项的 2 种方法，即代数法和卡诺图法。

3.7.3.2　并联电容

如果在产生竞争冒险的门电路的输出端与地之间并联一个皮法级的电容，利用门的输出电阻和电容组成低通滤波电路，则可以抑制竞争冒险产生的纳秒级窄脉冲（等效为高频信号），消除竞争冒险对电路的不利影响。这种方法的缺点是在规模较大的电路中不易发现电容的接入点。

3.7.3.3　选通控制

在产生竞争冒险的门电路增加选通控制输入端，等到其他输入信号竞争结束后才允许输出，从而消除竞争冒险。

这种方法的缺点是输出只能在选通期间有效。

因此，消除竞争冒险的最好方法是在设计阶段，增加冗余项，构成不产生竞争冒险的电路。

习　题

1. 分析如题图 1～图 6 所示电路的逻辑功能。

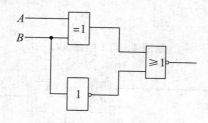

题图 1　题 1 电路（1）

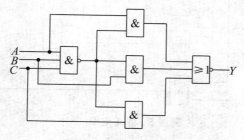

题图 2　题 1 电路（2）

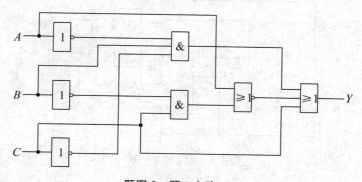

题图 3　题 1 电路（3）

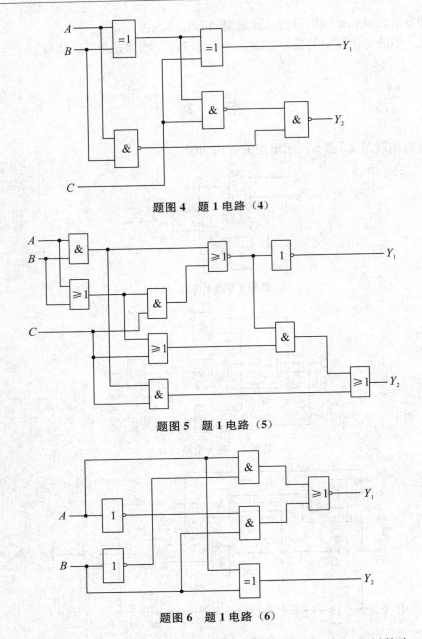

题图 4　题 1 电路（4）

题图 5　题 1 电路（5）

题图 6　题 1 电路（6）

2. 试用与非门设计一个 3 输入的组合逻辑电路。当输入的二进制数小于 3 时，输出为 0；否则，输出为 1。

3. 某足球评委会由一位教练和三位球迷组成，对裁判员的判罚进行表决。当满足以下条件时表示同意：有三人或三人以上同意，或者两人同意，但其中一人是教练。试设计该电路。

4. 某逻辑电路 4 个输入端为一组二进制数码，当该数为偶数时，电路输出为 1，试用最少的变量数及最少的门组成能满足这一要求的逻辑电路。这种电路可作为检验奇偶数之用。

5. 有 3 台电动机 A、B、C，这 3 台电动机工作时要求具有如下关系：A 开机时，B 必须开机；B 开机时，C 必须开机。如不满足这个要求，应发出报警信号。试用与非门设计实现上述要求的报警逻辑控制电路。

6. 分别设计用与非门组成可以实现下述功能的逻辑电路：

(1) 三变量的判奇电路（3 个输入变量中有奇数个 1 时，输出为 1）；

(2) 三变量的判偶电路（3 个输入变量中有偶数个 1 时，输出为 1）。

7. 举重比赛有 A、B、C 共 3 个裁判员，另外还有 1 个主裁判 D。当主裁判 D 认为合格时计为 2 票，而裁判员 A、B、C 认为合格时分别计为 1 票。用与非门设计多数通过的表决逻辑电路。

8. 智力竞赛共有 4 道题，A 题 40 分，B 题 30 分，C 题 20 分，D 题 10 分。参赛选手答对者得满分，答错者得 0 分，总分大于 60 分获胜。试设计逻辑电路，评定获胜者。

9. 电话总机房需要对下面 4 种电话进行编码控制，优先级别最高的是火警电话，其次是急救电话，再次是工作电话，最后是生活电话。用与非门设计该控制电路。

10. 某雷达站有 3 部雷达 A、B、C，其中 A 和 B 的功率消耗相等，C 的功率是 A 的 2 倍。这些雷达由 2 台发电机 X 和 Y 供电，发电机 X 的最大输出功率等于雷达 A 的功率消耗，发电机 Y 的最大输出功率是 X 的 3 倍。要求设计一个逻辑电路，能够根据各雷达的启动和关门信号，以最节约电能的方式启、停发电机。

11. 设计一个故障指示电路，要求条件如下：

(1) 两台电动机同时工作时，绿灯 G 亮；

(2) 其中一台发生故障时，黄灯 Y 亮；

(3) 两台电动机都有故障时，红灯 R 亮。

12. 分别设计下列转换电路：

(1) 将 8421 BCD 码转换成余 3 码；

(2) 将 4 位格雷码转换成为自然二进制码。

13. 某实验室有红、绿两个故障指示灯，用来显示三台设备的运行情况。当只有 1 台设备有故障时，绿灯亮；当有 2 台设备发生故障时，红灯亮，当 3 台设备均发生故障时，红绿两灯同时亮。试用最少的门电路实现上述要求。

14. 按照下面要求设计一红绿灯编码器，具体如下：

(1) 红灯亮时，不管红、黄灯是否亮，都让甲入；

(2) 绿灯不亮，红灯亮，不管黄灯是否亮，都让乙入；

(3) 绿灯、红灯都不亮，黄灯亮，让丙入。

15. 仿照半加器和全加器的设计方法，试设计一个半减器和全减器。

16. 分别用 4 选 1、8 选 1 数据选择器设计一个三人多数表决电路。

17. 分别用 4 选 1、8 选 1 数据选择器来实现逻辑函数：$Y = A \oplus B \oplus C$。

18. 试用双 4 选 1 数据选择器 CC74HC153 设计一个全加器。

19. 试用 3 线 - 8 线译码器 CT74LS138 和门电路设计下列组合逻辑电路，其逻辑函数为：

（1）$Y = \overline{A}B + A\overline{B}C$

（2）$Y = \overline{B}C + AB\overline{C}$

20．试用输出高电平有效的 3 线－8 线译码器和门电路设计下列组合逻辑电路。其逻辑函数为：

$A = A\overline{B}\overline{C} + \overline{A}C + BC$

21．试用 3 线－8 线译码器 CT74LS138 和门电路设计多输出的组合逻辑电路，其逻辑函数为：

$$\left.\begin{array}{l} Y_1 = A \oplus BC \\ Y_2 = \overline{A}B + \overline{B}C \end{array}\right\}$$

第 4 章　触发器

在数字系统中，除了前几章介绍的能够进行算术运算和逻辑运算的组合逻辑电路外，还需要具有记忆功能的时序逻辑电路，而构成时序逻辑电路的基本单元是触发器。触发器（Flip Flop，简写为 FF）是具有记忆功能，能存储数字信号的单元电路，由门电路构成，专门用来接收、存储和输出 0、1 代码，是组成数字电路的重要部分。触发器的输出与输入之间存在反馈路径，因此它的输出不仅取决于研究时刻的输入，还依赖于研究时刻以前的输入，因此具有记忆功能。

本章从触发器的特点及分类入手，介绍几种常见触发器的结构特点、工作原理及逻辑功能表示方法，在此基础上扼要介绍不同逻辑功能触发器之间实现逻辑功能转换的简单方法。

4.1　触发器概述

4.1.1　触发器的特点

在数字系统中，常常需要存储各种数字信息，数字电路中采用二进制数 0 和 1 表示数字信号的两种不同的逻辑状态，为了实现记忆 1 位二进制数的功能，触发器必须具备以下基本特点。

（1）触发器具有两个稳定状态：1 状态和 0 状态，以表示存储的内容。

通常用输出端 Q 的状态来表示触发器的状态。如当 $Q=0$、$\bar{Q}=1$ 时，表示 0 状态；当 $Q=1$、$\bar{Q}=0$ 时，表示 1 状态。

（2）在输入触发信号作用下，两个稳定状态可以相互转换（从 1→0 或从 0→1）。

通常将输入信号作用前的状态称为现态，用 Q^n 表示；将输入信号作用后的状态称为次态，用 Q^{n+1} 表示。现态与次态是相对的，某一时刻触发器的次态就是下一个相邻时刻触发器的现态。

（3）触发信号消失后能保持信号作用时的稳态不变，一直保持到下一次触发信号来到为止，这就是触发器的记忆作用。它可以记忆或存储两个信息：0 或 1。

触发器由门电路构成，它有一个或多个输入端，有两个互补输出端。数字系统中的二进制数的存储和记忆都是通过触发器实现的。

4.1.2 触发器的分类

触发器的类型和种类较多，根据分类方式的不同可大致分为以下种类。

（1）根据电路结构形式的不同，触发器可分为基本 RS 触发器、同步触发器（时钟触发器或钟控触发器）、主从触发器、边沿触发器等。不同的电路结构在状态变化过程中具有不同的动作特点，掌握这些动作特点对于正确使用这类触发器是十分必要的，本章将加以详述。

（2）根据逻辑功能不同来分类，触发器可分为：RS 触发器、D 触发器、JK 触发器、T 触发器、T' 触发器等。

（3）根据触发方式不同分类，触发器可分为：电平触发器、边沿触发器和主从触发器等。

（4）根据存储数据原理的不同分类，触发器可分为静态触发器和动态触发器。静态触发器是靠电路状态的自锁存储数据，动态触发器则是通过在 MOS 管栅极输入电容上存储电荷存储数据。

（5）根据构成触发器的基本器件不同分类，触发器可分为双极型触发器和 MOS 型触发器。

（6）根据触发器稳定状态的特点不同分类，触发器可分为双稳态触发器、单稳态触发器和无稳态触发器（多谐振荡器）等几类。

无论是哪一类触发器，其逻辑功能描述方式主要有：功能表（特性表）、特性方程、状态转换图、时序图（波形图）、驱动表等。下面着重讨论基本 RS 触发器、同步触发器、主从触发器和边沿触发器的电路结构、符号、工作原理、逻辑功能及应用。

4.2 基本 RS 触发器

4.2.1 基本 RS 触发器的电路结构和工作原理

基本 RS 触发器是构成各种功能触发器的基本单元，所以称为基本触发器。它可以用两个与非门或两个或非门交错耦合构成。图 4-1（a）是用两个与非门构成的基本 RS 触发器的逻辑电路，它具有两个互补的输出端 Q 和 $\overline{Q}$，一般用 Q 端的逻辑值来表示触发器的状态。当 $Q=1$，$\overline{Q}=0$ 时，称触发器处于 1 状态；当 $Q=0$，$\overline{Q}=1$ 时，称触发器处于 0 状态。R_D、S_D 为触发器的两个输入端（或称激励端），当输入信号 $R_D=1$，$S_D=1$（即 $R_D S_D$ 为 11 时），该触发器必定处于 $Q=1$ 或 $Q=0$ 的某一状态保持不变，所以它是具有两个稳定状态的双稳态电路。

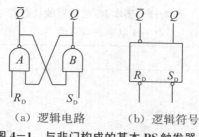

（a）逻辑电路　　　　　（b）逻辑符号

图 4-1　与非门构成的基本 RS 触发器

当输入信号变化时，触发器可以从一个稳定状态转换到另一个稳定状态。我们把输入信号作用前的触发器状态称为现在状态（简称现态），用 Q^n 和 $\bar{Q}^n$ 表示（为了书写方便，现态 Q^n 右上角的 n 可以略去，Q^n 可写成 Q，下同），把在输入信号作用后触发器所进入的新状态称为触发器的下一状态（或简称次态），用 Q^{n+1} 和 $\bar{Q}^{n+1}$ 表示。因此，根据图 4-1（a）所示电路中的与非逻辑关系可以得出以下结果。

（1）当 $R_D=0$，$S_D=1$ 时，无论触发器原来处于什么状态，其次态一定为 0 状态，即 $Q^{n+1}=0$，$\bar{Q}^{n+1}=1$，称触发器处于置 0 状态，也称触发器处于复位状态。

（2）当 $R_D=1$，$S_D=0$ 时，无论触发器原来处于什么状态，其次态一定为 1 状态，即 $Q^{n+1}=1$，$\bar{Q}^{n+1}=0$，称触发器处于置 1 状态，也称触发器处于置位状态。

（3）当 $R_D=1$，$S_D=1$ 时，触发器保持原状态不变，即 $Q^{n+1}=Q$，$\bar{Q}^{n+1}=\bar{Q}$，称触发器处于保持（记忆）状态。

（4）当 $R_D=0$，$S_D=0$ 时，两个与非门输出均为 1（高电平），此时破坏了触发器的互补输出关系，特别当 R_D、S_D 同时从 0 变化为 1 时，由于门的延迟时间不一致，因此触发器的次态不确定，即 $Q^{n+1}=\varnothing$，这种情况在实际使用场合一般是不允许的。因此，规定输入信号 R_D、S_D 不能同时为 0，它们应遵循 $R_D+S_D=1$ 的约束条件。

由以上分析可见，基本 RS 触发器具有置 0、置 1 和保持的逻辑功能。通常 S_D 称为直接置 1 端或置位（Set）端，R_D 称为直接置 0 端或复位（Reset）端。基本 RS 触发器的逻辑符号如图 4-1（b）所示。因为它是以 R_D 和 S_D 为低电平时被置 0 或置 1 的，所以 R_D、S_D 为低电平有效，且在图 4-1（b）中 R_D、S_D 的输入端加有小圆圈。为了推导公式方便，本书 R_D、S_D 上方均没有带非号"-"。

4.2.2　基本 RS 触发器的功能描述

描述触发器的逻辑功能通常采用以下几种方法。

4.2.2.1　状态转移真值表（状态表）

将触发器的次态 Q^{n+1} 与现态 Q 及输入信号之间的逻辑关系用表格的形式表示出来，这种表格就称为状态转移真值表（或称状态表、特性表）。根据以上分析，图 4-1（a）所示的基本 RS 触发器的状态转移真值表如表 4-1（a）所示，表 4-1（b）是其简化表。它们与组合电路的真值表相似，不同的是触发器的次态 Q^{n+1} 不仅与输入信号有关，还与它的现态 Q 有关，这正体现了时序电路的特点。表 4-1 也可以用图 4-2 所示的卡诺图来表示，并将这种表示触发器状态的卡诺图称为次态卡诺图。

表 4-1 基本 RS 触发器的状态表

（a）状态转移真值表

R_D	S_D	Q	Q^{n+1}
0	0	0	×
0	0	1	×
0	1	0	0
0	1	1	0
1	0	0	1
1	0	1	1
1	1	0	0
1	1	1	1

（b）简化表

R_D	S_D	Q^{n+1}
0	0	×
0	1	0
1	0	1
1	1	Q

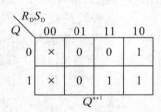

图 4-2 次态卡诺图

当已知触发器的输入信号和现态时，就可以从状态表或次态卡诺图中求出触发器的次态，获取其状态变化的信息。

4.2.2.2 特征方程

描述触发器逻辑功能的函数表达式称为触发器的特征方程。由图 4-2 所示的次态卡诺图可求得基本 RS 触发器的特征方程为

$$\begin{cases} Q^{n+1} = \overline{S}_D + R_D Q \\ S_D + R_D = 1 \text{（约束条件）} \end{cases}$$

特征方程中的约束条件表示 R_D 和 S_D 不允许同时为 0，即 R_D 和 S_D 中至少有一个为 1。

4.2.2.3　状态转移图（状态图）与激励表

状态转移图是用图形方式来描述触发器的状态转移规律。图 4-3 为基本 RS 触发器的状态转移图。图中两个圆圈分别表示触发器的两个稳定状态，箭头表示在输入信号的作用下状态转移的方向，箭头旁的标注表示转移条件。

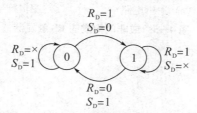

图 4-3　基本 RS 触发器的状态转移图

激励表（也称驱动表）是表示触发器由当前状态 Q 转移到确定的下一状态 Q^{n+1} 时对输入信号的要求。基本 RS 触发器的激励表如表 4-2 所示。

状态图和激励表可以直接从表 4-1 和图 4-2 求得。

表 4-2　基本 RS 触发器的激励表

$Q \rightarrow Q^{n+1}$		R_D	S_D
0	0	×	1
0	1	1	0
1	0	0	1
1	1	1	×

4.2.2.4　波形图

工作波形图又称时序图，它反映了触发器的输出状态在输入信号作用下随时间变化的规律，是实验中可观察到的波形。图 4-4 为基本 RS 触发器的工作波形，图中虚线部分表示状态不确定。

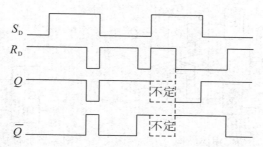

图 4-4　基本 RS 触发器的工作波形

基本 RS 触发器也可以用或非门组成，其电路及逻辑符号如图 4-5 所示，输入信号 S_D、R_D 是高电平有效，因此输入端没有小圆圈。电路的工作原理读者可自行分析。

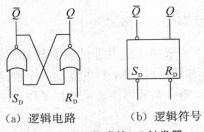

（a）逻辑电路　　　　（b）逻辑符号

图 4-5　或非门构成的 RS 触发器

4.3　同步触发器

在数字系统中，为协调各部分的动作，常常要求某些触发器于同一时刻动作。为此，必须引入同步信号，使这些触发器只有在同步信号到达时才按输入信号改变状态。通常把这个同步信号叫作时钟脉冲，或时钟信号，简称时钟，用 CP（Clock Pulse 的缩写）表示。时钟脉冲通常是周期性矩形波，见图 4-6。由 0 变为 1 称正边沿（或上升沿），由 1 变为 0 称负边沿（下降沿）。

本节所述的时钟控制的电平触发器简称"时钟触发器"，又称同步触发器。

上升沿　下降沿

图 4-6　时钟脉冲信号

4.3.1　同步 RS 触发器

实现时钟控制的最简单方式是采用图 4-7 所示的同步 RS 触发器结构。该电路由两部分组成：由与非门 G_1、G_2 组成的基本 RS 触发器和由与非门 G_3、G_4 组成的输入控制电路。

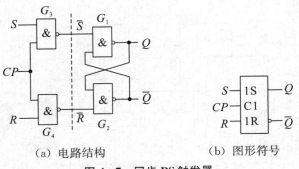

（a）电路结构　　　　（b）图形符号

图 4-7　同步 RS 触发器

当 $CP = 0$ 时，门 G_3、G_4 截止，输入信号 S、R 不会影响输出端的状态，故触发器保持原状态不变。

110

当 $CP=1$ 时，S、R 信号通过门 G_3、G_4 反相后加到由 G_1 和 G_2 组成的基本 RS 触发器上，使 Q 和 $\overline{Q}$ 的状态跟随输入状态的变化而改变。它的特性表如表 4－3 所示。

表 4－3　同步 RS 触发器特性表

CP	S	R	Q^n	Q^{n+1}	功能说明
0	×	×	0	0	保持原态（记忆）
			1	1	
1	0	0	0	0	
			1	1	
1	0	1	0	0	置0
			1	0	
1	1	0	0	1	置1
			1	1	
1	1	1	0	1*	不定（失效）
			1	1*	

注：* CP 回到低电平后状态不定。

从表 4－3 中可见，只有 $CP=1$ 时触发器的状态才受输入信号的控制，而且在 $CP=1$ 时，这个特性表和基本 RS 触发器的特性表相同。输入信号同样需要遵守 $SR=0$ 的约束条件。

在使用同步 RS 触发器的过程中，有时还需要在 CP 信号到来之前将触发器预先置成指定的状态，为此，在实用的同步 RS 触发器电路上往往还设置有专门的异步置位输入端和异步复位输入端，如图 4－8 所示。

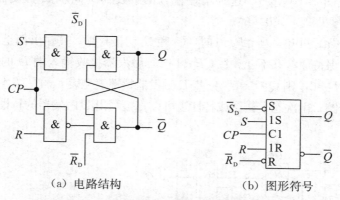

（a）电路结构　　　　　　　（b）图形符号

图 4－8　带异步置位、复位端的同步 RS 触发器

只要在 $\overline{S}_D$ 或 $\overline{R}_D$ 加入低电平，即可立即将触发器置1 和置0，而不受时钟信号和输入信号控制。因此，将 $\overline{S}_D$ 称为异步置位（置 1）端，将 $\overline{R}_D$ 称为异步复位（置 0）端。触发器在时钟信号控制下正常工作时应使 $\overline{S}_D$ 和 $\overline{R}_D$ 处于高电平。

此外，在图 4－8 所示电路的具体情况下，用 $\overline{S}_D$ 或 $\overline{R}_D$ 将触发器置位或复位应当在

$CP=0$ 的状态下进行，否则在 $\overline{S}_D$ 或 $\overline{R}_D$ 返回高电平以后预置的状态不一定能保持下来。

由于在 $CP=1$ 的全部时间里 S 和 R 信号都能通过门 G_3 和 G_4 加到基本 RS 触发器上，所以在 $CP=1$ 的全部时间里 S 和 R 的变化都将引起触发器输出端状态的变化。这就是同步 RS 触发器的动作特点。

根据这一动作特点可以想象到，如果 $CP=1$ 期间内输入信号多次发生变化，则触发器的状态也会发生多次翻转，这就降低了电路的抗干扰能力。

下面用波形图进一步说明同步 RS 触发器现态、现输入与次态间的关系。

已知同步 RS 触发器的 CP、S、R 的波形，触发器的初始态为 1，对应的输出 Q 和 $\overline{Q}$ 波形如图 4-9 所示。第一个 CP 作用期间 $S=0$、$R=1$，使触发器置 0。第二个 CP 作用期间 $S=R=0$，触发器保持原状态 0。第三个 CP 作用期间 $S=1$、$R=0$，使触发器置 1，值得注意的是第四个 CP 作用期间 $S=R=1$，故 $Q=\overline{Q}=1$，而当 CP 由 1 变 0 后，触发器可能处于 1 态，也可能处于 0 态，称状态不定。

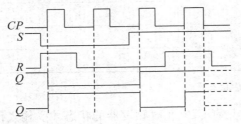

图 4-9 同步 RS 触发器波形图

4.3.2 同步 D 触发器

为了从根本上避免同步 RS 触发器 S、R 同时为 1 的情况出现，可以在 S 和 R 之间接一个非门，见图 4-10（a）。这种单端输入的触发器称同步 D 触发器（又称 D 锁存器），其逻辑符号见图 4-10（b）。

由图 4-10（a）可知，当 $CP=0$ 时，G_3 和 G_4 门被封锁，其输出都是 1，与 D 信号无关，这时触发器保持原状态不变。在 $CP=1$ 时，触发器接收输入端 D 的信息；如果 $D=1$，$Q^{n+1}=1$；若 $D=0$，则 $Q^{n+1}=0$。同步 D 触发器特性表见表 4-4，图 4-11 为同步 D 触发器的次态卡诺图，由次态卡诺图或特性表可以直接写出 D 触发器的特性方程为

$$Q^{n+1} = D$$

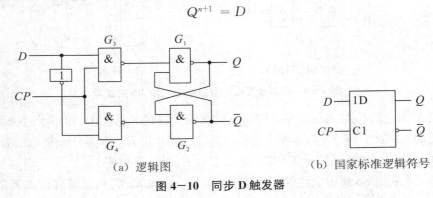

（a）逻辑图　　　　　　　　　　（b）国家标准逻辑符号

图 4-10 同步 D 触发器

图 4-11　同步 D 触发器次态卡诺图

表 4-4　同步 D 触发器特性表

CP	D	Q^n	Q^{n+1}	功能说明
0	×	0	0	保持（记忆）
		1	1	
1	0	0	0	送 0
		1	0	
1	1	0	1	送 1
		1	1	

　　由上述分析可知，同步 D 触发器的逻辑功能是：CP 到来时（由 0 变 1）将输入数据 D 存入触发器，CP 过后（由 1 变 0）触发器保存该数据不变，只有当下一个 CP 到来时，才将新的数据存入触发器而改变原存数据。正常工作时要求 $CP=1$ 期间 D 端数据保持不变。

4.3.3　同步 JK 触发器

　　同步 RS 触发器的控制输入端 $S=R=1$ 时，触发器的新状态不确定，这一因素限制了触发器的应用。JK 触发器解决了这一问题。JK 触发器的 J 端相当于置"1"端，K 端相当于置"0"端。同步 JK 触发器的逻辑图见图 4-12（a），图 4-12（b）为逻辑符号。其特性表见表 4-5，图 4-13 为同步 JK 触发器次态卡诺图。

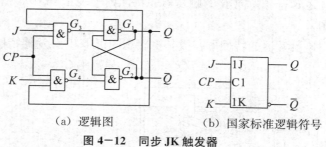

（a）逻辑图　　　　　　（b）国家标准逻辑符号

图 4-12　同步 JK 触发器

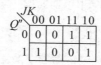

图 4-13　同步 JK 触发器次态卡诺图

表 4-5　同步 JK 触发器特性表

CP	J	K	Q^n	Q^{n+1}	功能说明
0	×	×	0	0	保持（记忆）
			1	1	
1	0	0	0	0	
			1	1	
1	0	1	0	0	置0
			1	0	
1	1	0	0	1	置1
			1	1	
1	1	1	0	1	翻转（计数）
			1	0	

值得注意的是，当同步 JK 触发器处于翻转（计数）状态时，必须严格限制 CP 高电平的脉宽，一般约限制在三个门的传输延迟时间和之内，显然，这种要求是较为苛刻的。

对于特性表中的每一行，都可以根据逻辑图分析得到。当 $J = K = 1$ 时，$Q^{n+1} = \bar{Q}^n$，触发器处于翻转（计数）状态。其余情况同 RS 触发器一样。由次态卡诺图可以得到 JK 触发器特征方程为

$$Q^{n+1} = J\bar{Q}^n + \bar{K}Q^n$$

4.3.4　同步 T 触发器和 T' 触发器

将 JK 触发器的 J 端和 K 端连在一起，就得到了 T 触发器。图 4-14 为同步 T 触发器的逻辑图、逻辑符号，同步 T 触发器的特性列于表 4-6 中，图 4-15 为同步 T 触发器次态卡诺图。

将 T 代入 JK 触发器的特性方程或是由次态图可得 T 触发器特性方程为

$$Q^{n+1} = T\bar{Q}^n + \bar{T}Q^n = T \oplus Q^n$$

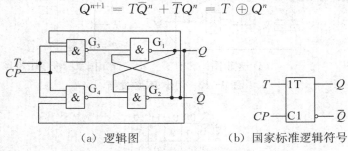

（a）逻辑图　　　　　　　　　（b）国家标准逻辑符号

图 4-14　同步 T 触发器

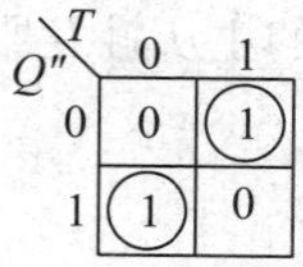

图 4-15　同步 T 触发器次态卡诺图

表 4-6　同步 T 触发器特性表

CP	T	Q^n	Q^{n+1}	功能说明
0	×	0	0	保持（记忆）
		1	1	
1	0	0	0	
		1	1	
1	1	0	1	翻转
		1	0	

T 触发器的逻辑功能为：$T=0$ 时触发器保持原态（$Q^{n+1} = Q^n$）；$T=1$ 时翻转（$Q^{n+1} = \overline{Q^n}$）。

如果将 T 输入端恒接高电平，则成为 T′ 触发器。T′ 触发器是在 $T=1$ 时的特例。

由于同步 T 和 T′ 触发器均是同步 JK 触发器的特例，所以当它们处于翻转状态时都必须严格限制 CP 高电平的脉宽。

4.3.5　同步触发器的动作特点

4.3.5.1　同步触发器的触发方式和动作特点

上述几种功能的同步触发器均属于电平触发方式，它们的动作特点是：当时钟 CP 为低电平时，与非门 G_3 和 G_4 被封锁，不管输入信号如何，G_3 和 G_4 输出均为高电平，所以由 G_1 和 G_2 构成的基本 RS 触发器保持原态。反之，当 CP 为高电平期间，G_3 和 G_4 的封锁解除，这两个门的输出将决定于控制输入信号，基本 RS 触发器就可以根据控制输入信号改变状态，称为"透明"状态。

这里讨论的同步触发器，在 CP 高电平期间能够接收控制输入信号，改变状态，称作高电平触发方式。而在 CP 低电平期间能够接收控制输入信号，改变状态的称低电平触发方式。

4.3.5.2　同步触发器的空翻

同步触发器在 CP 为高电平期间，都能接收控制输入信号，如果输入信号发生多次变化，触发器也会发生相应的多次翻转，如图 4-16 所示。这种在 CP 为有效电平期间，因输入信号变化而引起触发器状态变化多于一次的现象，称为触发器的空翻。

由于空翻问题，同步触发器只能用于数据锁存，而不能实现计数、移位、存储等功能。为了克服空翻，又产生了无空翻的主从触发器和边沿触发器等新的结构，下面分别介绍。

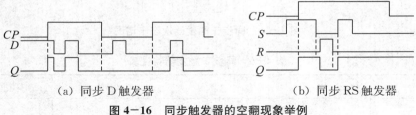

（a）同步 D 触发器　　　　　　　　（b）同步 RS 触发器

图 4-16　同步触发器的空翻现象举例

4.4　主从触发器

为了提高触发器的可靠性，即要求 CP 脉冲的每一个周期内触发器的状态只能变化一次，避免时钟控制 RS 触发器的空翻现象，常采用主从结构的触发器。主从触发器是在同步 RS 触发器的基础发展起来的，功能类型较多，这里主要介绍主从 RS 触发器和主从 JK 触发器。

4.4.1　主从 RS 触发器

4.4.1.1　电路组成及逻辑符号

主从 RS 触发器由两个同步 RS 触发器组成，主触发器接收信号，其状态直接由输入信号决定，从触发器的输入与主触发器的输出相连，其状态由主触发器的状态决定。时钟 CP 直接作用于主触发器 F_2，反相后作用于从触发器 F_1，如图 4-17 所示，图 4-17（c）所示是主从 RS 触发器的逻辑符号，CP 端的小圆圈表示 CP 下降沿有效，"「"是延迟符号，表示主从 RS 触发器输出状态的变化总是滞后于输入状态的变化。

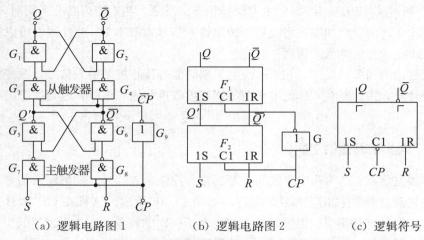

（a）逻辑电路图 1　　　　（b）逻辑电路图 2　　　　（c）逻辑符号

图 4-17　同步触发器的空翻现象举例

4.4.1.2　工作原理

主从触发器的工作过程分为接收输入信号和输出信号两个节拍。当 $CP=1$ 时，主触发器工作，主触发器接收输入信号 R 和 S 并更新状态，其输出 Q' 和 $\overline{Q'}$ 由同步 RS 触发器的逻辑功能决定："00 保持，11 不定，其余随 S 变。"因为此时 $\overline{CP}=0$，从触发器封锁，触发器保持原来的状态不变，即 Q 状态保持。

当 CP 由 1 负跃变为 0 时，主触发器被封锁，不受此时的输入信号 R 和 S 的影响，Q' 和 $\overline{Q'}$ 保持原来的状态。由于 $\overline{CP}=1$，从触发器工作，从触发器跟随接主触发器的状态改变。因正常工作情况下，Q' 和 $\overline{Q'}$ 状态相反（在满足 $R \cdot S=0$ 约束条件的情况下），根据同步 RS 触发器的逻辑功能，有 $Q=Q'$，$\overline{Q}=\overline{Q'}$，即从触发器的状态与主触发器的状态相同。$CP$ 为低电平以后：主触发器维持原状态不变，从触发器的状态不再改变。

综上所述，主从 RS 触发器的特点是：$CP=1$ 期间，来自输入端 R、S 的信号引起主触发器的翻转，但只有 CP 下降沿到来的时刻，主触发器的输出才会改变整个主从触发器的输出状态。即主从触发器的输出状态取决于 CP 下降沿到来前一时刻输入信号 R、S 的状态。可见，主从 RS 触发器接收信号和状态更新状态是在 CP 的一个周期内分两步实现的。主从 RS 触发器的逻辑功能与同步 RS 触发器的逻辑功能相同，故它们的特性表、特性方程等也相同，因此主从 RS 触发器仍存在约束条件，其工作波形图如图 4-18 所示。

$$\begin{cases} Q^{n+1} = S + \overline{R}Q^n \text{（特性方程）} \\ R \cdot S = 0 \text{（约束条件）（CP 下降沿到来时有效）} \end{cases}$$

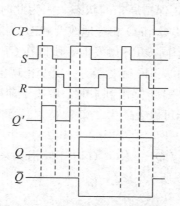

图 4-18　主从 RS 触发器的波形图

4.4.2　主从 JK 触发器

4.4.2.1　电路组成及逻辑符号

主从 RS 触发器解决了空翻现象，但在 $CP=1$ 期间，RS 存在约束，为解决这个问题引入主从 JK 触发器。将主从 RS 触发器中的主触发器用同步 JK 触发器代替，从触发器不变，便构成了主从 JK 触发器的逻辑电路，如图 4-19（a）所示；也可将主从 RS

触发器的逻辑结构加以改进，即将主从 RS 触发器的 Q 和 $\overline{Q}$ 端分别与输入端 R 和 S 连接，在原来 R 和 S 端外新增加 K 和 J 端，则构成了主从 JK 触发器，如图 4－19（b）所示。图 4－19（c）为其逻辑符号。

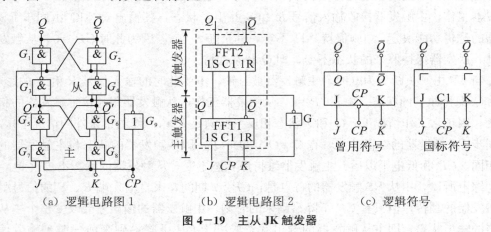

(a) 逻辑电路图 1   (b) 逻辑电路图 2   (c) 逻辑符号

图 4－19 主从 JK 触发器

4.4.2.2 工作原理

与主从 RS 触发器相同，主从 JK 触发器中的主触发器和从触发器也是工作在 CP 的不同时区。触发器的翻转分两步动作。第一步，在 $CP = 1$ 的期间，主触发器工作，接收输入端 J、K 的信号，此时 $\overline{CP} = 0$，从触发器被封锁，触发器保持原来状态；第二步，CP 下降沿到来时，即当 CP 由 1 负跃变为 0 时，主触发器被封锁，不受此时的输入端 J、K 的信号，Q' 和 $\overline{Q'}$ 保持原来的状态。因为此时 $\overline{CP} = 1$，从触发器工作，并按照主触发器的状态变化，使 Q 和 $\overline{Q}$ 相应地改变状态。

因为主触发器本身是一个同步 RS 触发器，所以在 $CP = 1$ 的全部时间里输入信号都将对主触发器起控制作用。主从 JK 触发器有一次变化现象，即在 $CP = 1$ 期间，主触发器的状态只能变化一次。在 CP 下降沿到来时，取决于前一时刻的输入信号 J、K 的状态，即主从 JK 触发器的功能可以表述为 "00 保持，11 翻转，其余随 J 变"。其特征方程为：

$$Q^{n+1} = J\,\overline{Q^n} + \overline{K}Q^n\ (CP\ 下降沿到来时有效)$$

其工作波形图如图 4－20 所示。

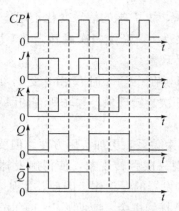

图 4-20　主从 JK 触发器的波形图

4.4.2.3　工作特点

优点：功能完善（包括保持、置 0、置 1、翻转功能），且输入信号 J、K 之间没有约束条件。

缺点：存在一次翻转现象，如图 4-21 所示，主从触发器有效克服了空翻现象，但还存在一次翻转现象，所谓一次变化现象是指在 $CP=1$ 期间，主触发器接收了输入激励信号发生一次翻转后，主触发器状态就一直保持不变，它不再随输入激励信号 J、K 的变化而变化。即在 $CP=1$ 期间，不论输入信号 J、K 变化多少次，主触发器能且仅能翻转一次（$0 \rightarrow 1$ 或 $1 \rightarrow 0$，不含保持状态），此后，若输入信号再发生变化，主触发器状态也不会变化。

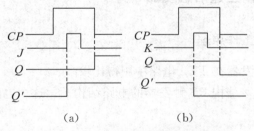

（a）　　　　　　　　　　（b）

图 4-21　一次空翻现象波形图

下面通过实例分析一次翻转现象。在前面分析主从 JK 触发器的工作原理时可以知道，在 $CP=1$ 期间，J、K 信号是不变的，当 CP 由 1 变 0 时，从触发器达到稳定状态（即主触发器的输出状态输入到从触发器，并决定了整个触发器输出状态）。但是如果在 $CP=1$ 期间，J、K 信号发生变化，主从 JK 触发器就有可能产生一次性翻转现象。当 $Q=0$，$\overline{Q^n}=1$，在 $CP=1$ 期间，若 J 信号由 0 变为 1，主触发器置 1，$Q'=1$，$\overline{Q'}=0$，即使 J 端信号回到 0，主触发器仍保持 1 不变，产生了一次翻转，因而在 CP 下降沿到来时，从触发器被置 1。图 4-19（a）表明，当 $\overline{Q^n}=1$ 时，在 $CP=1$ 期间，因 $Q^n=0$，故 K 端的信号变化不起作用。如果 J 端受正向干扰脉冲作用，使主触发器发生一次翻转，则使从触发器输出状态发生改变，造成误翻转。同理，当 $Q^n=1$，$\overline{Q^n}=0$

时，在 $CP=1$ 期间，因 $\overline{Q^n}=0$，故 J 端的信号变化不起作用。如果 K 端受正向干扰脉冲作用，使触发器状态由 1 变为 0，产生一次翻转。在 $CP=1$ 期间，如 J、K 信号产生负向干扰，不产生一次翻转现象。

综上所述，只有当 $Q^n=1$，在 $CP=1$ 时 K 由 0 变 1，或 $Q^n=0$，在 $CP=1$ 时 J 由 0变 1 这两种情况下，才产生一次翻转现象，并非所有的跳变信号都会使主从 JK 触发器出现一次翻转现象。

主从 JK 触发器不存在约束关系，更加实用方便。但要求 $CP=1$ 期间，J、K 的值必须保持不变，否则可能出现一次翻转现象，使得触发器不能反映出 CP 下降沿到来前，J、K 端的状态，造成触发器的误动作。因此，主从 JK 触发器的数据输入端抗干扰能力较差。为了减少接收干扰的机会，应使 $CP=1$ 的宽度尽可能窄，故主从 JK 触发器适合于窄时钟脉冲工作的场合。

4.5 边沿触发器

前面提到的同步触发器和主从触发器，正常使用时，要求各输入信号在 $CP=1$ 期间保持不变，否则触发器将接收干扰信号，且把干扰信号记忆下来，造成错误翻转。下面介绍的两种边沿触发器，只能在时钟脉冲的有效边沿（上升沿或下降沿）按输入信号决定的状态翻转，而在 $CP=1$ 或 $CP=0$ 期间输入信号的变化对触发器的状态无影响，不会产生空翻和误翻。

4.5.1 维持阻塞结构正边沿触发器

4.5.1.1 电路结构与工作原理

维持阻塞结构的触发器在 TTL 电路中用得比较多。

图 4-22 是维持阻塞结构 RS 触发器的电路结构图。这个电路是在同步 RS 触发器的基础上演变而来的。

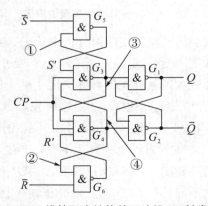

图 4-22 维持阻塞结构的正边沿 RS 触发器

若不存在①、②、③、④这 4 根连线，门 $G_1 \sim G_4$ 就是一个普通的同步 RS 触发器。假如能保证 CP 由低电平跳变为高电平以后无论 $\bar{S}$ 和 $\bar{R}$ 的状态如何改变而 S' 和 R' 始终不变，那么触发器的状态将仅仅取决于 CP 上升沿到时输入的状态。

为了达到这个目的，首先在电路中增加了 G_5、G_6 两个与非门和①、②两根连线，使 G_3 和 G_5 形成一个基本 RS 触发器，G_4 和 G_6 形成另一个基本 RS 触发器。如果没有③、④两根线存在，当 CP 由低电平变成高电平时，$\bar{S}$ 或 $\bar{R}$ 端的低电平输入信号将立刻被存入这两个基本 RS 触发器中，此后即使 $\bar{S}$ 或 $\bar{R}$ 的低电平信号消失，S' 和 R' 的状态也能维持不变。因此，把①称为置 1 维持线，把②称为置 0 维持线。

由于工作过程中可能遇到 $CP=1$ 期间先是 $\bar{S}=0$、$\bar{R}=1$，随后又变为 $\bar{S}=1$、$\bar{R}=0$ 的情况（或者相反的变化情况），所以 G_3、G_5 和 G_4、G_6 组成的两个触发器可能先后被置成 $S'=1$、$R'=1$ 的状态。而对于由 $G_1 \sim G_4$ 组成的同步 RS 触发器来说，S' 和 R' 同时为 1 的状态是不允许的。

为避免出现这种情况，又在电路中增加了③、④两根连线。由于这两根线将 G_3 和 G_4 也接成了基本 RS 触发器，所以即使先后出现 $S'=1$、$R'=1$ 的情况，G_3 和 G_4 组成的基本 RS 触发器也不会改变状态，从而保证了在 $CP=1$ 的全部时间里 G_3 和 G_4 的输出不会改变。例如，将输出端的基本 RS 触发器置 1，同时通过③这根线将 G_4 封锁，阻止 G_4 再输出低电平信号，因而也就阻止了输出端的基本 RS 触发器被置 0。为此，把③称为置 0 阻塞线。同时，将④称为置 1 阻塞线，它的作用是在输出端的基本 RS 触发器置 0 以后，阻止 G_3 再输出低电平的置 1 信号。

为适应输入信号以单端形式给出的情况，将图 4—22 略加修改，则可构成单端输入的维持阻塞结构的上边沿 D 触发器，如图 4—23 所示。图中以 D 表示数据输入端。

当 $D=1$ 时，CP 上升沿到达前 $S'=1$、$R'=0$，故 CP 上升沿到达后触发器置 1。

当 $D=0$ 时，CP 上升沿到达前 $S'=0$、$R'=1$，因而 CP 上升沿到达后触发器被置 0。可见，它的特性表和特征方程与同步 D 触发器相同。

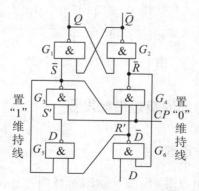

图 4—23 维持阻塞结构的正边沿 D 触发器

4.5.1.2 集成维持阻塞 D 触发器

常用的集成维持阻塞 D 触发器有 7474（T1074）、74H74（T2074）、74S74

（T3074）和 74LS74（T4074）等，这四种触发器均为双 D 触发器。它们具有相同的逻辑功能，具有相同的片脚排列，其逻辑符号如图 4－24 所示，功能表见表 4－7。为使用方便，它们还加有异步置 0 端 $\overline{R}_D$ 和异步置 1 端 $\overline{S}_D$。

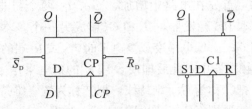

图 4－24　7474、74H74、74S74 和 74LS74 辑符号

表 4－7　7474 等 4 种触发器功能表

$\overline{S}_D$	$\overline{R}_D$	CP	D	Q^{n+1}	$\overline{Q^{n+1}}$	功能说明
0	0	×	×	1	1	不允许
0	1	×	×	1	0	异步置 1
1	0	×	×	0	1	异步置 0
1	1	⌐	1	1	0	送 1
1	1	⌐	0	0	1	送 0

若已知 7474 的 CP、$\overline{R}_D$、$\overline{S}_D$ 及 D 端波形，其初始状态为 1，则其对应的输出波形如图 4－25 所示。

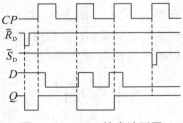

图 4－25　7474 输出波形图

4.5.2　利用传输延迟时间的负边沿触发器

4.5.2.1　电路构成及工作原理

图 4－26（a）示出了负边沿 JK 触发器的逻辑图，它由两部分组成：G_1、G_2、G_3 组成的与或非门和 G_4、G_5、G_6 组成的与或非门共同构成的 RS 触发器；G_7、G_8 是引导门。时钟信号一路送给 G_7、G_8，另一路送给 G_2 和 G_6。值得注意的是 CP 信号是经 G_7、G_8 延时，所以送到 G_3、G_5 的时间比到达 G_2、G_6 的时间晚一个与非门的延迟时间（$1t_{pd}$），这就保证了触发器的翻转对准的是 CP 的负边沿。

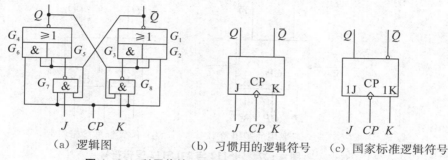

(a) 逻辑图   (b) 习惯用的逻辑符号   (c) 国家标准逻辑符号

图 4-26 利用传输延迟时间的负边沿触发器

利用传输延迟时间的负边沿 JK 触发器逻辑功能、特性表、特性方程与主从 JK 触发器相同。其主要原理是利用电路内部门的延迟时间差异引导触发。设 $J=1$、$K=0$、$Q=0$、$\bar{Q}=1$，CP 作用后，触发器应由 0 变 1。下面分析 CP 一个周期内触发器的状态变化情况。

(1) $CP=0$ 时触发器状态不变，J、K 变化对触发器的状态无影响。这是因为 $CP=0$，G_7、G_8 被封锁，其输出皆为 1，触发器保持原状态。

(2) CP 由 0 变 1，触发器不翻转。因为 $CP=1$，直接作用到 G_6，使 G_6 输出为 1，而 $CP=1$ 使 G_7 的输出为 0，G_7 的输出使 G_5 的输出为 0，G_5 的输出 0 较 G_6 的输出 1 晚一个与非门的延迟时间到达 G_4 的输入端，G_4 是一个或非门，所以 Q 仍为 0，触发器状态不变。

(3) $CP=1$ 期间，因 $Q=0$ 封锁了 G_8，阻塞了 K 的变化对触发器状态的影响，因 $\bar{Q}=1$，故 $G_6=1$，使输出 Q 不变，仍为 0。故 $CP=1$ 期间 J 的变化不影响输出状态。

(4) CP 由 0 变 1，触发器状态翻转。因 CP 由 0 变 1，使 G_6 的输出变 0，于是 Q 值便由 G_5 的输出决定。因 $J=1$、$K=0$，所以 G_5 的输出为 0，由 $G_5=G_6=0$，所以 G_4 的输出 1，即触发器的状态由 0 变 1。当然 CP 由 1 变 0 也会使 G_7 输出变 1，进一步影响 G_5 的输出，但这是一个经与非门延迟后的信号，所以决定 Q 值的是 G_5 原来的输出（CP 下降沿之前的 J 值确定的值）。

利用传输延迟时间的负边沿 JK 触发器翻转后的状态取决于 CP 下降沿之前的 J、K 值。关于触发器的 $J=0$、$K=1$；$J=1$、$K=1$；$J=0$、$K=0$ 的情况可以利用同样的方法分析，这里不再重复。

由上述分析知：时钟脉冲下跳沿前一时刻的 J、K 值决定触发器的次态，时钟的其他时间 J、K 值都可以变化，因而抗干扰能力强。

4.5.2.2　集成负边沿 JK 触发器

属于这种类型的集成触发器常用的型号是双 JK 触发器 74S112（T3112）和 74LS112（T4112）等。它们二者的逻辑功能、片脚排列及逻辑符号完全一样。图 4-27 示出了其逻辑符号，功能见表 4-8。

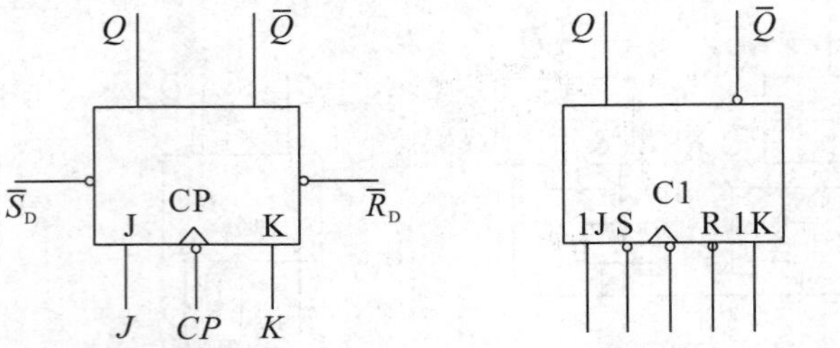

(a) 习惯用的逻辑符号　　(b) 国家标准逻辑符号

图 4-27　74S112 与 74LS112 逻辑符号

表 4-8　74S112 与 74LS112 功能表

$\bar{S}_D$	$\bar{R}_D$	CP	J	K	Q^{n+1}	$\overline{Q^{n+1}}$	功能说明
0	0	×	×	×	1	1	不允许
0	1	×	×	×	1	0	置 1
1	0	×	×	×	0	1	置 0
1	1	↓	0	0	Q^n	$\overline{Q^n}$	保持
1	1	↓	0	1	0	1	送 0
1	1	↓	1	0	1	0	送 1
1	1	↓	1	1	$\overline{Q^n}$	Q^n	翻转

当已知负边沿 JK 触发器的$\bar{S}_D$、$\bar{R}_D$、J、K 信号及触发器的初始状态，便可画出输出波形，如图 4-28 所示。

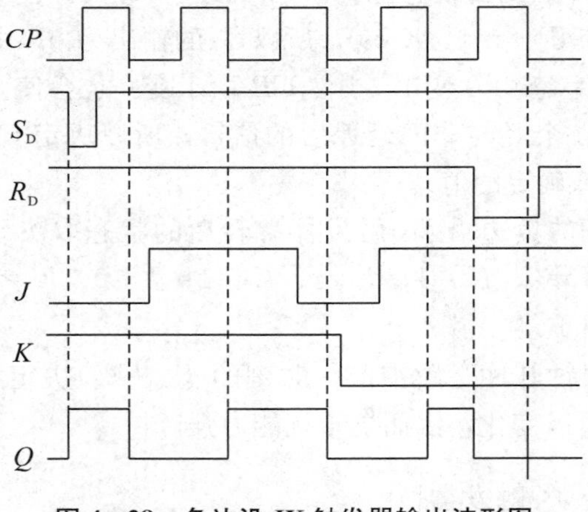

图 4-28　负边沿 JK 触发器输出波形图

4.5.2.3　边沿触发器逻辑功能表示方法

触发器逻辑功能表示方法，常用到的有特性表、卡诺图、特性方程、状态图和时序图五种。为了能够比较具体地介绍它们，现以边沿 D 触发器和 JK 触发器为例进行说明。图4-29所示是 D 触发器和 JK 触发器的逻辑符号，前者是 CP 上升沿触发的电路，

后者是 CP 下降沿触发的电路。

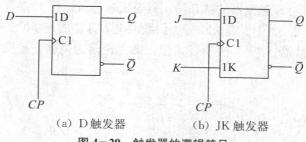

（a）D 触发器　　　（b）JK 触发器

图 4-29　触发器的逻辑符号

1. 特性表、卡诺图和特性方程

（1）特性表。

特性表也可以叫真值表，它以表格形式描述触发器的逻辑功能，具体直观地表达次态输出与输入及现态的逻辑关系，不过有时把 CP 作为输入信号列入表中，有时不列，在这里采用后者，仅把 CP 当作控制或操作信号。

（2）卡诺图。

卡诺图能直观地表达构成次态的各个最小项在逻辑上的相邻性，有时直接用卡诺图表示触发器的逻辑功能比列特性表还简单。

（3）特性方程。

特性方程用逻辑表达式的形式概括而抽象地描述触发器的逻辑功能。书写方便，可以用逻辑代数的公式和定理进行运算和变换，是这种表示方法的突出优点。

2. 状态图和时序图

（1）状态图。

状态图具有形象直观的特点，它把触发器的状态转换关系及转换条件用几何图形表示出来，十分清晰，便于查看。

① D 触发器的状态图。

图 4-30 所示是 D 触发器的状态图，图中填有 0 和 1 的两个圆圈代表触发器的两个状态，箭头表示状态转换方向，箭头线旁边斜线左上方标注的是输入信号的值——转换条件。

图 4-30 所示状态图说明，当触发器处在 0 状态，即 $Q^n = 0$ 时，若输入信号 $D = 0$，则在 CP 上升沿到来时触发器仍为 0 状态；若 $D = 1$，则在 CP 上升沿到来时触发器就会翻转成为 1 状态。当触发器处在 1 状态时，若输入信号 $D = 1$，则在 CP 上升沿到来时触发器仍为 1 状态；若 $D = 0$，则在 CP 上升沿到来时触发器将翻转到 0 状态。

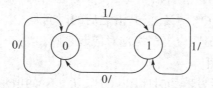

图 4-30　D 触发器状态图

② JK 触发器的状态图。

图 4-31 所示是 JK 触发器的状态图，其逻辑含意可比照 D 触发器状态图的说明去理解。只不过在图 4-31 中，箭头线旁边斜线左上方标注的是 JK 的取值，状态转换的时钟条件是 CP 下降沿。"×"表示任意值，即无论其为何值，触发器都会按照箭头指示方向转换状态。

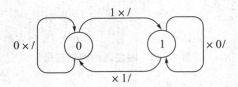

图 4-31　JK 触发器的状态图

（2）时序图。

反应时钟脉冲 CP、输入信号取值和触发器状态之间在时间上对应关系的工作波形图叫作时序图。

时序图的突出特点：一是形象地反映了触发器的动态特性，与实验中用波器观察到的波形是比较一致的；二是十分具体地表述了时钟脉冲 CP 控制或触发作用，在其他几种表示方法中，CP 的作用都是隐含着的；三是现态 Q^n 与次态 Q^{n+1} 的时间界限特别明确，CP 触发沿到来之前为现态，到来之后为次态，对于随后的 CP 触发沿来说，这个次态又变成了现态……现态、次态在时钟脉冲的操作下不停地转换，有点像翻跟斗式的；四是画时序图比较麻烦，要求又严。

① D 触发器的时序图。

图 4-32 所示是 D 触发器的时序图。CP、D 的波形图是给定的，起始状态为 0，即 $Q=0,\overline{Q}=1$，可以给定，未给定时可以假设。根据 CP 上升沿触发和 $Q^{n+1}=D$ 即可画出 Q、$\overline{Q}$ 的波形图。

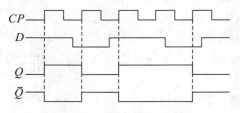

图 4-32　D 触发器的时序图

注意：Q^n、Q^{n+1} 是相邻两个离散时间触发器端的状态，两个离散时间的界限是 CP 触发沿，在图 4-32 中是 CP 上升沿，每一个 CP 上升沿以前的时间为 t_n，相应的触发器输出端的状态就是现态 Q^n，CP 上升沿之后的时间是 t_{n+1}，相应的状态 Q^{n+1}。时序图的横轴是时间，因此波形图应当严格地对应起来画。

② JK 触发器的时序图。

图 4-33 所示是 JK 触发器的时序图，CP、J、K 的波形图是给定的，触发器的起始状态为 0，CP 下降沿触发。

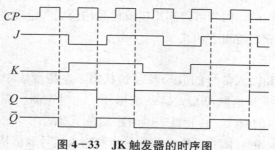

图 4-33　JK 触发器的时序图

如果观察仔细的话，不难发现，Q、$\overline{Q}$ 的波形不到 CP 触发沿是不会改变的，所以，只要注意 CP 触发沿时刻前一瞬间输入信号的值和触发器的状态，即可判断 Q、$\overline{Q}$ 的值，进而便能画出它们的波形图。

4.5.2.4　边沿触发器逻辑功能表示方法之间的转换

触发器常用的几种表示其逻辑功能的方法，虽然形式不同且各有特点，但是从本质上看它们是相通的，可以互相转换。

1. 由特性表到卡诺图、特性方程、状态图和时序图的转换

（1）特性表到卡诺图、状态图的转换。

特性表、卡诺图、状态图，对一个具体的触发器来说，它们都是唯一的，有明确的一一对应的关系，仅仅是形式不同而已。

作为例子，图 4-34 中给出了 JK 触发器的特性表、卡诺图和状态图，图（c）箭头线旁边斜线左上方标注的是 JK 的取值。显然它们之间是一一对应的，只要有了特性表，就可以根据特性表直接画出卡诺图和状态图。

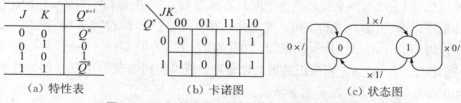

图 4-34　JK 触发器的特性表、卡诺图和状态图

（2）特性表到特性方程、时序图的转换。

① 特性表转特性方程。

根据特性表可以直接写出特性方程，不过得到的是其标准与或表达式，若借助于卡诺图则可以很容易地获得其最简与或表达式。例如，根据图 4-34（a）所示特性表可得

$$Q^{n+1} = \overline{J}\,\overline{K}Q^n + \overline{J}K\overline{Q}^n + J\overline{K}Q^n + JK\overline{Q}^n$$

用公式化简可得

$$Q^{n+1} = J\overline{Q}^n + \overline{K}Q^n$$

由图 4-34（b）所示卡诺图可直接写出

$$Q^{n+1} = J\overline{Q}^n + \overline{K}Q^n$$

特性方程不是唯一的，因为可以利用逻辑代数的公式和定理进行各种变换，从而会有繁简不同、形式各异的逻辑表达式。

② 特性表转时序图。

根据给定的 CP 和输入信号的波形及起始状态，在特性表中查出 CP 触发沿时刻 Q^{n+1} 的值，便可一步一步地画出 Q、$\bar{Q}$ 的波形图——时序图。应该说，只要耐心、细心，熟悉了 Q^n、Q^{n+1} 的概念，由特性表画时序图是不难的。

时序图也不是唯一的，随着 CP 个数的多少和输入信号取值情况乃至起始状态的不同，画出的时序图也会各异。

2. 由状态图到特性表、卡诺图、特性方程和时序图的转换

(1) 状态图到特性表、卡诺图的转换。

在图 4-34 中，无论是特性表还是状态图，都采用了简化形式，如果把 Q^n 归入变量中，则可得如表 4-8 所示的特性表。倘若把 JK 的取值逐一写出，那么所得到的将是如图 4-35 所示的状态图。

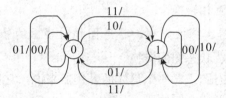

图 4-35　JK 触发器状态图

其实，如果能够正确理解所标注的转换条件中的"×"号，则会发现图 4-35 与图 4-34 (c) 是相同的，而图 4-35 只不过繁琐一些罢了。

图 4-35 所示状态图全面地表达了触发器次态 Q^{n+1} 与现态 Q^n 和输入 J、K 的函数关系，由图 4-35 可知：当 $Q^n=0$，而 $J=1$、$K=0$（或 1）时 $Q^{n+1}=1$；若 $J=0$、$K=0$（或 1）则 $Q^{n+1}=0$。当 $Q^n=1$，而 $J=0$（或 1），$K=0$ 时 $Q^{n+1}=1$；若 $J=0$（或 1），$K=1$ 则 $Q^{n+1}=0$。显然，只要把结果加以整理，就可得到如表 4-8 所示的特性表，也可以画出如图 4-34 (b) 所示的卡诺图。

(2) 状态图到特性方程、时序图的转换。

① 状态图转特性方程。

次态 Q^{n+1} 是现态 Q^n 和输入 J、K 的函数，既然状态图把 Q^n、J、K 的各种取值及相应的 Q^{n+1} 的值全都表示出来了，那么，把使 Q^{n+1} 为 1 的 Q^n、J、K 的取值挑选出来，每一种取值就可以写出一个最小项，把这些最小项加起来，就是 Q^{n+1} 的标准与或表达式。因此，由图 4-35 所示状态图可得

$$Q^{n+1} = \bar{Q}^n JK + \bar{Q}^n J\bar{K} + Q^n \bar{J}\bar{K} + Q^n J\bar{K}$$
$$= J\bar{Q}^n + \bar{K}Q^n$$

从图 4-34 (c) 所示状态图可直接写出

$$Q^{n+1} = J\bar{Q}^n + \bar{K}Q^n$$

"×"表示变量取值为 0、为 1 均可，对函数值无影响，在图 4-34 (c) 中，对转换

无影响，即无论其取值为 0 还是 1，触发器都按照箭头指引的方向转换状态。

② 状态图转时序图。

有了状态图，根据触发器状态转换的时钟条件，就可以直接画出时序图。当然，CP 及输入信号的波形图应给定，至于起始状态，若未给定则可假设。

【例 1】CP、J、K 的波形如图 $4-36$ 所示，试对应画出 Q、$\bar{Q}$ 的波形。CP 下降沿触发的 JK 触发器的起始状态为 0。

解：在不熟悉时，可先标出 CP 的触发沿，再标出触发沿前一个短时间内 J、K、Q（即 Q^n）的值，然后看状态图，查触发器是翻转呢，还是保持原来状态。遵循这种方法，从起始状态开始，便可以一步一步地画出时序图。

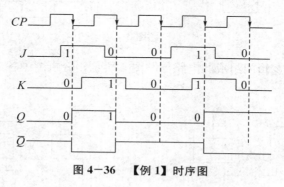

图 $4-36$ 　【例 1】时序图

4.5.2.5　边沿触发器的动作特点

通过对上述边沿触发器工作过程的分析可以看出，它们具有共同的动作特点，即触发器的次态仅取决于 CP 信号的上升沿或下降沿到达时输入的逻辑状态，而在这以前或以后，输入信号的变化对触发器输出的状态没有影响。

这一特点有效地提高了触发器的抗干扰能力，因而也提高了电路的工作可靠性。

边沿触发器的动作特点在图形符号中以 CP 输入端处的 "$\frac{CP}{\diamond}$" 或 "$\frac{CP}{\diamond}$" 表示。

习　题

1. 已知由与非门构成的基本 RS 触发器的输入波形如题图 1 所示。画出基本 RS 触发器的 Q 和 $\bar{Q}$ 端波形。

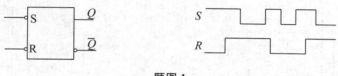

题图 1

2. 在题图 2 所示的输入波形下，由或非门构成的基本 RS 触发器会出现状态不定吗？如果有，请指出状态不定的区域。

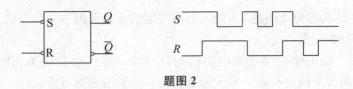

题图 2

3. 同步 RS 触发器的逻辑符号和输入波形如题图 3 所示。设初始状态 $Q=0$。画出 Q 和 $\overline{Q}$ 端的波形。

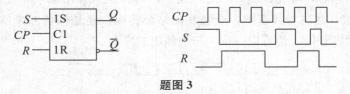

题图 3

4. 由各种 TTL 逻辑门组成的电路如题图 4 所示，分析图中各电路是否具有触发器的功能。

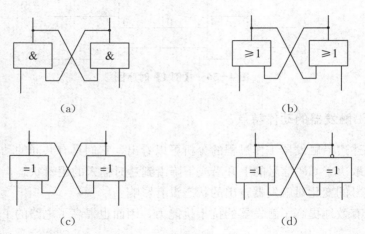

题图 4

5. 分析题图 5 所示电路的逻辑功能，对应于 CP、A、B 的波形，画出 Q 和 $\overline{Q}$ 端波形。

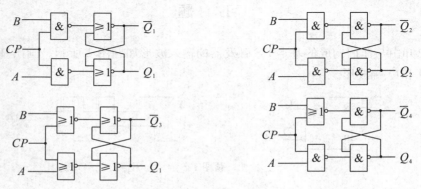

(a)

题图 5

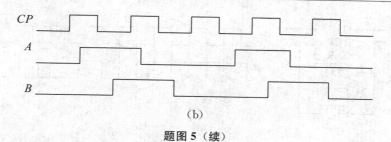

（b）

题图 5（续）

6. 已知 JK 触发器组成的电路及各输入端波形如题图 6 所示，画出 Q 端的电压波形，假设初态 $Q=0$。

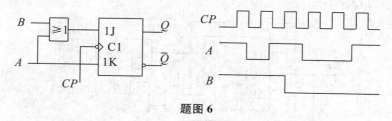

题图 6

7. 逻辑电路图及 A、B、CP 的波形如题图 7 所示，试画出 Q 的波形（设 Q 的初始状态为 0）。

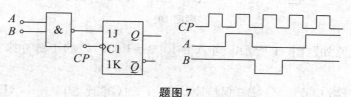

题图 7

8. JK 触发器的输入端波形如题图 8 所示，试画出输出端的波形。

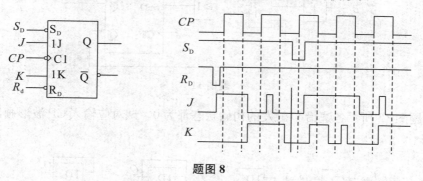

题图 8

9. 电路如题图 9（a）所示，若已知 CP 和 J 的波形如题图 9（b）所示，试画出 Q 端的波形图，设触发器的初始状态为 $Q=0$。

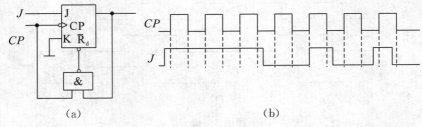

（a）　　　　　　　　　　　　（b）

题图 9

10. JK 触发器组成的电路如题图 10 所示，试画出 Q、$\overline{Q}$ 和 Y_1、Y_2的波形。设触发器的初始状态为 $Q=0$。

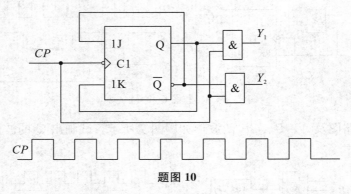

题图 10

11. 逻辑电路如题图 11 所示，当 $A=0$，$B=1$ 时，C 的正脉冲来到后 D 触发器（　　）。

（A）具有计数功能　　　（B）保持原状态　　　（C）置"0"　　　（D）置"1"

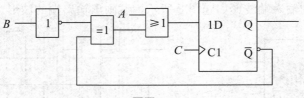

题图 11

12. 题图 12 所示各边沿 D 触发的初始状态都为 0，试对应输入 CP 波形画出 Q 端的输出波形。

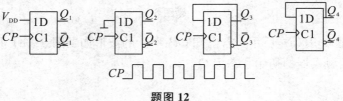

题图 12

13. 什么是触发器，按电路结构形式的不同可以为哪几类？

14. 触发器当前的输出状态与哪些因素有关？

15. 基本 RS 触发器有几种功能？RS 各在什么时候有效？
16. 基本 RS 触发器有哪几种类型？
17. 说明基本 RS 触发器的不定状态。
18. 同步触发器的 CP 脉冲何时有效？
19. 同步 JK 触发器有几种功能？
20. 何谓同步触发器的空翻与振荡现象？
21. 试将 D 触发器转换为 RS 触发器。
22. 试将 T 触发器转换为 JK 触发器。

第5章 时序逻辑电路

在数字电路系统中按照电路结构和逻辑功能的不同特点，可将其分为两类：组合逻辑电路和时序逻辑电路。时序逻辑电路是数字电路的重要组成部分，它能够存储数据信息，具有记忆功能。

本章从时序逻辑电路的概念、分类和功能描述入手，介绍了同步时序逻辑电路的分析和设计方法、异步时序逻辑电路的分析方法，以及时序逻辑电路的两个典型应用：计数器和寄存器。

5.1 概述

时序逻辑电路是数字电路系统中的一个重要分支，它区别于组合逻辑电路的主要特点是其具备记忆功能。具备记忆功能的电气元件种类有很多，例如触发器、延迟线、磁性器件等，而人们通常选用的存储元件是触发器，所以触发器是时序逻辑电路的核心电气元件。研究时序逻辑电路需熟知各类触发器的特性，在第3章中详细介绍了各类触发器的结构和工作原理，为本章时序逻辑电路的分析和设计奠定了基础。

5.1.1 时序逻辑电路概念和特点

如果某一逻辑电路的输出状态不仅取决于当前的输入信号，还与电路原来的输出状态有关，把具备这一功能的逻辑电路叫做时序逻辑电路，简称时序电路。

时序逻辑电路主要由触发器和门电路构成，其中触发器是其核心部件。时序逻辑电路的基本结构如图5-1所示。

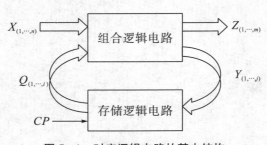

图5-1 时序逻辑电路的基本结构

$X_{(1,\cdots,n)}$：时序电路的输入信号。时序电路的输入信号可以是一个或多个，有些时序电路没有输入信号。

$Z_{(1,\cdots,m)}$：时序电路的输出信号。

$Y_{(1,\cdots,j)}$：时序电路的反馈信号，组合逻辑电路输出信号的一部分或者全部作为存储逻辑电路的输入信号。

$Q_{(1,\cdots,i)}$：存储逻辑电路的状态输出，又作为输入信号影响其下一个状态的输出。当时序电路没有输出信号时，Q 将作为时序电路的输出信号。

CP（clock pulse）：时序逻辑电路的时钟脉冲。触发器状态发生改变的条件是有效触发脉冲到来，每当有效触发脉冲来到时触发器的状态就发生翻转。

由图 5-1 时序逻辑电路的基本结构可知时序逻辑电路有着不同于组合逻辑电路的特点：首先，它是由组合逻辑电路和存储逻辑电路两部分组成，存储电路部分主要由触发器构成；其次，时序电路的输入信号由两部分构成，除了外部的输入信号外还有存储电路的状态反馈信号，它们共同影响组合逻辑电路的输出；最后，时序逻辑电路的输出也由两部分构成，一部分是组合逻辑电路的输出，一部分是存储电路即触发器的状态输出。

5.1.2　时序逻辑电路的分类

时序逻辑电路种类繁多，一般可以分为两类：电平型和钟控型。电平型时序逻辑电路的触发器直接被触发，电路的状态转换由输入信号控制；由时钟控制的钟控型时序逻辑电路根据触发脉冲输入方式的不同又可以分为同步时序逻辑电路和异步时序逻辑电路。

同步时序逻辑电路的特点是触发器的时钟信号来源于同一个时钟脉冲，而异步时序逻辑电路的触发器的时钟信号由不同的时钟脉冲控制。

5.1.3　时序逻辑电路的功能描述

描述时序逻辑电路功能主要有以下几种形式：逻辑方程、状态转换真值表、状态转换图和时序波形图。

5.1.3.1　逻辑方程

时序电路的功能可以用驱动方程、输出方程和状态方程来描述，这些逻辑方程的实质是函数的逻辑表达式。

驱动方程描述的是时序电路的存储电路部分，即触发器输入端的逻辑表达式，如图 5-1 所示，它是 X 和 Q 的函数。驱动方程表达式为：$Y=f_1(X,Q)$。

输出方程描述的是时序逻辑电路输出端的逻辑表达式，如图 5-1 所示，它也是 X 和 Q 的函数。输出方程表达式为：$Z=f_2(X,Q)$。

状态方程所描述的是存储电路的输出状态，存储电路主要由触发器构成，其输出状态就是触发器的次态。如图 5-1 所示，状态方程是 Y 的函数，同时跟所使用的触发器类型有关，故求解过程是将驱动方程代入触发器对应的特征方程，便可得到触发器的输出表达式，状态方程可表示为：$Q^{n+1} = f_3\,(Y,\,Q^n)$。

5.1.3.2　状态转换真值表

用列表的方式来描述时序电路输入信号 X、初态 Q^n 和输出信号 Z、次态 Q^{n+1} 的逻辑关系。依次设置存储电路的初态及输入信号，每当触发脉冲信号到来时，根据输出方程和状态方程求输出和次态，直至包含 X 和 Q^n 所有可能出现的状态。

5.1.3.3　状态转换图

状态转换图是时序电路特有的功能描述方法，它把状态转换真值表中的内容以状态转换图的形式表示出来，可以更加直观地描述时序电路的逻辑功能。状态转换又简称为状态图。

5.1.3.4　时序波形图

时序电路的输入信号 X、初态 Q^n 和输出信号 Z、次态 Q^{n+1} 的逻辑关系也可以用波形图来描述，这种波形图称为时序波形图。组合逻辑电路和触发器可以用波形图描述它们的逻辑功能，故时序逻辑电路也可以用此方式描述其逻辑功能。值得注意的是，有些时序电路没有外部输入信号 X，状态输出信号有多个，输出信号 Z 的个数可以从零到多个。时序电路如果没有输出信号，触发器的状态输出就作为时序逻辑电路的输出信号。

5.2　时序逻辑电路的分析方法

5.2.1　同步时序逻辑电路的分析方法

分析一个时序电路，就是要找出给定时序电路的逻辑功能。具体地说，即找出电路的状态和输出的状态在输入变量与时钟信号作用下的变化规律。

同步时序电路的分析是对"给定的逻辑图"，分析其在一系列输入和时钟脉冲的作用下，电路将产生怎样的新状态和输出，进而理解整个电路的功能。分析的关键是确定电路状态的变化规律，其核心问题是借助触发器的新状态（次态）表达式列出时序电路的状态转换表和状态转换图。

同步时序电路分析的一般步骤如下。

（1）从给定的逻辑图中写出每个触发器的驱动方程（即存储电路中每个触发器输入信号的逻辑函数式）。

（2）把得到的这些驱动方程代入相应触发器的特性方程，得出每个触发器的状态方程，从而得到由这些状态方程组成的整个时序电路的状态方程组。

（3）根据逻辑图写出电路的输出方程。

（4）列状态转换表：状态转换表的已知条件是电路的外输入和各触发器的原状态；

待求量是该时序电路的原状态所对应的外输出和各触发器的新状态。

（5）根据状态转换表画状态转换图（或时序图），并分析电路的逻辑功能。

（6）对该时序逻辑电路进行电路分析，检查自启动性能。

【例1】分析图 5-2 所示的同步时序电路。其中 FF_1、FF_2 和 FF_3 是下降沿触发的 JK 触发器，输入端悬空时相当于 1 状态。

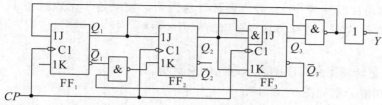

图 5-2　同步时序逻辑电路

解：① 从图 5-2 给定的逻辑图可写出电路的驱动方程为

$$\begin{cases} J_1 = \overline{Q_2^n Q_3^n}, \ K_1 = 1 \\ J_2 = Q_1^n, \ K_2 = \overline{\overline{Q_1^n} \overline{Q_3^n}} \\ J_3 = Q_1^n \cdot Q_2^n, \ K_3 = Q_2^n \end{cases} \tag{5-1}$$

② 将式（5-1）代入 JK 触发器的特性方程 $Q^{n+1} = J\overline{Q^n} + \overline{K}Q^n$，得到电路的状态方程为

$$\begin{cases} Q_1^{n+1} = \overline{Q_2^n Q_3^n}\, \overline{Q_1^n} \\ Q_2^{n+1} = Q_1^n \overline{Q_2^n} + \overline{Q_1^n}\, \overline{Q_3^n}\, Q_2^n \\ Q_3^{n+1} = Q_1^n Q_2^n \overline{Q_3^n} + \overline{Q_2^n} Q_3^n \end{cases} \tag{5-2}$$

③ 根据逻辑图写出输出方程为

$$Y = \overline{\overline{Q_2^n Q_3^n}} = Q_2^n Q_3^n \tag{5-3}$$

④ 进行计算，列状态转换表。

首先，这个电路没有输入逻辑变量，电路的次态和输出只取决于电路的初态，因此它属于穆尔型时序电路。

设电路的初态为 $Q_3^n Q_2^n Q_1^n = 000$，将其代入式（5-2）和式（5-3），可得次态和输出值，而这个次态又作为下一个 CP 到来前的现态，这样依次进行下去，可得表 5-1。

表 5-1　例 1 的状态转换表

CP的顺序	现态			次态			输出
	Q_3^n	Q_2^n	Q_1^n	Q_3^{n+1}	Q_2^{n+1}	Q_1^{n+1}	Y
0	0	0	0	0	0	1	0
1	0	0	1	1	1	0	0
2	0	0	0	0	1	1	0
3	0	1	1	1	0	0	0
4	1	0	0	1	0	1	0
5	1	0	1	1	1	0	0
6	1	1	0	0	0	0	1
7	0	0	0	0	0	1	0
0	1	1	1	0	0	0	1
1	0	0	0	0	0	1	0

通过计算发现当 $Q_3^n Q_2^n Q_1^n = 110$ 时，其次态为 $Q_3^{n+1} Q_2^{n+1} Q_1^{n+1} = 000$，返回到最初设定的状态，可见电路在 7 个状态中循环，它有对时钟信号进行计数的功能，模为 7，即 $N=7$，可称为七进制计数器。

此外，FF$_3$、FF$_2$、FF$_1$ 这三个触发器的输出 Q_3、Q_2、Q_1 应有八种状态组合，而进入循环的是 7 种，缺少 $Q_3 Q_2 Q_1 = 111$ 这个状态，所以，可以设初态为 111。经计算，经过一个 CP 就可以转换为 000，进入循环，这说明，如果处于无效状态 111，该电路能够自动进入有效状态，故称为具有自启动能力的电路。这一转换也应列入转换表，放在表的最下面。

⑤ 用状态转换图和时序图表示电路的逻辑功能。

其逻辑功能分别如图 5-3 和图 5-4 所示。

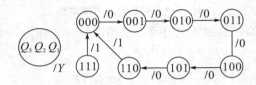

图 5-3　例 1 电路状态转换图

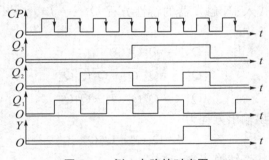

图 5-4　例 1 电路的时序图

至此，给定同步时序逻辑电路的分析结束。

注意：因为此电路无外输入变量，所以状态图中斜线上方不用标变量。

5.2.2　异步时序逻辑电路的分析方法

时序电路分同步时序电路和异步时序电路两大类。异步时序电路习惯上又分为脉冲型异步时序电路和电位型异步时序电路。本节讨论的是脉冲型异步时序电路。

在同步时序电路中，由于存储电路中所使用的触发器共同连到同一时钟脉冲输入端，因此在状态方程中时钟脉冲信号被省略，各触发器的状态转换同步完成。但在脉冲异步时序电路中，由于各触发器没有使用相同的时钟信号，因此，每次电路状态发生转换时，并不是所有触发器的状态都会发生变化，只有那些有时钟信号到达的触发器才会发生状态变化。因此，在分析脉冲异步时序电路时，需要找出每次电路状态转换时哪些触发器有时钟信号，哪些触发器没有时钟信号。可见，分析异步时序电路比分析同步时序电路要复杂。

图 5-5 给出了脉冲异步十进制加法计数器的逻辑电路图。在该电路中，四个 JK 触

发器没有统一的时钟，CP_0 为计数器的外部时钟脉冲输入（计数器对 CP_0 计数），FF_0 的输出 Q_0 作为 FF_1 和 FF_3 的输入时钟，FF_1 的输出 Q_1 作为 FF_2 的输入时钟。由电路可写出其输出函数和激励函数为

$$C = Q_3 Q_0$$
$$J_0 = K_0 = 1$$
$$J_1 = \overline{Q_3}, \quad K_1 = 1$$
$$J_2 = K_2 = 1$$
$$J_3 = Q_2 Q_1, \quad K_3 = 1$$

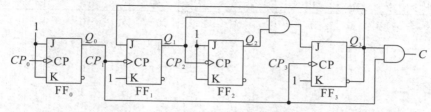

图 5-5　异步十进制加法计数器

结合 JK 触发器的特征方程 $Q_1^{n+1} = J\overline{Q_1^n} + \overline{K}Q_1^n$，可得新状态方程为

$$Q_0^{n+1} = \overline{Q_0} CP_0$$
$$Q_1^{n+1} = \overline{Q_3}\,\overline{Q_1} CP_1$$
$$Q_2^{n+1} = \overline{Q_2} CP_2$$
$$Q_3^{n+1} = Q_1 Q_2\, \overline{Q_3} CP_3$$

　　式中的 CP_i 表示时钟信号，它不是一个逻辑变量。对下降沿动作的触发器而言，$CP_i = 1$ 仅表示输入端有下降沿到达；对上升沿动作的触发器而言，$CP_i = 1$ 仅表示输入端有上升沿到达。$CP_i = 0$ 表示没有时钟信号有效沿到达，触发器保持原状态不变。该电路的状态表（见表 5-2）需逐步完成，因为该状态表是针对外输入时钟 CP_0 列出的，而 CP_0 仅加到 FF_0，因此应首先求出 FF_0 的状态转换关系，从而就获得了 $CP_1 = CP_3 = Q_0$ 的变化情况；然后求出 FF_1 和 FF_3 的状态转换关系，就获得了 $CP_2 = Q_1$ 的变化情况；最后求出 FF_2 的状态转换关系。例如，当 $Q_3 Q_2 Q_1 Q_0 = 0111$ 时，CP_0 下降沿到达后，$Q_0^{n+1} = 0$，此时 CP_1 并 CP_3 产生了下降沿，根据状态方程可求得 $Q_1^{n+1} = 0$，$Q_3^{n+1} = 1$，此时，由于 Q_1 从 $1 \to 0$，即 CP_2 也产生了下降沿，因而可求得 $Q_2^{n+1} = 0$。这样，当 $Q_3 Q_2 Q_1 Q_0 = 0111$，CP_0 到达后，状态为 $Q_3^{n+1} Q_2^{n+1} Q_1^{n+1} Q_0^{n+1} = 1000$。

表 5-2　脉冲异步十进制加法计数器的状态表

Q_3	Q_2	Q_1	Q_0	Q_3^{n+1}	Q_2^{n+1}	Q_1^{n+1}	Q_0^{n+1}	CP_3	CP_2	CP_1	CP_0	C
0	0	0	0	0	0	0	1	0	0	0	1	0
0	0	0	1	0	0	1	0	1	0	1	1	0
0	0	1	0	0	0	1	1	0	0	0	1	0
0	0	1	1	0	1	0	0	1	1	1	1	0

续表

Q_3	Q_2	Q_1	Q_0	Q_3^{n+1}	Q_2^{n+1}	Q_1^{n+1}	Q_0^{n+1}	CP_3	CP_2	CP_1	CP_0	C
0	1	0	0	0	1	0	1	0	0	0	1	0
0	1	0	1	0	1	1	0	1	0	1	1	0
0	1	1	0	0	1	1	1	0	0	0	1	0
0	1	1	1	1	0	0	0	1	1	1	1	0
1	0	0	0	1	0	0	1	0	0	0	1	0
1	0	0	1	0	0	0	0	1	0	1	1	1
1	0	1	0	1	0	1	1	0	0	0	1	0
1	0	1	1	0	1	0	0	1	1	1	1	1
1	1	0	0	1	1	0	1	0	0	0	1	0
1	1	0	1	0	1	0	0	1	0	1	1	1
1	1	1	0	1	1	1	1	0	0	0	1	0
1	1	1	1	0	0	0	0	1	1	1	1	1

由状态表 5-2 可画出脉冲异步十进制加法计数器的状态图如图 5-6 所示。由状态图可以看出，该电路是一个十进制加法计数器，并具有自启动能力。图 5-7 为该电路的工作波形图，图中标出了第八个时钟脉冲到达后各触发器的状态转换过程。

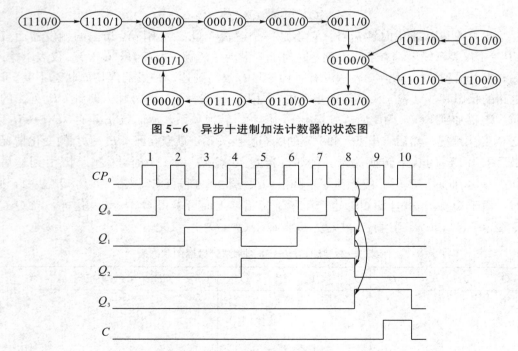

图 5-6　异步十进制加法计数器的状态图

图 5-7　脉冲异步十进制加法计数器的工作波形图

5.3 同步时序逻辑电路的设计

同步时序逻辑电路的设计过程是同步时序逻辑电路分析过程的逆过程。

5.3.1 同步时序逻辑电路的设计方法

同步时序逻辑电路的设计步骤如下：
（1）根据设计要求画出原始状态转移图。
（2）选定触发器，进行状态匹配。
（3）画出次态卡诺图和输出卡诺图。
（4）根据卡诺图求解状态方程和输出方程。
（5）求触发器的驱动方程即触发器输入端的函数表达式。
（6）画出设计的时序电路图。

5.3.2 同步时序逻辑电路的设计举例

【例 2】设计一个采用二进制编码的模五进制计数器。
解：设计过程如下。
（1）画状态转换图，如图 5-8（a）所示。
（2）选择 JK 触发器，状态匹配如图 5-8（b）所示。

$$S_0 \xrightarrow{/0} S_1 \xrightarrow{/0} S_2 \xrightarrow{/0} S_3 \xrightarrow{/0} S_4$$
$$\underset{/1}{\longleftarrow}$$

（a）例 2 状态转换图

$$000 \xrightarrow{/0} 001 \xrightarrow{/0} 010 \xrightarrow{/0} 011 \xrightarrow{/0} 100$$
$$\underset{/1}{\longleftarrow}$$

（b）例 2 状态匹配图

图 5-8 例 2 状态转换图和状态匹配图

（3）根据状态转换图，可得三个 JK 触发器 Q_2^{n+1}、Q_1^{n+1}、Q_0^{n+1} 的次态卡诺图和输出 Z 卡诺图依次如图 5-9（a）～（d）所示。

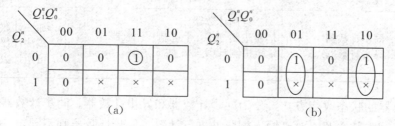

Q_2^n \ $Q_1^n Q_0^n$	00	01	11	10
0	0	0	①	0
1	0	×	×	×

（a）

Q_2^n \ $Q_1^n Q_0^n$	00	01	11	10
0	0	1	0	1
1	0	×	×	×

（b）

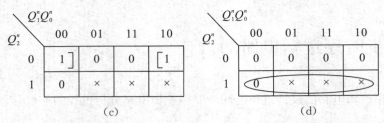

图 5-9　三个 JK 触发器 Q_2^{n+1}、Q_1^{n+1}、Q_0^{n+1} 的次态卡诺图和输出 Z 卡诺图

（4）根据 Q_2^{n+1}、Q_1^{n+1}、Q_0^{n+1} 的次态卡诺图化简可得它们对应的状态方程如下：

$$Q_2^{n+1} = \overline{Q_2^n} Q_1^n Q_0^n$$

$$Q_1^{n+1} = \overline{Q_1^n} Q_0^n + Q_1^n \overline{Q_0^n}$$

$$Q_0^{n+1} = \overline{Q_2^n} \overline{Q_0^n}$$

（5）已知 JK 触发器的特征方程为：$Q^{n+1} = \overline{J} Q^n + \overline{K} Q^n$，每个触发器的状态方程和其特征方程，可以得出三个触发器输入端方程分别为：

$$J_2 = Q_1^n Q_0^n , \quad K_2 = 1$$

$$J_1 = Q_0^n , \quad K_1 = Q_0^n$$

$$J_0 = \overline{Q_2^n} , \quad K_0 = 0$$

由输出方程 Z 的卡诺图化简可得输出方程如下：

$$Z = Q_2^n$$

（6）根据求出的 JK 触发器的输入方程和输出方程可以自行画出逻辑电路图。

5.4　计数器

5.4.1　计数器的概念和分类

实现对输入脉冲计数的时序逻辑电路称为计数器，在计数器中用触发器记忆计数值。

计数器的分类如表 5-3 所示，分类方式反映了计数器的工作特点。

表 5-3　计数器分类表

分类方式	触发器状态改变方式	计数体制	计数值增减
类别	1. 同步计数器 2. 异步计数器	1. 二进制计数器 2. 十进制（二-十进制）计数器 3. N 进制计数器（如 5 进制、60 进制、24 进制）	1. 加法计数器 2. 减法计数器 3. 可逆计数器

按触发器的状态改变方式，分为同步计数器和异步计数器。同步计数器的所有触发器共用一个输入脉冲源，对已输入的脉冲进行计数。异步计数器则不同，一些触发器作用输入脉冲，而另外一些触发器则把其他触发器的输出作时钟脉冲，但异步计数器的计

数值仍然是已输入的脉冲数。

　　按计数体制，分为二进制计数器、十进制计数器和 N 进制计数器。假设计数器有 n 个触发器，用于计数功能的有效状态数为 N（称为计数长度）。如果 $N = 2^n$，则称为二进制计数器，其计数值通常采用自然二进制数。如果 $N = 10$，则称为十进制计数器，其计数值采用二-十进制编码，即 BCD 码。非二进制和十进制的计数器统称为 N 进制计数器，如 5 进制、24 进制、60 进制等。同样，这些计数体制的数码仍然用二进制代码表示。

　　按计数值的增减，分为加法计数器、减法计数器和可逆计数器。随着计数脉冲的输入，计数值递增的计数器称为加法计数器，计数值递减的计数器称为减法计数器，即可增又可减的计数器称为可逆计数器。

　　计数器的名称是分类方式的组合，反映了计数器的工作特点。例如，同步二进制加法计数器。

　　由于计数器种类繁多，不可能也没有必要介绍全部计数器。下面以计数体制为主线介绍几种典型的计数器的结构、工作原理、功能和应用。

5.4.2　二进制计数器

5.4.2.1　同步二进制加法计数器

1. 电路组成

　　图 5-10 所示为一个 3 位同步二进制加法计数器。电路由 3 个 JK 触发器及两个与门组成，CP 作计数脉冲输入，触发器的输出端组合成 3 位二进制数 $Q_2Q_1Q_0$，记忆对脉冲的计数值，C_3 为进位控制输出。JK 触发器的特性方程为

$$Q_i^{n+1} = J_i \overline{Q_i^n} + \overline{K_i} Q_i^n,\ i = 0,\ 1,\ 2$$

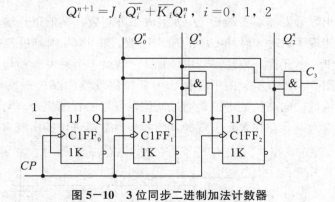

图 5-10　3 位同步二进制加法计数器

2. 工作原理

　　由电路得，时钟方程

$$CP_0 = CP_1 = CP_2 = CP$$

输出方程：触发器的输出端组合成 3 位二进制数 $Q_2Q_1Q_0$ 作为计数值直接输出。

$$C_3 = Q_2^n Q_1^n Q_0^n$$

驱动方程

$$J_0 = K_0 = T_0 = 1$$
$$J_1 = K_1 = T_1 = Q_0^n$$
$$J_2 = K_2 = T_2 = Q_1^n Q_0^n$$

全部触发器的时钟方程相同（计数脉冲 CP），故为同步计数器。将驱动方程代入 JK 触发器的特性方程中，得状态方程

$$Q_0^{n+1} = J_0 \overline{Q_0^n} + \overline{K_0} Q_0^n = T_0 \oplus Q_0^n = \overline{Q_0^n}$$
$$Q_1^{n+1} = T_1 \oplus Q_1^n = Q_0^n \oplus Q_1^n$$
$$Q_2^{n+1} = T_2 \oplus Q_2^n = (Q_1^n Q_0^n) \oplus Q_2^n$$

由状态方程可知，每个计数脉冲 CP 的下降沿使触发器 FF_0 状态翻转，而 FF_1 仅当 $Q_0^n = 1$ 和 CP 的下降沿到才翻转，FF_2 仅当 $Q_1^n Q_0^n = 1$ 和 CP 的下降沿到才翻转。据此，考虑触发器的传输延时 t_f，绘出时序图，如图 5-11 所示。

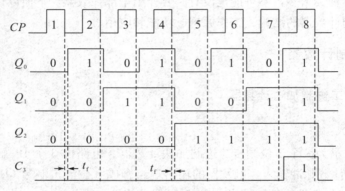

图 5-11　3 位同步二进制加法计数器的时序图

由时序图看出，触发器输出端 $Q_2 Q_1 Q_0$ 组成二进制数，其值正是输入脉冲 CP 作用后的脉冲个数，实现了对输入脉冲 CP 的加 1 计数。输出 C_3 则是进位控制信号，仅当 $Q_2 Q_1 Q_0 = 1$ 时才为 1，允许高位触发器进位加 1。增加 1 个触发器和与门可组成 4 位二进制计数器，如图 5-12 所示。图中还标出了低位触发器向高位触发器的进位控制信号。所以，计数值低位向高位的进位是通过低位触发器的状态组合（与门）控制相邻高位触发器的数据输入端（J 和 K）实现的，与异步计数器进位的实现方式不同。

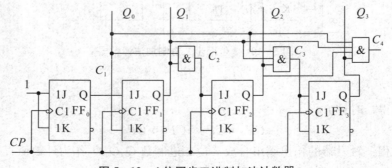

图 5-12　4 位同步二进制加法计数器

再由时序图看出，全部触发器相对时钟 CP 延时 t_f 同步改变状态，再经过 1 个与门的传输延时，触发器的驱动信号（J、K）稳定，后续脉冲即可作用。故同步计数器的最高工作频率小于 $1/(t_f + t_{pd})$，与触发器的个数无关，高于异步计数器的最高工作频率。

由上述分析推广到一般情况：用 T 触发器组成 k 位同步二进制加法计数器，其进位控制信号和驱动方程为

$$C_k = Q_{k-1}^n \cdots Q_0^n = \prod_{j=0}^{k-1} Q_j^n$$
$$T_0 = 1$$
$$T_i = Q_{i-1}^n \cdots Q_0^n = \prod_{j=0}^{i-1} Q_j^n, \quad i = 1, 2, \cdots, k-1$$

同样，用 T 触发器可组成 k 位同步二进制减法计数器，其借位控制信号 B_k 和驱动方程为

$$B_k = \overline{Q_{k-1}^n} \cdots \overline{Q_0^n} = \prod_{j=0}^{k-1} \overline{Q_j^n}$$
$$T_0 = 1$$
$$T_i = \overline{Q_{i-1}^n} \cdots \overline{Q_0^n} = \prod_{j=0}^{i-1} \overline{Q_j^n}, \quad i = 1, 2, \cdots, k-1$$

5.4.2.2　异步二进制加法计数器

1. 电路组成

图 5-13 所示为一个 3 位异步二进制加法计数器。电路由 3 个下降沿触发的 JK 触发器组成，CP 作为计数脉冲输入，触发器的输出端组合成 3 位二进制数 $Q_2 Q_1 Q_0$，记忆对脉冲的计数值。JK 触发器的特性方程为

$$Q_i^{n+1} = J_i \overline{Q_i^n} + \overline{K_i} Q_i^n, \quad i = 0, 1, 2$$

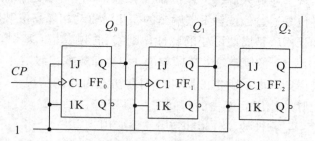

图 5-13　3 位异步二进制加法计数器

2. 工作原理

由电路得时钟方程

$$CP_0 = CP, \quad CP_1 = Q_0, \quad CP_2 = Q_1$$

输出方程：触发器的输出端组合成 3 位二进制数 $Q_2 Q_1 Q_0$ 作为计数值直接输出。

驱动方程

$$J_0 = K_0 = 1$$
$$J_1 = K_1 = 1$$
$$J_2 = K_2 = 1$$

触发器的时钟不相同，故为异步计数器。将驱动方程代入 JK 触发器的特性方程中，得状态方程

$$Q_0^{n+1} = \overline{Q_0^n}$$
$$Q_1^{n+1} = \overline{Q_1^n}$$
$$Q_2^{n+1} = \overline{Q_2^n}$$

即每个触发器都等效为 T′触发器。由状态方程和时钟方程可知，每个计数脉冲 CP 的下降沿到使触发器 FF_0 状态翻转，而 FF_1 在 Q_0 的下降沿到才翻转，FF_2 在 Q_1 的下降沿到才翻转。据此并考虑触发器的传输延迟时间 t_f 绘出电路的时序图，如图 5-14 所示。

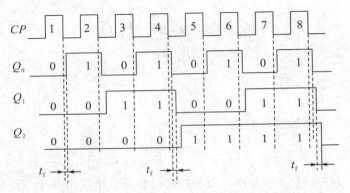

图 5-14　3 位异步二进制加法计数器的时序图

由时序图看出，触发器输出端 $Q_2Q_1Q_0$ 组成二进制数，其值正是输入脉冲 CP 作用后的脉冲个数，实现了对输入脉冲 CP 的加 1 计数（CP 可以是非周期的脉冲），计数值低位向高位的进位是通过低位触发器输出的变化沿驱动相邻高位触发器的时钟输入端实现的。其次，如果 CP 是周期可变的脉冲，则 Q_0 的频率是 CP 频率的 1/2，Q_1 的频率是 CP 频率的 1/4，Q_2 的频率是 CP 频率的 1/8。即频率逐级减小，称为分频。更进一步，如果 CP 是周期（如）固定的脉冲，则在初态为 0 的情况下，计数器的数值 M 可以反映从第一个脉冲作用后逝去的时间 T，即 $T = (M-1) T_{CP}$，这种情况称为定时。所以，计数器主要有计数、分频和定时三类应用。

再由时序图看出，由于触发器的传输延时 t_f，触发器状态不是同时变化的。例如，在第 4 个 CP 脉冲的下降沿后，Q_0 相对于 CP 延时 t_f，Q_1 相对于 Q_0 的下降沿延时 t_f，Q_2 相对于 Q_1 的下降沿延时 t_f。电路最大的延迟时间为 $3t_f$（纳秒级），最高工作频率为 $1/(3t_f)$（几十兆赫）。当 t_f 远小于 CP 脉冲的周期时，可忽略 t_f。忽略器件的延迟时间的电路分析或电路设计称为功能分析或电路设计。若无特别说明，数字电路的分析通常是功能分析或功能设计。

由本例推广到一般，挖位异步二进制加法计数器由 n 个 T′触发器组成，最低位触

发器的时钟端与计数脉冲 CP 相连；如果触发器的时钟是下降沿有效，则高位触发器的时钟端与相邻低位触发器的 Q 输出端相连（图 $5-10$）；如果是上升沿有效，则与 $\overline{Q}$ 输出端相连（请读者验证）。计数值低位向高位的进位是通过低位触发器输出的变化沿驱动相邻高位触发器的时钟输入端实现的。n 位异步二进制加法计数器的最高工作频率小于 $1/(nt_f)$。

5.4.2.3 异步二进制减法计数器

1. 电路组成

图 $5-15$ 所示为一个 3 位异步二进制减法计数器。电路由 3 个上升沿触发的 D 触发器组成，CP 作为计数脉冲输入，触发器的输出端组合成 3 位二进制数 $Q_2Q_1Q_0$，记忆脉冲计数值。D 触发器的特性方程为

$$Q_i^{n+1}=D_i，i=0，1，2$$

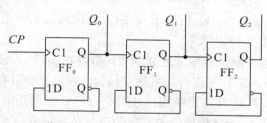

图 5-15 3 位异步二进制减法计数器

2. 工作原理

由电路得时钟方程

$$CP_0=CP，CP_1=Q_0，CP_2=Q_1$$

输出方程：触发器的输出端组合成 3 位二进制数 $Q_2Q_1Q_0$ 作为计数值直接输出。

驱动方程

$$D_0=\overline{Q_0^n}$$

$$D_1=\overline{Q_1^n}$$

$$D_2=\overline{Q_2^n}$$

触发器的时钟不相同，故为异步计数器。将驱动方程代入 D 触发器的特性方程中，得状态方程

$$Q_0^{n+1}=\overline{Q_0^n}$$

$$Q_1^{n+1}=\overline{Q_1^n}$$

$$Q_2^{n+1}=\overline{Q_2^n}$$

即每个触发器都等效为 T′触发器。由状态方程和时钟方程可知，每个计数脉冲 CP 的上升沿到使触发器 FF_0 状态翻转，而 FF_1 在 Q_0 的上升沿到才翻转，FF_2 在 Q_1 的上升沿到才翻转。忽略触发器的传输延迟时间 t_f，据此绘出电路的时序图，如图 $5-16$ 所示。

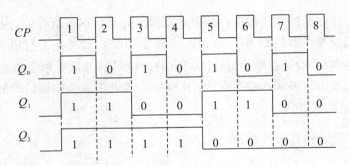

图 5-16　3 位异步二进制减法计数器的时序图

由时序图看出，每个输入脉冲 CP 作用后，触发器输出端 $Q_2Q_1Q_0$ 组成的二进制数减 1，实现了对输入脉冲 CP 的减法计数。计数值低位向高位的借位是通过低位触发器输出的变化沿驱动相邻高位触发器的时钟输入端实现的。由于触发器的传输延时，触发器状态不是同时变化的。例如，在第 5 个 CP 脉冲的上升沿后，Q_0 相对于 CP 延时 t_f，Q_1 相对于 Q_0 的上升沿延时 t_f，Q_2 相对于 Q_1 的上升沿延时 t_f。电路最大的延迟时间为 $3t_f$，最高工作频率小于 $1/(3t_f)$。

由本例推广到一般，孢位异步二进制减法计数器由 n 个 T' 触发器组成，最低位触发器的时钟端与计数脉冲 CP 相连；如果触发器的时钟是上升沿有效，则高位触发器的时钟端与相邻低位触发器的 $\overline{Q}$ 输出端相连（图 5-12）；如果是下降沿有效，则与 Q 输出端相连（请读者验证）。计数值低位向高位的借位是通过低位触发器输出的变化沿驱动相邻高位触发器的时钟输入端实现的。n 位异步二进计数器的最高工作频率小于 $1/(nt_f)$。

为方便应用，将异步二进制计数器的连接方式归纳为表 5-4。

表 5-4　异步二进制计数器的连接方式

触发方式	T' 触发器	
	下降沿触发	上升沿触发
加法计数	$CP_i = Q_{i-1}$	$CP_i = \overline{Q_{i-1}}$
减法计数	$CP_i = \overline{Q_{i-1}}$	$CP_i = Q_{i-1}$

5.4.2.4　异步二进制可逆计数器

3 位异步二进制可逆计数器如图 5-17 所示。CP 是计数脉冲输入，$Q_2Q_1Q_0$ 是计数值输出，A 是加/减控制输入。

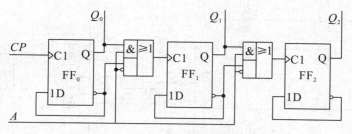

图 5－17　3 位异步二进制可逆计数器

由电路，每个上升沿触发的 D 触发器接成 T′触发器，其时钟方程为

$$CP_0 = CP$$
$$CP_1 = AQ_0 + \overline{A} \cdot \overline{Q_0}$$
$$CP_2 = AQ_1 + \overline{A} \cdot \overline{Q_1}$$

当 $A = 0$ 时

$$CP_0 = CP$$
$$CP_1 = \overline{Q_0}$$
$$CP_2 = \overline{Q_1}$$

查表 5－4 知，电路是一个 3 位异步二进制加法计数器。

当 $A = 1$ 时

$$CP_0 = CP$$
$$CP_1 = Q_0$$
$$CP_2 = Q_1$$

查表 5－4 知，电路是一个 3 位异步二进制减法计数器。

5.4.2.5　集成同步二进制加法计数器

由于计数器应用广泛，集成电路生产厂商开发了许多具有实际应用功能的集成计数器。例如，4 位同步二进制加法计数器 74LSl61，单时钟 4 位同步二进制可逆计数器 74LS191，双时钟 4 位同步二进制可逆计数器 74LS193。下面以 74LS161 为例介绍集成计数器的功能和应用。图 5－18 所示为 74LS161 的电路原理图。

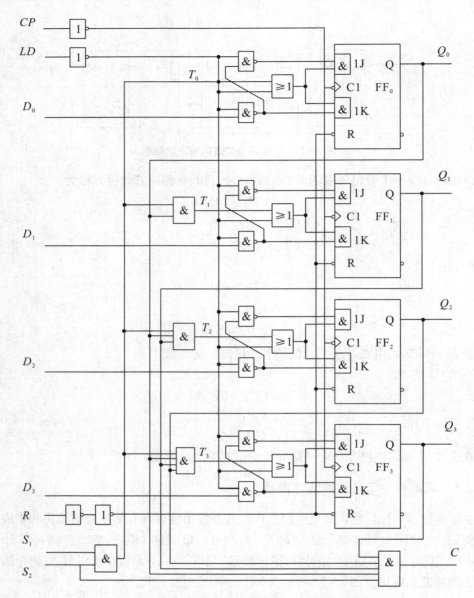

图 5-18 4 位集成同步二进制加法计数器 74LS161

1. 74LS161 的功能

电路主要由带复位端的 4 个 JK 触发器组成。时钟方程为

$$CP_i = \overline{CP}, \quad i = 0, 1, 2, 3$$

JK 触发器本身是下降沿触发，所以 CP 的上升沿触发 JK 触发器。

（1）清零功能：由电路知，无论有无计数脉冲 CP 或其他输入信号为何值，只要复位端（Reset）$R = 0$，触发器就全部清零，即 $R = 0$（低电平有效）是异步清零，作用的优先级别最高。在其他功能时，$R = 1$。

（2）置数功能：由电路得

$$J_i = \overline{\overline{D_i \cdot \overline{LD}} \cdot \overline{LD}} \cdot (T_i + \overline{LD}) = D_i \cdot \overline{LD} + T_i \cdot LD$$

$$K_i = \overline{D_i \cdot \overline{LD}} \cdot (T_i + \overline{LD}) = \overline{D_i} \cdot \overline{LD} + T_i \cdot LD, \quad i = 0, 1, 2, 3$$

$$Q_i^{n+1} = (D_i \cdot \overline{LD} + T_i \cdot LD) \cdot \overline{Q_i^n} + \overline{\overline{D_i} \cdot \overline{LD} + T_i \cdot LD} \cdot Q_i^n \qquad (5-4)$$

当装载端（Load）$LD=0$ 时，代入式（5-4）的状态方程，得

$$Q_i^{n+1} = D_i, \quad i = 0, 1, 2, 3$$

即在 CP 的上升沿将输入数据置入计数器中，称为同步置数功能，LD 是低电平有效。

（3）计数功能和保持功能：当 $LD=1$ 时，代入式（5-4）的状态方程，得

$$Q_i^{n+1} = T_i \oplus Q_i^n, \quad i = 0, 1, 2, 3$$

即每个 JK 触发器变换为 T 触发器，又根据电路得

$$T_0 = (S_1 S_2)$$

$$T_i = (S_1 S_2) Q_{i-1}^n \cdots Q_0^n, \quad i = 0, 1, 2, 3$$

$$C = S_2 Q_3^n Q_2^n Q_1^n Q_0^n$$

如果 $S_1 S_2 = 0$，则 $t = 0$，触发器状态不变，即保持功能。如果 $S_1 S_2 = 1$，电路组成 4 位同步二进制加法计数器，对 CP 脉冲做加法计数，实现计数功能。

综上所述，74LS161 的功能如表 5-5 所示。R、LD 是电平有效，计数控制 $S_1 S_2$ 是高电平有效。

表 5-5 74LS161 的功能

R	LD	$S_1 S_2$	CP	D_3	D_2	D_1	D_0	Q_3	Q_2	Q_1	Q_0	C	说明
0	×	×	×	×	×	×	×	0	0	0	0	0	清零
1	0	×	↑	D_3	D_2	D_1	D_0	D_3	D_2	D_1	D_0		置数
1	1	1	↑	×	×	×	×	4 位同步二进制加法计数				进位	计数
1	1	0	↑	×	×	×	×	Q_3	Q_2	Q_1	Q_0		保持

注：×表示任意值，↑ 表示 CP 脉冲的上升沿。

2. 74LSl61 的位数扩展

任何实用的计数器必须有足够的计数长度，即要求计数器有足够的位数。有两种位数扩展方式：并行扩展和串行扩展。图 5-19 所示为这两种扩展方式。

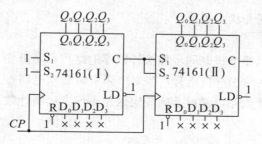

（a）8 位同步二进制计数器

图 5-19 集成计数器的位数扩展

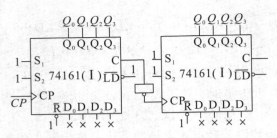

（b）8位异步二进制计数器

图5-19（续）

图5-19（a）是并行扩展，计数脉冲 CP 同时作用到2个74LS161的时钟输入端，组成8位同步二进制加法计数器，第1个芯片的 Q 端是低4位，第2个芯片的 Q 端是高4位。由电路知，2个芯片的 $R=1$、$LD=1$，第1个芯片的 $S_1 S_2=1$、第2个芯片的计数控制端与第1个芯片的进位端相连（$S_1 S_2=C$），利用低4位的进位输出 C 控制高4位的计数/保持功能。假设计数器的初态为0，则第1个芯片的进位 $C=0$，第2个芯片保持，而第1个芯片对 CP 进行加法计数。直到第15个 CP 脉冲后，第1个芯片的进位 $C=1$，第16个 CP 脉冲使第1个芯片归0、第2个芯片计数加1。所以每16个计数脉冲使高4位计数器加1，实现8位同步二进制加法计数。

图5-19（b）是串行扩展，2个芯片联结成计数状态，即 $R=1$、$LD=1$、$S_1 S_2=1$，与数据端 D_i 无关。计数脉冲 CP 只作用到第1个芯片的时钟输入端，实现低4位的加法计数，其进位取反后驱动第2个芯片的 CP 端，低4位计数的进位 C 的下降沿使第2个芯片计数加1，即高4位对低4位计数的进位脉冲计数，所以串行扩展是8位异步二进制加法计数。从0开始，在第15个计数脉冲后，$C=1$，在第16个计数脉冲到来后，C 跳变为0，产生下降沿，取反后变成上升沿，驱动第二个74LS161计数。每16个计数脉冲高4位计数器加1，两个74LS161共同实现8位异步二进制计数。

5.4.3　十进制计数器

使用最多的十进制计数器是按照8421 BCD码进行计数的电路，下面分别讲解。

5.4.3.1　十进制同步计数器

1. 十进制同步加法计数器

（1）结构示意框图和状态图。

① 结构示意框图。

图5-20（a）所示是十进制同步加法计数器的结构示意框图，CP 是输入加法计数脉冲，C 是送给高位的输出进位信号，当 CP 到来时要求电路按照8421 BCD码进行加法计数。所谓十进制计数器，说得准确些应该是1位十进制计数器。

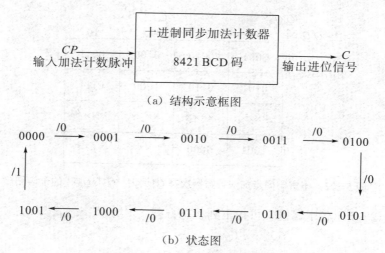

(a) 结构示意框图

(b) 状态图

图 5-20 十进制同步加法计数器

② 状态图。

根据题意可以列出如图 5-20（b）所示的状态图。它准确地表达了当 CP 不断到来时，应该按照 8421 BCD 码进行递增计数的功能要求。

（2）选择触发器，求时钟方程、输出方程和状态方程。

① 选择触发器。

选用 4 个时钟脉冲下降沿触发的 JK 触发器，并用 FF$_0$、FF$_1$、FF$_2$、FF$_3$ 表示。

② 求时钟方程。

因要用同步电路，故时钟方程应为

$$CP_0 = CP_1 = CP_2 = CP_3 = CP \tag{5-5}$$

③ 求输出方程。

根据图 5-20（b）所示状态图的规定，可画出如图 5-21 所示的 C 的卡诺图。注意，无效状态所对应的最小项可当成约束项，即 1010～1111 可作为约束项对待。由图 5-21所示卡诺图可直接得到

$$C = Q_3^n Q_0^n \tag{5-6}$$

$Q_3^n Q_2^n$ \ $Q_1^n Q_0^n$	00	01	11	10
00	0	0	0	0
01	0	0	0	0
11	×	×	×	×
10	0	1	×	×

图 5-21 输出进位信号 C 的卡诺图

④ 求状态方程。

先根据图 5-20（b）所示状态图的规定，画出计数器次态 $Q_3^{n+1} Q_2^{n+1} Q_1^{n+1} Q_0^{n+1}$ 的卡诺图，如图 5-22 所示。再分解开画出每一个触发器次态的卡诺图，如图 5-23 所示。

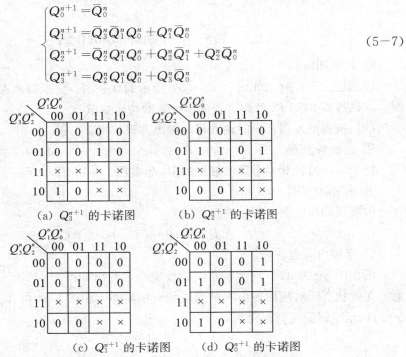

图 5-22 十进制同步加法计数器次态 $Q_3^{n+1}Q_2^{n+1}Q_1^{n+1}Q_0^{n+1}$ 的卡诺图

由图 5-23 所示各卡诺图，可得下列状态方程

$$\begin{cases} Q_0^{n+1}=\overline{Q}_0^n \\ Q_1^{n+1}=\overline{Q}_3^n\overline{Q}_1^nQ_0^n+Q_1^n\overline{Q}_0^n \\ Q_2^{n+1}=\overline{Q}_2^nQ_1^nQ_0^n+Q_2^n\overline{Q}_1^n+Q_2^n\overline{Q}_0^n \\ Q_3^{n+1}=Q_2^nQ_1^nQ_0^n+Q_3^n\overline{Q}_0^n \end{cases} \tag{5-7}$$

(a) Q_3^{n+1} 的卡诺图　　(b) Q_2^{n+1} 的卡诺图

(c) Q_1^{n+1} 的卡诺图　　(d) Q_0^{n+1} 的卡诺图

图 5-23 十进制同步加法计数器各触发器次态的卡诺图

（3）求驱动方程。

JK 触发器的特性方程为

$$Q^{n+1}=J\overline{Q}^n+\overline{K}Q^n \tag{5-8}$$

① 变换状态方程的形式。

变换式（5-7），使之与式（5-8）的形式一致：

$$\begin{cases} Q_0^{n+1}=1 \cdot \bar{Q}_0^n + \overline{1\ -\ } \cdot Q_0^n \\ Q_1^{n+1}=\bar{Q}_3^n Q_0^n \bar{Q}_1^n + \bar{Q}_0^n Q_1^n \\ Q_2^{n+1}=Q_1^n Q_0^n \bar{Q}_2^n + (\bar{Q}_1^n + \bar{Q}_0^n)\,Q_2^n = Q_1^n Q_0^n \bar{Q}_2^n + \overline{Q_1^n Q_0^n}\,Q_2^n \\ Q_3^{n+1}=Q_2^n Q_1^n Q_0^n\,(\bar{Q}_3^n + Q_3^n) + \bar{Q}_0^n Q_3^n \\ \qquad = Q_2^n Q_1^n Q_0^n \bar{Q}_3^n + \bar{Q}_0^n Q_3^n + Q_3^n Q_2^n Q_1^n Q_0^n \\ \qquad = Q_2^n Q_1^n Q_0^n \bar{Q}_3^n + \bar{Q}_0^n Q_3^n \end{cases} \tag{5-9}$$

约束项，去掉

② 写驱动方程。

比较式（5-7）、（5-9），可写出驱动方程

$$\begin{cases} J_0=K_0=1 \\ J_1=\bar{Q}_3^n Q_0^n \qquad K_1=Q_0^n \\ J_2=K_2=Q_1^n Q_0^n \\ J_3=Q_2^n Q_1^n Q_0^n \qquad K_3=Q_0^n \end{cases} \tag{5-10}$$

（4）画逻辑电路图。

图 5-24 所示就是根据选择的触发器和时钟方程式（5-5）、输出方程式（5-6）及驱动方程式（5-7）画出的十进制同步加法计数器的逻辑电路图。

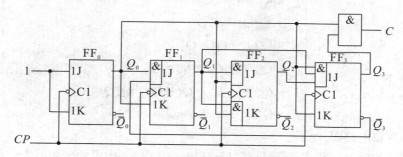

图 5-24　十进制同步加法计数器

如果要用下降沿触发的 D 触发器构成十进制同步加法计数器，则只需令 $D_0 \sim D_3$ 分别等于式（5-24）中 $Q_0^{n+1} \sim Q_3^{n+1}$ 各个表达式，所得到的便是驱动方程，再根据时钟方程、输出方程画出逻辑电路图即可，同学们可以作为习题画出之。

（5）检查电路能否自启动。

将无效状态 1010～1111 分别代入式（5.2.35）（5.2.32）进行计算，结果如下：

$$1010 \xrightarrow{/0} 1011 \xrightarrow{/1} 0100 \qquad 1100 \xrightarrow{/0} 1011 \xrightarrow{/1} 0100$$

$$1110 \xrightarrow{/0} 1111 \xrightarrow{/1} 0000$$

可见，在 CP 操作下都能回到有效状态，电路能够自启动。

2. 十进制同步加法计数器

（1）画状态图。

如果在输入计数脉冲到来时，要求电路能够按照 8421 BCD 码进行递减计数，则可画出如图 5-25 所示的状态图。

155

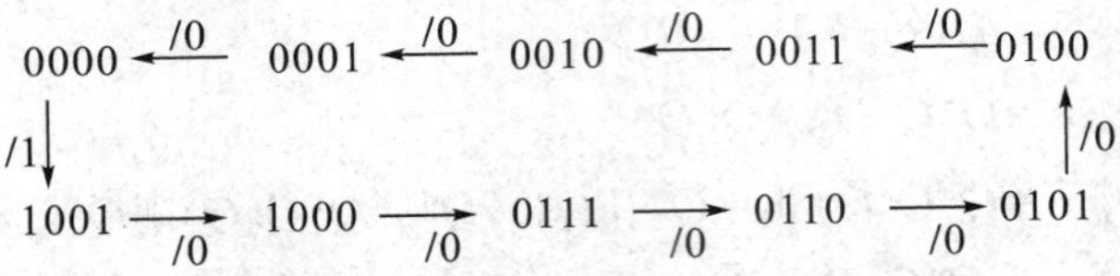

0000
/0
0001
/0
0010
/0
0011
/0
0100
/1
/0
1001
/0
1000
/0
0111
/0
0110
/0
0101

图 5-25　十进制同步减法计数器的状态图

(2) 选择触发器，求时钟方程、输出方程和状态方程和驱动方程。

选用时钟下降沿触发的 JK 触发器。

按照在构成十进制同步加法计数器中使用的方法，根据图 5-25 所示的状态图，可以很容易地得到下列时钟方程、输出方程、状态方程和驱动方程：

$$CP_0=CP_1=CP_2=CP_3=CP \tag{5-11}$$

$$B=\overline{Q}_3^n\overline{Q}_2^n\overline{Q}_1^n\overline{Q}_0^n \tag{5-12}$$

$$\begin{cases}Q_0^{n+1}=\overline{Q}_0^n\\ Q_1^{n+1}=Q_3^n\overline{Q}_1^n\overline{Q}_0^n+Q_2^n\overline{Q}_1^n\overline{Q}_0^n+Q_1^nQ_0^n\\ Q_2^{n+1}=Q_3^n\overline{Q}_0^n+Q_2^nQ_1^n+Q_2^nQ_0^n\\ Q_3^{n+1}=\overline{Q}_3^n\overline{Q}_2^n\overline{Q}_1^n\overline{Q}_0^n+Q_3^nQ_0^n\end{cases} \tag{5-13}$$

$$\begin{cases}J_0=K_0=1\\ J_1=Q_3^n\overline{Q}_0^n+Q_2^n\overline{Q}_0^n\\ \quad=(Q_3^n+Q_2^n)\ \overline{Q}_0^n\\ \quad=\overline{\overline{Q}_3^n\cdot\overline{Q}_2^n}\,\overline{Q}_0^n,\ K_1=Q_0^n\\ J_2=Q_3^n\overline{Q}_0^n,\ K_2=\overline{Q_1^n+Q_0^n}=\overline{Q}_1^n\overline{Q}_0^n\\ J_3=\overline{Q}_2^n\overline{Q}_1^n\overline{Q}_0^n,\ K_3=\overline{Q}_0^n\end{cases} \tag{5-14}$$

(3) 画逻辑电路图。

根据选用的触发器和式 (5-11)、(5-12)、(5-14) 即可画出如图 5-26 所示的逻辑电路图。

如果要用下降沿触发的 D 触发器构成十进制同步减法计数器，那么只需令 $D_0 \sim D_3$ 分别等于式 (5-13) 中各方程，便可得到相应的驱动方程，再根据式 (5-11)、(5-12) 即可画出所需要的逻辑电路图，同学们可以作为习题画出之。

CP
1
FF₀
FF₁
FF₂
FF₃
1J
C1
1K
&
B

图 5-26　十进制同步减法计数器

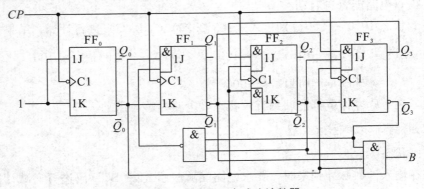

（4）检查电路能否自启动。

将无效状态 1010～1111 分别代入式（5−12）、（5−13）进行计算，结果如下：

$$1111 \xrightarrow{/0} 1110 \xrightarrow{/0} 0101 \qquad 1101 \xrightarrow{/0} 1100 \xrightarrow{/0} 0011$$

$$1011 \xrightarrow{/0} 1010 \xrightarrow{/0} 0101$$

可见，在输入计数脉冲 CP 操作下，都能回到有效状态，电路能够自启动。

3. 十进制同步可逆计数器

可以用下列三种方法获得十进制同步可逆计数器。

（1）先画出按照 8421 BCD 码进行十进制可逆计数的状态图，如图 5−27 所示[图中箭头旁的标注为 $(\overline{U}/D)/(CO \text{ 或 } BO)$]。输入加/减控制信号是 $\overline{U}/D$，为 0 时做加法计数，为 1 时做减法计数。再选择触发器，求出时钟、输出、状态、驱动方程，即可画出逻辑电路图。同学们可以自己去做，在这里无须赘述。

（2）把前面介绍的十进制加法计数器和减法计数器用与或门组合起来，并用 $\overline{U}/D$ 作为控制信号，亦可获得十进制同步可逆计数器。具体地说，就是用与或门把输出方程式（5−6）、（5−12）组合起来，把驱动方程式（5−10）、（5−14），要注意应与上控制条件，见式（5−15）。

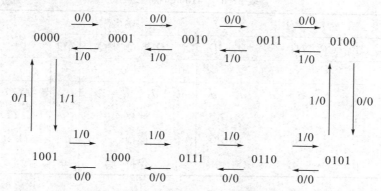

图 5−27 十进制同步可逆计数器的状态图

$$
\begin{cases}
C/B = Q_3^n Q_0^n \cdot \overline{\overline{U}/D} + \overline{Q}_3^n \overline{Q}_2^n \overline{Q}_1^n \overline{Q}_0^n \cdot \overline{U}/D \\
J_0 = K_0 = 1 \\
J_1 = \overline{Q}_3^n Q_0^n \cdot \overline{\overline{U}/D} + \overline{Q}_3^n \overline{Q}_2^n \overline{Q}_0^n \cdot \overline{U}/D \\
K_1 = Q_0^n \cdot \overline{\overline{U}/D} + \overline{Q}_0^n \cdot \overline{U}/D \\
J_2 = Q_1^n Q_0^n \cdot \overline{\overline{U}/D} + Q_3^n \overline{Q}_0^n \cdot \overline{U}/D \\
K_2 = Q_1^n Q_0^n \cdot \overline{\overline{U}/D} + \overline{Q}_1^n Q_0^n \cdot \overline{U}/D \\
J_3 = Q_2^n Q_1^n Q_0^n \cdot \overline{\overline{U}/D} + \overline{Q}_2^n \overline{Q}_1^n \overline{Q}_0^n \cdot \overline{U}/D \\
K_3 = Q_0^n \cdot \overline{\overline{U}/D} + Q_0^n \cdot \overline{U}/D
\end{cases}
\tag{5−15}
$$

把 4 个下降沿触发的 JK 触发器，按照式（5−15）和式（5−11）连接起来即可。作为习题，同学们可自己去画逻辑电路图。

（3）在 4 位二进制（十六进制）同步可逆计数器的基础上，通过修改驱动逻辑和输出逻辑，也可以获得十进制同步可逆计数器而且仍能分成单时钟和双时钟两种类型。在制作集成十进制同步可逆计数器时，常采用这种方法。

4. 集成十进制同步计数器

常用的集成十进制同步计数器有加法计数和可逆计数两大类，采用的都是 8421 BCD 码。

（1）集成十进制同步加法计数器。

集成十进制同步加法器，TTL 产品有 74160、74LS160、74162、74S162、74LS162 等，CMOS 产品有 CC4518 等。现以比较典型的 74160 为例做简单说明。

① 引出端排列图和逻辑功能示意图。

74160 的引出端排列图、逻辑符号与逻辑功能示意图与 74161 是相同的。只不过 74160 是十进制同步加法计数器，而 74161 是 4 位二进制（十六进制）同步加法器罢了。

② 74160 的状态表。

表 5-6 所示是 74160 的状态表。

表 5-6　74160 的状态表

输入									输出					注
$\overline{CR}$	$\overline{LD}$	CT_P	CT_T	CP	D_0	D_1	D_2	D_3	Q_0^{n+1}	Q_1^{n+1}	Q_2^{n+1}	Q_3^{n+1}	CO	
0	×	×	×	×	×	×	×	×	0	0	0	0	0	置零
1	0	×	×	↑	d_0	d_1	d_2	d_3	d_0	d_1	d_2	d_3		置数 $CO=CT_T \cdot Q_3^n Q_0^n$
1	1	1	1	↑	×	×	×	×	计数					$CO=Q_3^n Q_0^n$
1	1	0	×	×	×	×	×	×	保持					$CO=CT_T \cdot Q_3^n Q_0^n$
1	1	×	0	×	×	×	×	×	保持				0	

表 5-6 具体地反映了 74160 具有下列功能：

（a）异步清零功能。

当 $\overline{CR}=0$ 时，通过各触发器 R_D 端清零计数器，无论其他输入端处在何种状态。

（b）同步置数功能。

当 $\overline{CR}=1$、$\overline{LD}=0$，即清零信号撤销、置数控制端为低电平时，在 CP 上升沿操作下，将并行数据 $d_0 \sim d_3$ 送入计数器中，进位输出 $CO=CT_T \cdot Q_3^n Q_0^n$。

（c）同步计数功能。

当 $\overline{CR}=\overline{LD}=1$、$CT_P=CT_T=1$，即清零、置数信号均撤销，工作状态控制端都为高电平时，电路按照 8421 BCD 码进行同步加法计数。

（d）保持功能。

当 $\overline{CR}=\overline{LD}=1$、$CT_P=CT_T=0$ 时，计数器保持原来状态不变。这里有两种情况：当 $CT_P=0$ 时，进位输出信号也保持，即 $CO=Q_3^n Q_0^n$；若 $CT_T=0$，则 $CO=CT_T \cdot Q_3^n Q_2^n=0$，即进位输出端为低电平。

值得注意的是，74162、74S162、74LS162 采用的是同步清零方式，即当 $\overline{CR}=0$ 尚需 CP 上升沿到来时，计数器才被清零。CMOS 电路中有十进制同步减法计数器，其型号是 CC4522。

（2）集成十进制同步可逆计数器。

集成十进制同步可逆计数器和集成二进制同步可逆计数器一样，也有单时钟和双时钟两种类型。常用的产品型号有 74192、74LS192、74S168、74LS168、74190、74LS190、CC4510、CC40192 等。现以 74190（单时钟）为例做简单说明。

引出端排列图和逻辑功能示意图与 74191 相同。表 5-7 所示是 74190 的状态表，它反映 74190 具有十进制同步可逆计数功能、异步并行置数功能和保持功能。

表 5-7 74190 的状态表

输入								输出				注
$\overline{LD}$	$\overline{CT}$	$\overline{U}/D$	CP	D_0	D_1	D_2	D_3	Q_0^{n+1}	Q_1^{n+1}	Q_2^{n+1}	Q_3^{n+1}	
0	$\times$	$\times$	$\times$	d_0	d_1	d_2	d_3	d_0	d_1	d_2	d_3	并行异步置数
1	0	0	$\uparrow$	$\times$	$\times$	$\times$	$\times$	加法计数				$CO/BO = Q_3^n Q_0^n$
1	0	1	$\uparrow$	$\times$	$\times$	$\times$	$\times$	减法计数				$CO/BO = \overline{Q_3^n} \overline{Q_2^n} \overline{Q_1^n} \overline{Q_0^n}$
1	1	$\times$	$\times$	$\times$	$\times$	$\times$	$\times$	保持				

5.4.3.2 十进制异步计数器

1. 十进制异步加法计数器

（1）画状态图。

图 5-28 所示是按照 8421 BCD 码的规定画出的十进制异步加法计数器的状态图。

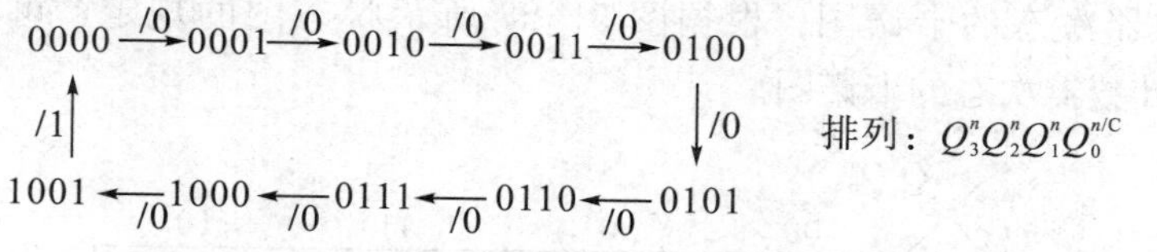

图 5-28 十进制异步加法计数器的状态图

（2）选择触发器，求时钟方程、输出方程和状态方程。

① 选择触发器。

选用 4 个下降沿触发的 JK 触发器，分别编号为 $FF_0 \sim FF_3$。

② 求时钟方程。

（a）画时序图。

根据图 5-28 所示状态图的规定，可画出如图 5.2.38 所示的时序图。

（b）选择时钟脉冲。

根据图 5-29 所示时序图，显然应选

$$\begin{cases} CP_0 = CP \\ CP_1 = Q_0 \\ CP_2 = Q_1 \\ CP_3 = Q_0 \end{cases} \qquad (5-16)$$

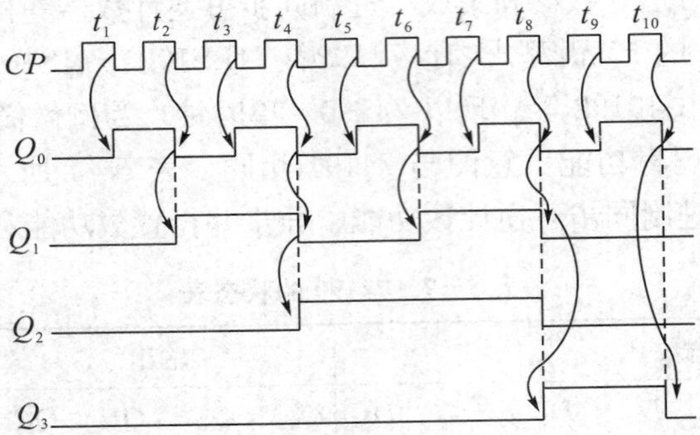

图 5-29　十进制异步加法计数器的时序图

（c）求输出方程。

由图 5-29 所示状态图可写出

$$C = Q_3^n \overline{Q}_2^n \overline{Q}_1^n Q_0^n \qquad (5-17)$$

利用约束项进行化简，即在 C 的表达式中加上约束项 $Q_3^n \overline{Q}_2^n Q_1^n Q_0^n$、$Q_3^n Q_2^n \overline{Q}_1^n Q_0^n$、$Q_3^n Q_2^n Q_1^n Q_0^n$：

$$\begin{aligned} C &= Q_3^n \overline{Q}_2^n \overline{Q}_1^n Q_0^n + Q_3^n \overline{Q}_2^n Q_1^n Q_0^n + Q_3^n Q_2^n \overline{Q}_1^n Q_0^n + Q_3^n Q_2^n Q_1^n Q_0^n \\ &= Q_3^n Q_0^n (\overline{Q}_2^n \overline{Q}_1^n + \overline{Q}_2^n Q_1^n + Q_2^n \overline{Q}_1^n + Q_2^n Q_1^n) \\ &= Q_3^n Q_0^n \end{aligned} \qquad (5-18)$$

（d）求状态方程。

画出计数器次态的卡诺图：根据图 5-28 所示状态图的规定，可直接画出如图 5-30 所示的计数器次态的卡诺图。

$Q_3^n Q_2^n$ ＼ $Q_1^n Q_0^n$	00	01	11	10
00	0001	0010	0100	0011
01	0101	0110	1000	0111
11	××××	××××	××××	××××
10	1001	0000	××××	××××

图 5-30　十进制异步加法计数器次态的卡诺图

画出各个触发器次态的卡诺图：将图 5-30 卡诺图分解开，即可画出如图 5-31 所示的各个触发器次态的卡诺图。要注意，当 CP 到来电路转换状态时，不具备时钟条件的触发器，相应状态所对应的最小项应当成约束项处理，在分解出来的卡诺图中，无论原来填的是 0 还是 1，都记上×号，以便于求状态方程的最简与或表达式。例如，对 Q_1^{n+1} 来说，t_1、t_3、t_5、t_7、t_9 前一瞬间电路状态所对应的最小项 m_0、m_2、m_4、m_6、m_8 都是约束项，因为在求时钟方程时选择的是 $CP_1 = Q_0$；类似地，对于 Q_2^{n+1} 来说，t_1、t_2、t_3、t_5、t_6、t_7、t_9、t_{10} 前一瞬间电路状态所对应的最小项 m_0、m_1、m_2、m_4、m_5、m_6、m_8、m_9 也都是约束项，因选择了 $CP_2 = Q_1$；对 Q_3^{n+1} 来说，因选择了 $CP_3 = Q_0$，所以 m_0、m_2、m_4、m_6、m_8 都是约束项。

写状态方程：由图 5−31 所示卡诺图可写出各触发器次态的最简表达式——状态方程。

$$\begin{cases} Q_0^{n+1} = \bar{Q}_0^n, & CP \text{ 下降沿时刻有效} \\ Q_1^{n+1} = \bar{Q}_3^n \bar{Q}_1^n, & Q_0 \text{ 下降沿时刻有效} \\ Q_2^{n+1} = \bar{Q}_2^n, & Q_1 \text{ 下降沿时刻有效} \\ Q_3^{n+1} = Q_2^n Q_1^n, & Q_0 \text{ 下降沿时刻有效} \end{cases} \tag{5−19}$$

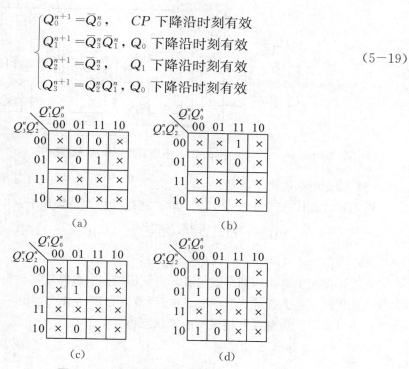

图 5−31　触发器次态的卡诺图

（3）求驱动方程。

JK 触发器的特性方程为

$$Q^{n+1} = J\bar{Q}^n + \bar{K}Q^n$$

变换状态方程式（5.2.45）的形式：

$$\begin{cases} Q_0^{n+1} = 1 \cdot \bar{Q}_0^n + 1 - \cdot Q_0^n, & CP \text{ 下降沿} \\ Q_1^{n+1} = \bar{Q}_3^n \cdot \bar{Q}_1^n + 1 - \cdot Q_1^n, & Q_0 \text{ 下降沿} \\ Q_2^{n+1} = 1 \cdot \bar{Q}_2^n + 1 - \cdot Q_2^n, & Q_1 \text{ 下降沿} \\ Q_3^{n+1} = Q_2^n Q_1^n (\bar{Q}_3^n + Q_3^n) = Q_2^n Q_1^n \cdot \bar{Q}_3^n + 1 - \cdot Q_3^n + Q_3^n Q_2^n Q_1^n \quad \leftarrow \text{去掉约束项} \\ \qquad = Q_2^n Q_1^n \cdot \bar{Q}_3^n + 1 - \cdot Q_3^n, & Q_0 \text{ 下降沿} \end{cases}$$

$$(5−20)$$

与 JK 触发器的特性方程比较，即可得下列驱动方程：

$$\begin{cases} J_0 = K_0 = 1 \\ J_1 = \bar{Q}_3^n, \quad K_1 = 1 \\ J_2 = K_2 = 1 \\ J_3 = Q_2^n Q_1^n, K_3 = 1 \end{cases} \qquad (5-21)$$

（4）画逻辑电路图。

根据选择的触发器及式（5-16）、（5-18）及（5-21），即可画出如图 5-32 所示的逻辑电路图。

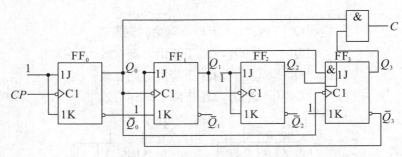

图 5-32　十进制异步加法计数器

（5）检查电路能否自启动。

将无效状态代入式（5-18）（5-20）进行计算，结果如下：

$$1010 \xrightarrow{/0} 1011 \xrightarrow{/1} 0100 \qquad 1100 \xrightarrow{/0} 1101 \xrightarrow{/1} 0100$$

$$1110 \xrightarrow{/0} 1111 \xrightarrow{/1} 0000$$

在 CP 作用下都能回到有效状态，可见所得到的电路能够自启动。要提醒一下，将无效状态带入状态方程式（5-20）进行计算时，要注意式中每一个方程式有效的时钟条件，不具备者相应触发器将保持原来状态不变。

2. 十进制异步减法计数器

（1）画状态图。

如图 5-33 所示。

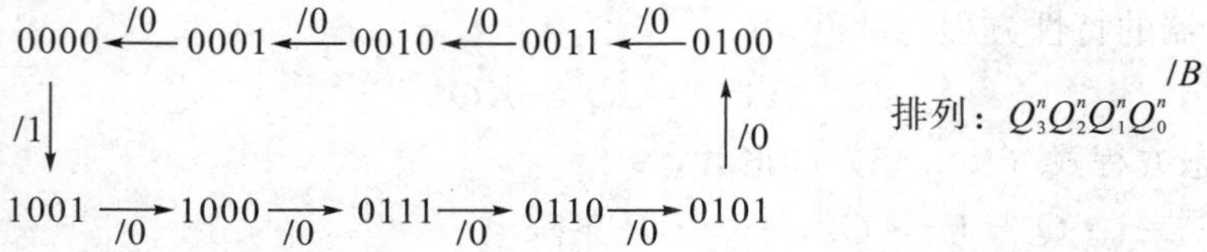

$$0000 \xleftarrow{/0} 0001 \xleftarrow{/0} 0010 \xleftarrow{/0} 0011 \xleftarrow{/0} 0100$$

$$/1 \downarrow \qquad\qquad\qquad\qquad \uparrow /0 \qquad 排列：Q_3^n Q_2^n Q_1^n Q_0^n {}^{/B}$$

$$1001 \xrightarrow{/0} 1000 \xrightarrow{/0} 0111 \xrightarrow{/0} 0110 \xrightarrow{/0} 0101$$

图 5-33　十进制异步减法计数器的状态图

（2）选择触发器，求时钟方程、输出方程、状态方程和驱动方程。

选用 4 个时钟下降沿触发的 JK 触发器。

按照构成十进制异步加法计数器的方法，根据图 5-33 所示状态图，便可获得时钟方程、输出方程、状态方程和驱动方程。

时钟方程：

$$\begin{cases} CP_0 = CP \\ CP_1 = \overline{Q}_0 \\ CP_2 = \overline{Q}_1 \\ CP_3 = \overline{Q}_0 \end{cases} \tag{5-22}$$

输出方程：

$$B = \overline{Q}_3^n \overline{Q}_2^n \overline{Q}_1^n \overline{Q}_0^n \tag{5-23}$$

状态方程：

$$\begin{cases} Q_0^{n+1} = \overline{Q}_0^n, & CP \text{ 下降沿时刻有效} \\ Q_1^{n+1} = Q_3^n \overline{Q}_1^n + Q_2^n \overline{Q}_1^n, & \overline{Q}_0 \text{ 下降沿时刻有效} \\ Q_2^{n+1} = \overline{Q}_2^n, & \overline{Q}_1 \text{ 下降沿时刻有效} \\ Q_3^{n+1} = \overline{Q}_3^n \overline{Q}_2^n \overline{Q}_1^n, & \overline{Q}_0 \text{ 下降沿时刻有效} \end{cases} \tag{5-24}$$

驱动方程

$$\begin{cases} J_0 = K_0 = 1 \\ J_1 = Q_3^n + Q_2^n, & K_1 = 1 \\ J_2 = K_2 = 1 \\ J_3 = \overline{Q}_2^n \overline{Q}_1^n, & K_3 = 1 \end{cases} \tag{5-25}$$

（3）画逻辑电路图。

根据选用的触发器及式（5-22）、（5-23）及（5-25），可画出如图 5-34 所示的逻辑电路图。

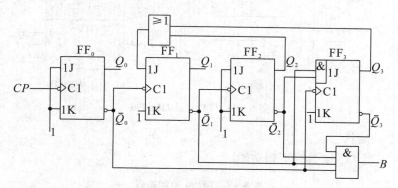

图 5-34　十进制异步减法计数器

（4）检查电路能否自启动。

将无效状态 1010～1111 代入式（5-23）（5-24）进行计算，结果如下：

$$1111 \xrightarrow{/0} 1110 \xrightarrow{/0} 0101 \qquad 1101 \xrightarrow{/0} 1100 \xrightarrow{/0} 0011$$

$$1011 \xrightarrow{/0} 1010 \xrightarrow{/0} 0001$$

在输入计数脉冲操作下都能转换到有效状态，电路能够自启动。计算时要注意时钟条件：$CP_1 = \overline{Q}_0$、$CP_2 = \overline{Q}_1$、$CP_3 = \overline{Q}_0$，一个触发器，只有在其 Q 端由低电平跳变到高电平即由 0 跳变到 1 时，它的 Q 端才会出现下降沿。

3. 集成十进制异步计数器

集成十进制异步计数器，常用的型号有 74196、74S196、74LS196、74290、74LS290 等，它们都是按照 8421 BCD 码进行加法计数的电路，现以 74290 为例做简单说明。

(1) 74290 的引出端排列图、逻辑符号、逻辑功能示意图及结构框图。

图 5-35 所示是二-五-十进制异步计数器 74290 的引出端排列图、逻辑功能示意图、结构框图和国标逻辑符号。

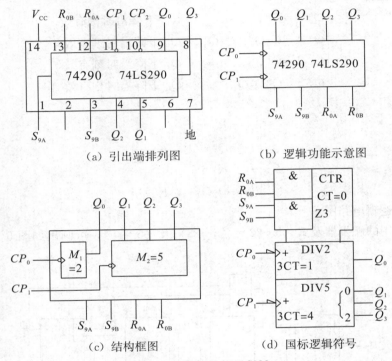

(a) 引出端排列图 (b) 逻辑功能示意图

(c) 结构框图 (d) 国标逻辑符号

图 5-35 74290、74LS290

(2) 74290 的状态表。

表 5-8 表明 74290 具有下列功能。

表 5-8 74290 的状态表

输入			输出				注
$R_{oA} \cdot R_{oB}$	$S_{9A} \cdot S_{9B}$	CP	Q_0^{n+1}	Q_1^{n+1}	Q_2^{n+1}	Q_3^{n+1}	
1	0	$\times$	0	0	0	0	清零
$\times$	1	$\times$	1	0	0	1	置9
0	0	$\downarrow$	计数				$CP_0=CP$, $CP_1=Q_0$

① 清零功能。

当 $S_9=S_{9A} \cdot S_{9B}=0$ 时，若 $R_0=R_{0A} \cdot R_{0B}=1$，则计数器清零，与 CP 无关，这说

明清零是异步的。

② 置 "9" 功能。

当 $S_9 = S_{9A} \cdot S_{9B} = 1$ 时计数器置 "9"，即被置成 1001 状态。不难看出，这种置 "9" 也是通过触发器异步输入端进行的，与 CP 无关，且其优先级别高于 R_0。

（3）计数功能。

有如下四种基本情况。

（a）若把输入计数脉冲 CP 加在 CP_0 端，即 $CP_0 = CP$，且把 Q_0 与 CP_1 从外部连接起来，即令 $CP_1 = Q_0$，则电路将对 CP 按照 8421 BCD 码进行异步加法计数。

（b）如果仅将 CP 接在 CP_0 端，而 CP_1 与 Q_0 不连接起来，那么计数器的 $FF_0 - T'$ 触发器工作，构成 1 位二进制计数器（$M_1 = 2$），也称为二分频，因 Q_0 变化的频率是 CP 频率的二分之一，FF_1、FF_2、FF_3 不工作。

（c）要是只把 CP 接在 CP_1 端，即 $CP_1 = CP$，显然 FF_0 不会工作，FF_1、FF_2、FF_3 工作，且构成五进制异步计数器，也称为模 5（$M_2 = 5$）计数器或 5 分频电路。

（d）倘若按 $CP_1 = CP$、$CP_0 = Q_3$ 连线，虽然电路仍然是十进制异步计数器，但计数规律就不再是 8421 BCD 码了，状态图如图 5-36 所示。

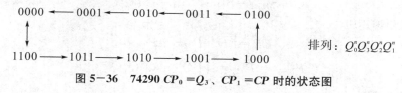

图 5-36　74290 $CP_0 = Q_3$、$CP_1 = CP$ 时的状态图

上述四种情况，可以借助于图 5-35（c）所示结构框图去理解，FF_0 构成模 2 的计数器，FF_1、FF_2、FF_3 构成模 5 计数器，两部分在逻辑上无联系，外部连接不同，具体功能也随之发生变化。

5.4.4　N 进制计数器

获得 N 进制计数器常用的方法有两种：一是用时钟触发器和门电路进行设计，其方法在时序电路基本设计步骤中已做过较详细的介绍，在十进制计数器里讲解得更加具体；二是用集成计数器构成。由于集成计数器是厂家生产的定型产品，其函数关系已被固化在芯片中了，状态分配即编码是不可能更改的，而且多为纯自然态序编码，因此仅是利用清零端或置数控制端，让电路跳过某些状态而获得 N 进制计数器，这也是本小节要说明的主要内容。

集成计数器一般都设置有清零输入端和置数输入端，而且无论是清零还是置数都有同步和异步之分，有的集成计数器采用同步方式——当 CP 触发沿到来时才能完成清零或置数任务，有的则采用异步方式——通过时钟触发器异步输入端实现清零或置数，与 CP 信号无关。在做过具体介绍的集成计数器中，通过状态表可以很容易地鉴别其清零和置数方式。例如，清零、置数均采用同步方式的有集成 4 位二进制（十六进制）同步加法计数器 74163；均采用异步方式的有 4 位二进制同步可逆计数器 74193、4 位二进制异步加法计数器 74197、十进制同步可逆计数器 74192；清零采用异步方式、置数采用同步方式的有 4 位二进制同步加法计数器 74161、十进制同步加法计数器 74160；有的只具有异步清零功能，例如 C4520、74190、74191；74290 则具有异步清零和置"9"功能。

用清零端和置数端实现归零，从而获得按自然态序进行计数的 N 进制计数器是以下要介绍的基本内容。

5.4.4.1 用同步清零端或置数端归零获得 N 进制计数器的方法

1. 主要步骤

(1) 写出状态 S_{N-1} 的二进制代码。

(2) 求归零逻辑——同步清零端或置数控制端信号的逻辑表达式。

(3) 画连线图。

2. 应用举例

【例 3】试用 74163 构成十二进制计数器。

解：(1) 写出 S_{N-1} 的二进制代码

$$S_{N-1} = S_{12-1} = S_{11} = 1011$$

(2) 求归零逻辑

$$\overline{CR} = \overline{LD} = \overline{P}_{N-1} = \overline{P}_{11}$$

$$P_{N-1} = P_{11} = \prod_{0 \sim 3} Q^1 = Q_3^n Q_1^n Q_0^n \tag{5-26}$$

(3) 画连线图

图 5-37 (a) 所示是用同步清零 $\overline{CR}$ 端归零构成的十二进制同步加法计数器的连线图，$D_0 \sim D_3$ 本可随意处理，现都接 0；图 5-37 (b) 所示是用同步置数端归零构成的十二进制同步加法计数器的连线图，注意 $D_0 \sim D_3$ 必须都接 0。

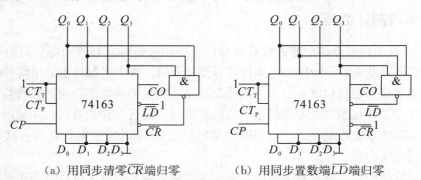

(a) 用同步清零 $\overline{CR}$ 端归零   (b) 用同步置数端 $\overline{LD}$ 端归零

图 5-37 用 74163 构成的十二进制计数器

式 (5-26) 中，P_{N-1} 代表 S_{N-1} 的译码，而 $\prod\limits_{0 \sim n-1} Q^1$ 代表 S_{N-1} 时状态为 1 的各个触发器 Q 端的连乘积。

应当说明的是，在 S_{N-1} 状态的译码中，本应为 $P_{N-1} = \prod\limits_{0 \sim n-1} Q^1 \prod\limits_{0 \sim n-1} Q^0$，$\prod\limits_{0 \sim n-1} Q^0$ 是 S_{N-1} 时状态为 0 的各个触发器 $\overline{Q}$ 端的连乘积。但是在利用同步归零法所获得的 N 进制

加法计数器中，由于 $S_N \sim S_{2n-1}$ 是不会出现的，因此对应的最小项可作为约束项处理。充分利用这些约束项进行化简之后，$\prod\limits_{0 \sim n-1} Q^0$ 被消去了，即：

$$P_{N-1} = \prod_{0 \sim n-1} Q^1 \prod_{0 \sim n-1} Q^0 = \prod_{0 \sim n-1} Q^1 \tag{5-27}$$

5.4.4.2　用异步清零端或置数端归零获得 N 进制计数器的方法

1. 主要步骤

(1) 写出状态 S_N 的二进制代码。

(2) 求归零逻辑——异步清零端或置数控制端信号的逻辑表达式。

(3) 画连线图。

2. 应用举例

【例 4】试用 74197 构成十二进制计数器。

［解］74197 是一个二－八－十六进制异步加法计数器芯片，当仅将 CP 接在 CP_0 端时，FF_0 构成 1 位二进制计数器；当仅将 CP 接在 CP_1 端时，FF_1、FF_2、FF_3 构成八进制计数器；如果不仅把 CP 加到 CP_0 端，而且还将 CP_1 与 Q_0 连接起来，那么构成的就是十六进制计数器。

(1) 写出 S_N 的二进制代码

$$S_N = S_{12} = 1100$$

(2) 求归零逻辑

$$\overline{CR} = \overline{CT/\overline{LD}} = \overline{P_N} = \overline{P_{12}}$$

$$P_N = P_{12} = \prod_{0 \sim 3} Q^1 = Q_3^n Q_2^n \tag{5-28}$$

(3) 画连线图

图 5－38（a）所示是用异步清零 $\overline{CR}$ 端归零构成的十二进制异步加法计数器，图 5－38（b）所示是用 $CT/\overline{LD}$ 端异步置数归零构成的十二进制异步加法计数器。

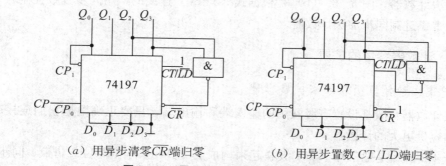

　　（a）用异步清零 $\overline{CR}$ 端归零　　　　（b）用异步置数 $CT/\overline{LD}$ 端归零

图 5－38　用 74197 构成的十二进制计数器

利用异步归零所获得的 N 进制计数器存在一个极短暂的过渡状态 S_N。照理说，N 进制计数器从 S_0 开始计数，计到 S_{N+1} 时，再输入一个计数脉冲，电路应该立即归零。然而用异步归零所得到的计数器，不是马上归零，而是先转换到状态 S_N，借助 S_N 的译码使电路归零，随后 S_N 消失，整个过程需要大约几十纳秒。S_N 虽然是极短暂的过渡状态，但是它却是不可缺少的，没有它就无法产生异步归零信号。但是，整个电路仍然是 N 进制计数器，只是当计到 S_{N-1} 时，再输入一个计数脉冲，在电路归零过程中，夹杂了一个极短暂的过渡状态 S_N 罢了。

【例5】 试用 74161 构成一个十二进制计数器。

［解］ 74161 是一个十六进制计数器，不过其清零采用的是异步方式，置数采用的是同步方式。

（1）写出 S_{N-1} 和 S_N 的二进制代码

$$S_{N-1} = S_{12-1} = 1011$$

（2）求归零逻辑

$$\overline{CR} = \overline{P_N} = \overline{\prod_{0 \sim n-1} Q^1} = \overline{Q_3^n Q_2^n} \tag{5-29}$$

$$\overline{LD} = \overline{P_{N-1}} = \overline{\prod_{0 \sim n-1} Q^1} = \overline{Q_3^n Q_1^n Q_0^n} \tag{5-30}$$

（3）画连接线

分别按式（5-29）、（5-30）连线，便可以得到图 5-39 所示的电路。

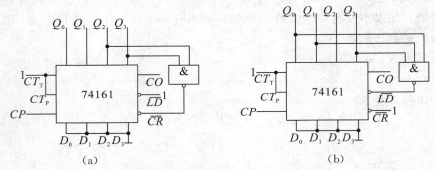

图 5-39　用 74161 构成的十二进制计数器

图 5-39（a）是根据式（5-29）进行连线的，用异步清零 $\overline{CR}$ 端归零构成的十二进制同步加法计数器；图 5-39（b）是根据式（5-30）连线的，用同步置数控制端 LD 归零构成的十二进制同步加法计数器。

5.4.4.3　计数器容量的扩展

1. 把集成计数器级联起来扩展容量

集成计数器一般都设置有级联用的输入端和输出端，只要正确地把它们连接起来，便可得到容量更大的计数器。

图 5-40 所示是把三片 74161 级联起来构成的 4096 进制（12 位二进制）同步加法计数器。

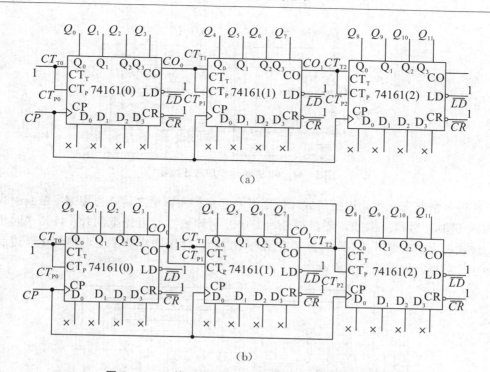

(a)

(b)

图 5-40 三片 74161 构成 4096 进制同步加法计数器

图 5-40 (a) 所示为基本接法,根据 74161 的状态表表 5.2.1 不难理解其工作原理。图 5.2.50 (b) 所示为改进接法,工作速度较高,因为只要片 1 状态为全 1,CO_1 = $CT_{T1} \cdot Q_7^n Q_6^n Q_5^n Q_4^n$ = $Q_7^n Q_6^n Q_5^n Q_4^n$ = CT_{T2} = 1,一旦片 0 状态为全 1,CO_0 = $CT_{T0} \cdot Q_3^n Q_2^n Q_1^n Q_0^n$ = $Q_3^n Q_2^n Q_1^n Q_0^n$ = CT_{P2} = 1,片 2 立即可以接收进位 CP 脉冲,不会像基本接法中那样,需要经历片 1 的传输延迟。

2. 利用级联方法获得大容量的 N 进制计数器

所谓级联方法,就是把多个计数器串接起来,从而获得所需要的大容量的 N 进制计数器。例如,把一个 N_1 进制计数器和一个 N_2 进制计数器串接起来,便可以构成 N = $N_1 \times N_2$ 进制计数器,如图 5-41 所示。

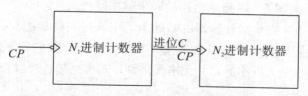

图 5-41 $N = N_1 \times N_2$ 进制计数器示意框图

例如,图 5-42 所示就是由六进制和十进制计数器级联起来构成的 $6 \times 10 = 60$ 进制计数器。

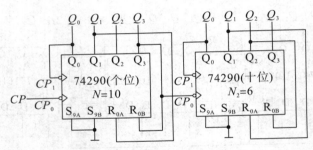

图 5-42　60 进制异步加法计数器

在许多情况下，则是先把集成计数器级联起来扩大容量之后，再用归零法获得大容量的 N 进制计数器。例如，要获得 $N=180$ 进制计数器，可先把两片 74163（同步清零）级联起来构成 256 进制（8 位二进制）计数器，再用同步归零法可得到 180 进制同步加法计数器，如图 5-43 所示。

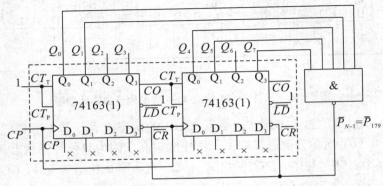

图 5-43　用两片 74163 构成的 180 进制同步加法计数器

在图 5-43 所示电路中，虚线框内是一个 256 进制计数器。因为 $N=180$，故

$$S_{N-1}=S_{179}=10110011$$
$$P_{N-1}=P_{179}=Q_7^n Q_5^n Q_4^n Q_1^n Q_0^n$$
$$\overline{CR}=\overline{Q_7^n Q_5^n Q_4^n Q_1^n Q_0^n} \tag{5-31}$$

式（5-31）正是图 5-43 所示电路的同步归零逻辑。

最后要说明一点，在集成计数器的基础上，用跳过某些状态获得 N 进制计数器的方法有好多种，我们只介绍了可以获得按自然态序进行计数的归零法（同步或异步），其他方法与归零法也是大同小异，并无本质区别，若有兴趣，可以查看有关书籍。

5.5　寄存器

数字电路中用来暂时存放数据的逻辑记忆电路称为寄存器。寄存器是时序逻辑电路的又一典型电路，寄存器按照有无移位功能分为两种，一种叫数据寄存器，另一种叫移位寄存器。

5.5.1　数据寄存器

数据寄存器可以接收、暂存和传递数据。图 5-44 是一种由四个 D 触发器构成的四位的数据寄存器。

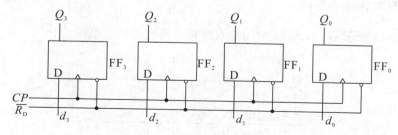

图 5-44　四位数据寄存器

假设待存的数据 $d_3d_2d_1d_0=1010$，在时钟脉冲 CP 的上升沿（CP 由 0→1）到来之前，数据 1010 分别加到 4 个 D 触发器的输入端。当 CP 的触发脉冲即 CP 的上升沿来到时，数据 1010 同时存入四个 D 触发器中，根据 D 触发器的特征方程 $Q^{n+1}=D$，可得状态方程：$Q_3^{n+1}=d_3$，$Q_2^{n+1}=d_2$，$Q_1^{n+1}=d_1$，$Q_0^{n+1}=d_0$，所以四位 D 触发器的输出端信号就是所寄存的数据，即 $Q_3Q_2Q_1Q_0=1010$。

各触发器的清零端 $\overline{R_D}$ 使用同一个清零信号，清零端低电平有效。在试用数据寄存器之前，须在 $\overline{R_D}$ 加一个低电平将各触发器清零防止新存入的数据被原数据覆盖。

5.5.2　移位寄存器

在数字电路中，有时需要将寄存器中存储的数据进行向左移位或者向右移位的处理，每来一个移位脉冲，寄存器中的数据向左或向右移位且仅移一位，具有这种功能的寄存器称为移位寄存器。

5.5.2.1　单向移位寄存器

图 5-45 是一个由四个 D 触发器构成的四位移位寄存器。

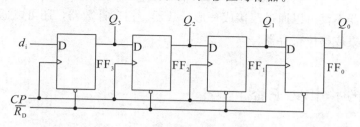

图 5-45　四位单向移位寄存器

由图 5-45 可知触发器 $FF_3 \sim FF_0$ 的状态方程分别为：$Q_3^{n+1}=d_i$，$Q_2^{n+1}=Q_3^n$，$Q_1^{n+1}=Q_2^n$，$Q_0^{n+1}=Q_1^n$。设欲寄存的数据为 1101，首先给清零端 $\overline{R_D}$ 加低电平，将四位寄存器清零。当第一个移位脉冲即 CP 的上升沿到来时，根据各触发器状态方程可得输出信号 $Q_3Q_2Q_1Q_0=1000$，第二个移位脉冲到来时，可得输出信号 $Q_3Q_2Q_1Q_0=1100$，当第三个移位脉冲到来时，可得输出信号 $Q_3Q_2Q_1Q_0 = 0110$，当第四个移位脉冲到来时，$Q_3Q_2Q_1Q_0 = 1101$。四个移位脉冲过后，1101 依次存入四个寄存器中，并且依次输出。

这种将数据逐位存入寄存器的方式叫作串行输入。

5.5.2.2 双向移位寄存器

如图 5−46 所示是 74LS194 型四位双向移位寄存器的方框图。

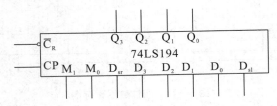

图 5−46　74LS194 四位双向移位寄存器

表 5−6 是 74LS194 的功能表。由表 5−9 可知，74LS194 是具有异步清零、并行输入、左移、右移和保持功能的双向移位寄存器。

表 5−9　74LS194 功能表

功能	CP	$\overline{C_R}$	M_0	M_1
异步清零	×	0	×	×
并行输入	↑	1	1	1
左移	↑	1	0	1
右移	↑	1	1	0
保持	×	1	0	0
	×	1	×	×

5.5.3　移位寄存器的应用

移位寄存器不仅可以通过改接成环形计数器、扭环计数器，还可以通过级联扩展成多种中规模的集成移位寄存器。

5.6　顺序脉冲发生器

按时间顺序依次出现的一组脉冲信号称为顺序脉冲。产生顺序脉冲的电路，叫作顺序脉冲发生器，或节拍脉冲发生器。通常，顺序脉冲发生器属于数字系统的控制部分。在顺序脉冲控制下，系统的各个功能部件就能按脉冲的顺序操作，实现程序控制。

计数器的状态是按一定顺序出现的，对计数状态进行译码，就能产生一组顺序脉冲。所以，顺序脉冲发生器一般由计数器和译码器组成。图 5−47 所示为一个产生 4 个顺序脉冲的顺序脉冲发生器。两个 JK 触发器组成异步二进制加法计数器，4 个与非门组成输出低电平有效的译码器。在时钟脉冲作用下，译码器把计数器的状态，译成输出线上的顺序负脉冲，如图 5-48 所示。

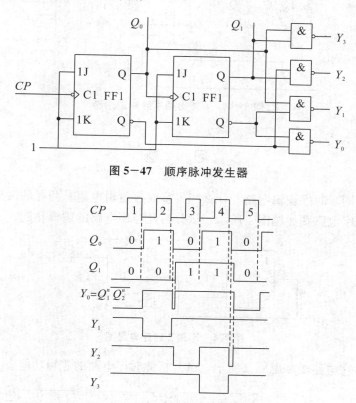

图 5-47　顺序脉冲发生器

图 5-48　顺序脉冲发生器的时序图

由于异步计数器在时钟脉冲作用下，各个触发器不能同时翻转，而是依次滞后 t_f（触发器的传输时间），使译码电路的输入信号出现竞争，进而产生冒险。例如，在 CP 的第 2 个脉冲后 Y_0 产生窄脉冲。

顺序脉冲发生器即使采用同步计数器，由于各触发器的性能、负载大小以及布线情况不可能完全相同，各触发器也不可能绝对同时翻转，输出仍可能产生窄脉冲。

消除窄脉冲主要有以下方法。

（1）采用两相邻状态仅有一个状态位变化的计数器，消除译码器输入信号的竞争。或者设计直接产生顺序脉冲的计数器，不用译码器。

（2）选择具有控制端的译码器，当计数状态稳定后才允许译码输出。

（3）顺序脉冲发生器输出端并联小电容。此法简单，但电容使信号的边沿陡度变差。

图 5-49 所示为用集成计数器 74161 和集成译码器 74138 组成的 8 输出顺序脉冲发生器。由图看出，每个 CP 的上升沿使 74161 计数，到每个 CP 的下降沿 74161 的输出状态已经稳定，74138 才对 74161 的输出状态译码，输出没有窄脉冲的顺序负脉冲。

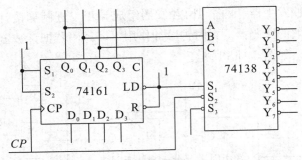

图 5—49　8 输出顺序脉冲发生器

习　题

1. 什么叫同步时序逻辑电路？什么叫异步时序逻辑电路？两者的区别是什么？
2. 已知时序电路图如题图 1 所示，试分析此时序电路的逻辑功能。

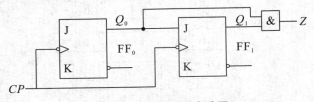

题图 1　习题 2 时序电路图

3. 已知时序电路图如题图 2 所示，试分析此时序电路的逻辑功能。

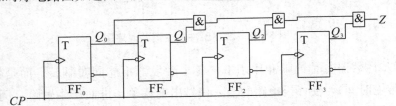

题图 2　习题 3 时序电路图

4. 已知时序电路图如题图 3 所示，试分析此时序电路的逻辑功能。

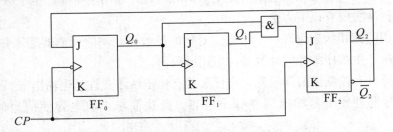

题图 3　习题 4 时序电路图

5. 设计一个同步的七进制加法计数器。
6. 设计一个同步的十五进制加法计数器。

7. 试用 74LS163 实现十三进制加法计数器。

8. 分析题图 4 所示电路，请指出它是几进制计数器。

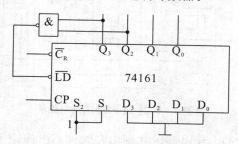

题图 4　习题 8 时序电路图

9. 试分析题图 5 时序电路的逻辑功能，写出电路的驱动方程、状态方程和输出方程，画出电路的状态转换图。检查电路能否自启动。

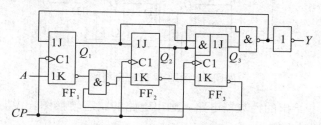

题图 5　习题 9 时序电路的逻辑功能图

10. 试分析题图 6 时序电路的逻辑功能，画出电路的状态转换图，检查电路能否自启动，说明电路实现的功能，A 为输入变量。

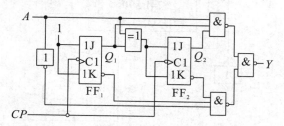

题图 6　习题 10 时序电路的逻辑功能图

11. 分析题图 7 的时序逻辑电路，写出电路的驱动方程、状态方程和输出方程，画出电路的状态转换图，说明电路能否自启动。

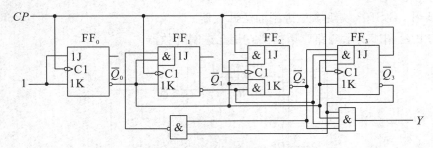

题图 7　习题 11 时序逻辑电路图

12. 分析题图 8 所示的时序电路，并画出在时钟 CP 作用下 Q_2 的输出波形（设初始态为全 0 状态），说明 Q_2 输出与时钟 CP 之间的关系。

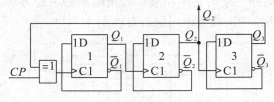

题图 8　习题 12 时序电路图

13. 分析题图 9 给出的计数器电路，画出电路的状态转换图，说明这是几进制计数器。74LS90 的功能见题表 1。

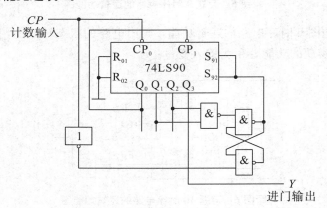

题图 9　习题 13 计数器电路图

题表 1

输入					输出功能			
CP	$R_{0(1)}$	$R_{0(2)}$	$S_{9(1)}$	$S_{9(2)}$	Q_3	Q_2	Q_1	Q_0
φ	H	H	L	φ	L	L	L	L
φ	H	H	φ	L	L	L	L	L
φ	φ	φ	H	H	H	L	L	H
$\downarrow$	φ	L	φ	L	计数			

续表

输入					输出功能			
CP	$R_{0(1)}$	$R_{0(2)}$	$S_{9(1)}$	$S_{9(2)}$	Q_3	Q_2	Q_1	Q_0
↓	L	φ	L	φ	计数			
↓	L	φ	φ	L	计数			
↓	φ	L	L	φ	计数			

14. 设计一个数字电路，要求能用七段数码管显示从 0 时 0 分 0 秒到 23 时 59 分 59 秒之间的任意时刻。

15. 分析题图 10 所示电路，请画出在时钟 CP 作用下 f_0 的输出波形，并说明 f_0 和时钟 CP 之间的关系。

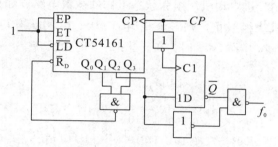

题图 10　习题 15 电路图

16. 试用同步十进制可逆计数器 74LS190 和二-十进制优先编码器 74LS147 设计一个工作在减法计数状态的可控分频器。要求在控制信号 A、B、C、D、E、F、G、H 分别为 1 时分频比对应为 1/2、1/3、1/4、1/5、1/6、1/7、1/8、1/9。74LS190 的逻辑图和功能表请查阅有关资料。可以附加必要的门电路。

17. 题图 11 是一个移位寄存器型计数器，试画出它的状态转换图，说明这是几进制计数器，能否自启动。

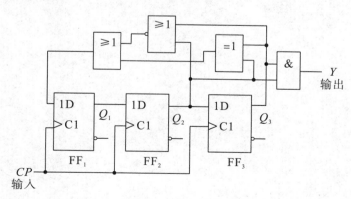

题图 11　习题 17 图

18. 分析题图 12 所示时序电路，写出状态转换方程，并画出在时钟 CP 作用下，输出 a、b、c、d、e、f 及 F 的各点波形。说明该电路完成什么逻辑功能。

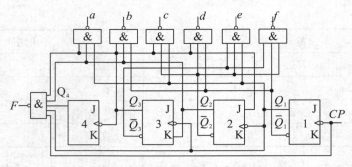

题图 12　习题 18 时序电路图

19. 设计一个序列信号发生器电路，使之在一系列 CP 信号作用下能周期性地输出"1010110111"的序列信号。

20. 设计一个控制步进电动机三组六状态工作的逻辑电路。如果用 1 表示电动机绕组导通，0 表示电动机绕组截止，则三个绕组 A、B、C 的状态转换图应如题图 13 所示。M 为输入控制变量，当 $M=1$ 时为正转，$M=0$ 时为反转。

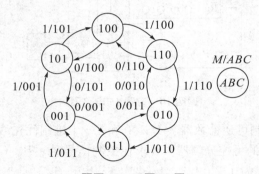

题图 13　习题 20 图

第6章　脉冲信号的产生与整形

6.1　概述

脉冲（Pulse）这个词包含着脉动和短促的意思。脉冲信号是指在短暂时间间隔内作用于电路的发生突变或跃变的电压或电流信号，这个时间间隔可以和电路过渡过程持续时间（$3\tau\sim5\tau$）相比拟。广义的脉冲信号指凡不连续的非正弦电压或电流，狭义的脉冲信号指规则的矩形脉冲。在脉冲技术中，主要研究对象是一些具有间断性和突发性特点的、短暂出现的、周期或非周期性时间函数的电压或电流。

数字电路中常见的脉冲信号波形如图6-1所示。

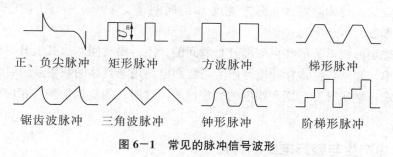

图6-1　常见的脉冲信号波形

6.1.1　脉冲信号的特点及主要参数

在数字系统中，经常用到矩形脉冲，如在同步时序电路中，作为时钟信号的矩形脉冲控制和协调着整个系统的工作。图6-1中所示的矩形脉冲信号波形是理想的，即波形的上升沿与下降沿均是跳变的且波形幅度保持不变。而实际的矩形脉冲信号波形无理想跳变、顶部也不平坦，具体波形如图6-2所示。

脉冲信号的波形繁多，为表征脉冲波形的特性，以衡量实际脉冲信号的优劣，这里以实际电压矩形脉冲为例，描述脉冲波形的主要参数如图6-2所示。

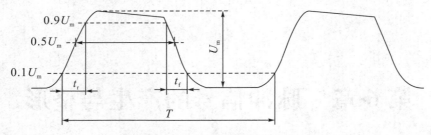

图 6-2　脉冲波形的主要参数

（1）脉冲幅度 U_m，指脉冲波形变化的最大值。

（2）脉冲前沿或上升时间 t_r（Rise Time），通常指由脉冲信号幅值由 $0.1U_m$ 上升到 $0.9U_m$ 所需要的时间，t_r 愈短，脉冲上升愈快，就愈接近于理想矩形脉冲。

（3）后沿或下降时间 t_f（Fall Time），脉冲波形下降，由 $0.9U_m$ 下降到 $0.1U_m$ 所需要的时间。

（4）脉冲宽度 t_w（Pulse width），通常用脉冲波形从上升沿 $0.5U_m$ 到下降沿 $0.5U_m$ 沿所需要的时间来代表脉冲宽度。

（5）脉冲周期 T（Pulse Time），对重复性的脉冲信号，两个相邻的脉冲波形上同一相应点之间的时间间隔称为脉冲周期，其倒数为脉冲频率，即 $f=1/T$，是单位时间内脉冲信号的重复次数。

（6）占空比，也称脉宽比，脉冲宽度 t_w 与周期 T 之比，$q=t_w/T$，它是表征脉冲波形疏密的参数。

对于理想矩形波，矩形波突变部分是瞬间的，不占用时间，故其上升时间 t_r 和下降时间 t_f 均为零。此外，在将脉冲信号产生与变换电路用于具体的数字系统时，还可能有一些特殊要求，例于脉冲周期和幅度的稳定性等，这时还需要增加一些相应的性能参数来说明。

6.1.2　脉冲产生与整形电路的特点

脉冲信号的质量好坏，直接影响电路系统能否正常工作，如何得到频率和幅值等指标都符合要求的矩形脉冲是数字系统设计的一个重要任务。在数字系统中，常常采用以下两种方法来获得所需符合要求的矩形脉冲信号。

（1）利用振荡器直接产生所需要的脉冲波形。

不需外加触发信号，只要电路电源电压、电路参数选取合适，利用各种形式的多谐振荡电路，电路就会自动产生所需要的周期性矩形脉冲信号（自励振荡）。这一类电路称多谐振荡电路或多谐振荡器（Multividrator），多谐振荡器是用途最广泛的脉冲产生电路。

多谐振荡器没有稳态，只具有 2 个暂稳态，它的形状转换不需外加触发信号触发，而完全由电路自身完成。由于它产生的矩形中除了基波外，还含有丰富的高次谐波成分，故称为多谐振荡器，常常用作脉冲信号源。

（2）利用脉冲信号的变换电路，将已有的性能不符合要求的脉冲信号变换成所需的矩形脉冲信号。

在这种方法中，变换电路本身不能产生脉冲信号，它仅仅起脉冲波形变换作用而已。能够将其他形状的信号，如正弦波、三角波和一些不规则的波形变换成矩形脉冲，这类常见的脉冲变换电路，包括单稳态触发器（Monostable Trigger）和施密特触发器（Schmitt Trigger），每一种电路既可以由分立元件组成，又可以由集成逻辑单元组成，单稳态触发器和施密特触发器是用途不同的两种脉冲变换电路。

单稳态触发器主要用以将宽度不符合要求的脉冲变换成宽度符合要求的脉冲信号。单稳态触发电路只有一个稳定状态，另一个是暂时稳定状态。从稳定状态转换到暂稳态时必须由外加触发信号触发，从暂稳态转换到稳态是由电路自动完成的，暂稳态的持续时间取决于电路本身的参数，与外加触发脉冲没有关系。

施密特触发器主要用以将变化缓慢的非矩形脉冲变换为边沿陡峭的矩形脉冲。施密特触发器属于双稳态触发电路，它具有 2 个稳定状态。2 个稳定状态的转换都需要外加触发脉冲的推动才能完成。它具有以下两个特点。

（1）输入信号从低电平上升或从高电平下降到某一特定值时，电路状态就会转换，2 种情况所对应的转换电平不同。也就是说施密特触发器有 2 个触发电平，因此属于电平触发的双稳态电路。

（2）电路状态转换时，通过电路内部的正反馈使输出电压的波形边沿变得很陡。

利用 2 个特点，施密特触发器不仅能把变化非常缓慢的输入波形变换成数字电路所需要的上升沿和下降沿都很陡峭的矩形脉冲，而且可以将叠加在矩形脉冲高、低电平上的噪声有效地清除。

在脉冲产生与变换电路中，常采用 555 集成定时器，只需在其外部配接少量电阻、电容等即可方便地构成多谐振荡器、单稳态触发器和施密特触发器等。555 定时器是一种多用途集成电路，且使用方便、灵活，应用广泛。

本章主要讨论几种脉冲信号产生和变换的单元电路，阐述多谐振荡器、集成单稳态触发器等的电路组成及工作原理。

6.2　555 定时器的电路结构及功能

6.2.1　电路组成

555 定时器内部结构如图 6-3 所示，由以下部分组成。

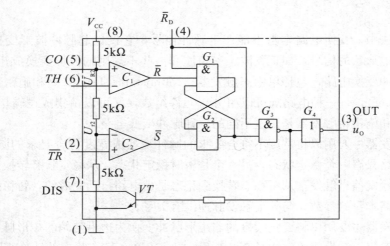

图 6－3　555 定时器的电路结构

6.2.1.1　电阻分压器

电阻分压器由三个 5 kΩ 的电阻串联分压而成（555 定时器名称由来），为两个比较器 C_1 和 C_2 提供基准电压，当控制端 CO 悬空时（为避免干扰，CO 端与地之间接一 0.01 μF 左右的电容），$U_{R1}=\dfrac{2}{3}V_{CC}$，$U_{R1}=\dfrac{1}{3}V_{CC}$，当控制端 CO 加控制电压 U_{CO} 时 $U_{R1}=U_{CO}$，$U_{R1}=\dfrac{1}{2}U_{CO}$。

6.2.1.2　两个电压比较器 C_1 和 C_2

TH 是比较器 C_1 的信号输入端，称为阈值输入端；$\overline{TR}$ 是比较器 C_2 的信号输入端，称为比较输入端。

6.2.1.3　基本 RS 触发器

G_1 和 G_2 组成与非门基本 RS 触发器。其逻辑功能为："00 不定，11 保持，其余随对方的输入变（随 $\overline{R}$ 变）。"$\overline{R}_D$ 是置零输入端，若复位端 $\overline{R}_D$ 加低电平或接地，不管其他输入状态如何，均可使它的输出 $u_O=0$。正常工作时必须使 $\overline{R}_D$ 处于高电平。

6.2.1.4　放电三极管 VT

DIS 为放电三极管 VT 的集电极，为外电路提供放电通路。

6.2.1.5　缓冲器 G

G_3 和 G_4 组成输出缓冲器，它有较强的电流驱动能力，同时，G_4 还可隔离外接负载对定时器的影响。

555 定时器采用双列直插式 8 引脚封装，引脚排列图如图 6－4 所示。

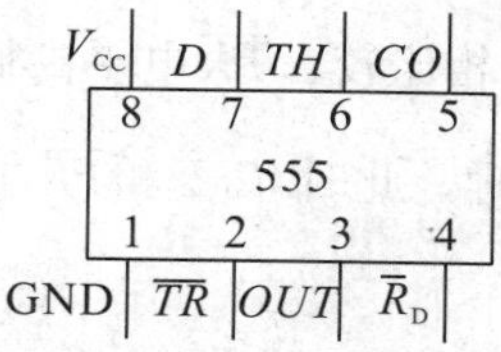

V_{CC}	D	TH	CO
8	7	6	5

555

1	2	3	4
GND	TR	OUT	$\overline{R}_D$

图 6−4　555 定时器引脚排列图

555 集成定时器的引脚名称和功能如表 6−1 所示。

表 6−1　555 集成定时器引脚名称及功能

引脚名称	功能	引脚名称	功能
$\overline{TR}$	低电平触发	OUT	输出端
TH	高电平触发	D	放电端
$\overline{R}_D$	复位端	CO	控制电压端

6.2.2　电路功能

若复位端$\overline{R}_D=0$时，不管其他输入状态如何，均可使它的输出 $u_O=0$。

（1）当$U_{TH}>\dfrac{2}{3}V_{CC}$，$U_{TR}>\dfrac{1}{3}V_{CC}$时，比较器 C_1 输出低电平，C_2 输出高电平，基本 RS 触发器被置 0，放电三极管 VT 导通，输出端 u_O 为低电平。

（2）当$U_{TH}<\dfrac{2}{3}V_{CC}$，$U_{TR}<\dfrac{1}{3}V_{CC}$时，比较器 C_1 输出高电平，C_2 输出低电平，基本 RS 触发器被置 1，放电三极管 VT 截止，输出端 u_O 为高电平。

（3）当$U_{TH}<\dfrac{2}{3}V_{CC}$，$U_{TR}>\dfrac{1}{3}V_{CC}$时，比较器 C_1 输出高电平，C_2 也输出高电平，即基本 RS 触发器 $R=1$，$S=1$，触发器状态不变，电路亦保持原状态不变。

综上所述，可得 555 定时器的功能表，如表 6−2 所示。

表 6−2　555 集成定时器引脚名称及功能

TH	$\overline{TR}$	$\overline{R}_D$	OUT	VT 状态（放电管）
$\times$	$\times$	0	0	导通
$>2V_{CC}/3$	$>V_{CC}/3$	1	0	导通
$<2V_{CC}/3$	$<V_{CC}/3$	1	1	截止
$<2V_{CC}/3$	$>V_{CC}/3$	1	保持	保持
$>2V_{CC}/3$	$<V_{CC}/3$	1	不允许	不允许

根据 555 定时器的功能，将和两个输入端和输出端的对应关系总结规律，口诀化归纳为："两高出低，两低出高，中间保持；VT 的状态与输出相反。"

使用时注意：

（1）TH 电平高低是与 $\frac{2}{3}V_{CC}$ 相比较，$\overline{TR}$ 电平高低与 $\frac{1}{3}V_{CC}$ 相比较；

（2）当 CO 端外加控制电压时，此时 TH 和 $\overline{TR}$ 电平的高低的比较值分别变为 U_{CO} 和 $\frac{1}{2}U_{CO}$。

6.3 施密特触发器

6.3.1 用 555 定时器组成施密特触发器

6.3.1.1 电路组成

将 555 定时器的阈值输入端 TH 和触发输入端 $\overline{TR}$ 相接在一起，作为触发输入端，即组成施密特触发器，电路如图 6-5（a）所示。

6.3.1.2 工作原理

设输入 u_I 的波形为三角波，参照图 6-5（b）所示的波形和 555 定时器的逻辑功能可知：

（1）$u_I=0$ V 时，u_O 输出高电平。

（2）当 u_I 上升到 $\frac{2}{3}V_{CC}$ 时，u_O 输出低电平。当 u_O 由 $\frac{2}{3}V_{CC}$ 继续上升时，u_O 保持不变。

（3）当 u_I 下降到 $\frac{1}{3}V_{CC}$ 时，电路输出跳变为高电平。而且在 u_I 继续下降到 0 V 时，电路的这种状态不变。

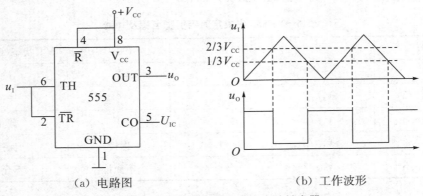

（a）电路图   （b）工作波形

图 6-5 555 定时器构成的施密特触发器

由上述分析可知，施密特触发器的正负阈值电压分别为 $\frac{2}{3}V_{CC}$ 和 $\frac{1}{3}V_{CC}$，其回差电

压 ΔU_T 为：$\Delta U_\text{T} = U_\text{T+} - U_\text{T-} = \dfrac{1}{3} V_\text{CC}$。若在电压控制端 CO 外加电压 U_CO，则将有 $U_\text{T+}$ $= U_\text{CO}$、$U_\text{T-} = \dfrac{1}{2} U_\text{CO}$、$\Delta U_\text{T} = \dfrac{1}{2} U_\text{CO}$，而且当改变 U_CO 时，它们的值也随之改变。U_CO 越大，ΔU_T 也越大，电路的抗干扰能力越强。

6.3.2　集成施密特触发器

早期的施密特触发器是由分立元件构成的，如图 6-6 所示。

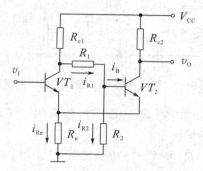

图 6-6　射极耦合双稳态触发器（施密特触发器）

下面简单说明其工作原理。

当触发器输入端不加输入信号，或者输入 v_I 的电位较低时，只要使 $v_\text{BE1} < 0.5$ V，则 VT_1 截止，其集电极输出 v_c1 为高电平，通过电阻 R_1 和 R_2 分压，使 VT_2 饱和，VT_2 集电极输出 v_O 为低电平，这是一种稳定工作状态。当输入 v_I 高于某一个电平时，只要使 VT_1 饱和，v_c1 输出为低电平，通过 R_1 和 R_2 分压，使 VT_2 截止，VT_2 集电极输出 v_O 为高电平。这是另一种稳定工作状态。

目前，用分立元件构成施密特触发器已很少采用，一般采用集成施密特触发器或 555 电路来构成。而集成施密特触发器有 TTL 和 CMOS 集成施密特触发器两大类。TTL 集成施密特触发器的典型产品有 7413、7432 等。CMOS 集成施密特触发器有 CC40106 等。

由于 TTL 集成施密特触发器输入部分有"与"的逻辑功能，输出部分有反相器，故又称作与非门施密特触发器，在集成电路手册中归类在"与非"门一类中，一般没有单列。

6.3.2.1　TTL 集成施密特触发器 7413

7413 是带施密特触发器的双 4 输入与非门，其中每个与非门的电路结构如图 6-7 所示。由图可见，每个与非门由四部分构成。

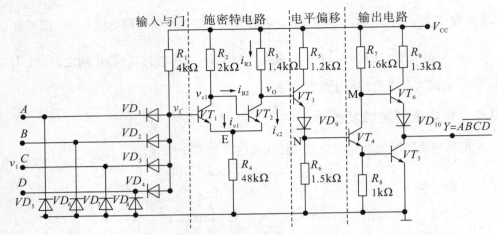

图 6-7 带与非门 TTL 集成施密特触发器

（1）二极管 $VD_1 \sim VD_4$ 和电阻 R_1 构成与门输入级，实现与逻辑功能。$VD_5 \sim VD_8$ 是阻尼二极管，防止负脉冲干扰。

（2）VT_1、VT_2 和 $R_2 \sim R_4$ 构成施密特触发器，VT_1 和 VT_2 通过射极电阻 R_4 耦合实现正反馈，加速状态转换。

（3）VT_3、VD_9、R_5、R_6 构成电平偏移级，其主要作用是在 VT_2 饱和时，利用 V_{BE3} 和 VD_9 的电平偏移，保证 VT_4 截止。

（4）VT_4、VT_5、VT_6、VD_{10} 和 $R_7 \sim R_9$ 构成有推拉输出级结构，既实现逻辑非的功能，又增强其带负载的能力。

设二极管导通压降为 0.7 V，当输入端电压 v_I 使 $v_I' - v_E = v_{BE1} < 0.7$ V 时，VT_1 截止，VT_2 饱和导通。若 v_I 逐步上升至 $v_{BE1} > 0.7$ V 时，VT_1 导通，同时产生一个正反馈过程：

CD\AB	00	01	11	10
00				
01	1	1	1	1
11	1	1	1	1
10	1			1

从而使 VT_1 迅速饱和导通，VT_2 迅速截止。

若 v_I' 从高电平逐渐下降，并且降至 v_{BE1} 只有 0.7 V 左右时，i_{c1} 开始减少，又引起另一个正反馈过程：

C\AB	00	01	11	10
0	0	0	0	1
1	1	1	1	1

使电路迅速返回 VT_1 截止，VT_2 饱和导通状态。

正是因为电路中的这两个正反馈过程，使输出端电压 v_O 的上升沿和下降沿都很陡，具有良好的脉冲边沿特性。通过电路计算，该施密特触发器的 V_{T-}、V_{T+}、ΔV_T 分别为

$$V_{T+}=1.7\ V,\ V_{T-}=0.8\ V,\ \Delta V_T=0.9\ V$$

6.3.2.2　CMOS 集成施密特触发器 CC40106

CMOS 集成施密特触发器 CC40106 电路图如图 6-8 所示。电路中的核心电路是由 $VT_1 \sim VT_6$ 组成施密特触发电路。VT_1、VT_2、VT_3 是 PMOS 管，VT_4、VT_5、VT_6 是 NMOS 管，VT_1、VT_2、VT_4、VT_5 构成反相器。

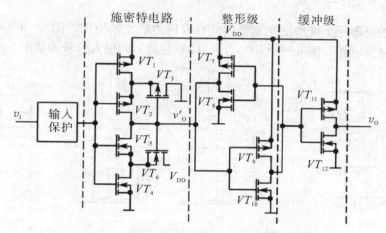

图 6-8　CMOS 集成施密特触发器 CC40106

设 PMOS 管开启电压为 $V_{GS(th)P}$，NMOS 管开启电压为 $V_{GS(th)N}$。当 $v_I=0$ 时，VT_1、VT_2 导通，VT_4、VT_5 截止，此时 v'_O 为高电平，使 VT_3 截止，VT_6 导通，并工作在源极输出状态，因此 VT_5 源极电位 v_{S5} 较高，$v_{S5} \approx V_{DD}-V_{GS(th)N}$。

当输入电压 v_I 逐渐升高，在 $v_I>V_{GS(th)N}$ 以后，VT_4 导通。由于 v_{S5} 很高，即使有：$v_I>V_{DD}/2$，VT_5 仍不会导通。当 v_I 继续升高，直到 VT_1、VT_2 的栅源电压 $|V_{GS1}|$、$|V_{GS2}|$ 减少到 VT_1，VT_2 趋于截止时，VT_1 和 VT_2 的内阻开始急剧增大，从而使 v_O' 和 v_{S5} 开始下降，最终达到 $(v_I-v_{S5}) \geqslant V_{GS(th)N}$，于是 T_5 开始导通并产生如下正反馈过程：

$$v'_O \downarrow \rightarrow v_{S5} \downarrow \rightarrow v_{GS5} \uparrow \rightarrow R_{ONS} \downarrow\ (VT_5\text{导通内阴})$$

从而使 VT_5 迅速导通并进入低压降的电阻区。与此同时，随着 v'_O 的下降 VT_3 导通，进而使 VT_1、VT_2 截止，v'_O 下降为低电平。

因此，在 $V_{DD} \gg V_{GS(th)N}+|V_{GS(th)P}|$ 的条件下，v_I 上升过程的转换电平 V_{T+} 比 $V_{DD}/2$ 高得多，而且 V_{DD} 越高，v_{T+} 也随之升高。

同理，在 $V_{DD} \gg V_{GS(th)N}+|V_{GS(th)P}|$ 的条件下，v_I 下降过程中的转换电平 V_{T-} 要比 $V_{DD}/2$ 低得多，其转换过程与 V_I 上升过程相类似。

$VT_7 \sim VT_{10}$ 组成两个首尾相接的反相器，构成整形电路。在 v_O' 上升和下降过程中，通过这两级反相器的正反馈作用，使输出电压波形边沿得到进一步改善，VT_{11} 和 VT_{12} 组成输出缓冲级，提高了电路带负载的能力，还有把内部电路与外部负载隔离的作用。

对于 CC40106 集成施密特触发器，由于电路内部器件参数差异较大，V_{T+} 和 V_{T-} 的数值对不同的芯片差别较大，V_{T+}、V_{T-} 不仅受 V_{DD} 的影响，而且在 V_{DD} 一定的情况下，V_{T+} 和 V_{T-} 的值对不同器件也不完全相同，这是应用中要注意的问题。

6.3.3 应用举例

6.3.3.1 脉冲整形与变换

施密特触发器用于波形变换和整形，有着极为广泛的应用。图 6-9（a）是由 555 构成的基本触发电路。图 6-9（b）、（c）、（d）是对不同输入信号的整形、变换波形。

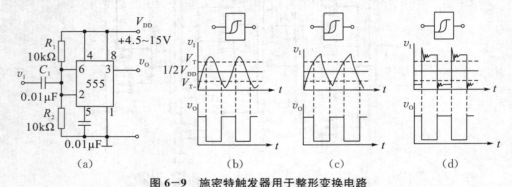

图 6-9 施密特触发器用于整形变换电路

555 可看成一个 R-S 电平型触发器，它的置位电平不大于 $\frac{1}{3}V_{DD}$，而其复位电平不小于 $\frac{2}{3}V_{DD}$（阈值电平）。因此，设置 $R_1 = R_2 = 10$ kΩ，使 2、6 脚的偏置电压在 $\frac{1}{2}V_{DD}$，介于两个阈值电平之间。

如图 6-9（b）所示，当输入的正弦波电压的瞬时电平低于 $\frac{1}{3}V_{DD}$ 时，555 置位，输出呈高电平；而当瞬时输入电压高于 $\frac{2}{3}V_{DD}$ 时，555 复位，输出呈低电平。在输出端得到规则的矩形脉冲，对波形进行了整形、变换。

脉冲信号在传输过程中前后沿产生了缓慢变化或振荡，使用施密特触发器，可进行整形，如图 6-9（c）、（d）所示。

由于施密特触发器两阈值电平为 $\frac{1}{3}V_{DD}$ 和 $\frac{2}{3}V_{DD}$，因而存在 $\frac{1}{3}V_{DD}$ 回差电压。

6.3.3.2 脉冲波幅度鉴别

施密特触发器输出状态决定于输入信号 v_I 的幅值，只有当输入信号 v_I 的幅值大于

它的 V_{T+} 的脉冲,电路才输出一个脉冲,而幅度小于 V_{T+} 的脉冲,电路则无脉冲输出,如图 6−10 所示。

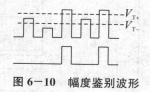

图 6−10 幅度鉴别波形

6.3.3.3 脉冲展宽电路

脉冲展宽电路原理图和工作波形图如图 6−11(a)、(b)所示。电容器 C 与集电极开路门反相器的输出端并联到施密特触发器输入端,与 R 组成积分电路。当输入 v_I 为高电平时,OC 开路门输出低电平,电容器 C 不能充电,$v_C=0$,施密特触发器输出 v_O 为高电平。若 v_I 为低电平,OC 开路门输出为高电平,但电容电压 v_C 不能跳变,V_{CC} 通过 R 对 C 充电,v_C 按指数规律上升。当 v_C 上升至稍大于 V_{T+} 时,施密特触发器输出才能从高电平跳变为低电平。显然 v_O 的脉宽比 v_I 的脉宽展宽了。展宽的大小与 RC 值有关。改变 RC 值的大小就可以改变施密特触发器输出脉冲的宽度。

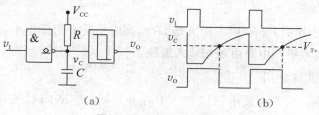

图 6−11 脉冲展宽电路

6.4 单稳态触发器

6.4.1 用 555 定时器组成单稳态触发器

6.4.1.1 电路组成

将 555 定时器的触发输入端 $\overline{TR}$ 作为触发信号 u_I 的输入端,同时将放电端 DIS 和阈值输入端 TH 相连接后与定时元件 R、C 相接,便组成了单稳态触发器,如图 6−12 所示。

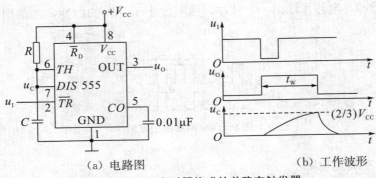

（a）电路图　　　　　　（b）工作波形

图 6-12　555 定时器构成的单稳态触发器

6.4.1.2　工作原理

参照图 6-12（b）所示波形讨论 555 定时器组成的单稳态触发器的工作原理。

1. 无触发信号输入时电路工作在稳定状态

当电路无触发信号时，u_I 保持高电平，电路工作在稳定状态，即输出端 u_O 保持低电平，555 内放电三极管 VT 饱和导通，引脚 7 "接地"，电容电压 u_C 为 0 V。

2. u_I 下降沿触发

当 u_I 下降沿到达时，555 触发输入端 $\overline{TR}$ 由高电平跳变为低电平，电路被触发，u_O 由低电平跳变为高电平，电路由稳态转入暂稳态。

3. 暂稳态的维持时间

在暂稳态期间，555 内放电三极管 VT 截止，V_{CC} 经 R 向 C 充电。时间常数 $\tau = RC$，电容电压 u_C 由 0 V 开始增大，在电容电压 u_C 上升到阈值电压 $\frac{2}{3}V_{CC}$ 之前，电路将保持暂隐态不变。

4. 自动返回稳态

当 u_C 上升至阈值电压 $\frac{2}{3}V_{CC}$ 时，输出电压 u_O 由高电平跳变为低电平，555 内放电三极管 VT 由截止转为饱和导通，引脚 7 "接地"，电容 C 经放电三极管对地迅速放电，电压 u_C 由 $\frac{2}{3}V_{CC}$ 迅速降至 0 V，保持低电平不变，电路返回稳定状态。

6.4.1.3　输出脉冲宽度 t_W 的计算

输出脉冲宽度就是暂稳态维持时间，也就是定时电容的充电时间。由图 6-12（b）所示电容电压 u_C 的工作波形不难看出 $u_C(t_1) \approx 0$ V，$u_C(\infty) = V_{CC}$，$u_C(t_2) = \frac{2}{3}V_{CC}$，代入 RC 过渡过程计算公式，可得：

$$t_W = RC \ln \frac{V_{CC} - 0}{V_{CC} - \frac{2}{3}V_{CC}} RC \ln 3$$

$$t_W = 1.1RC$$

单稳态特触发器使用输入触发脉冲的宽度必须小于 t_W，当输入触发脉冲宽度大于 t_W 时，应在 $\overline{TR}$ 输入端加 $R_i C_i$ 微分电路，即当 u_I 为宽脉冲时，让 u_I 经 RC 微分电路之后再接到 $\overline{TR}$ 输入端。不过微分电路的电阻应接到 V_{CC}，以保证在 u_I 下降沿未到来时，$\overline{TR}$ 端为高电平。

6.4.2　集成单稳态触发器

由于脉冲延迟、定时的需要，目前已生产了便于使用的集成单稳态触发器。这种集成器件除了定时电阻和定时电容外接之外，整个单稳电路都集成在一个芯片中。它具有定时范围宽、稳定性好、使用方便等优点，因此得到了广泛应用。

6.4.2.1　74LS121 非重触发单稳态触发器

74LS121 单稳态触发器的引脚图和逻辑符号如图 6-13（a）、（b）所示，其功能表如表 6-3 所示。该集成电路内部采用了施密特触发器的输入结构，因此，对于边沿较差的输入信号也能输出一个宽度和幅度恒定的矩形脉冲。输出脉宽为

$$T_W \approx 0.7 R_T C_T$$

式中，R_T 和 C_T 是外接定时元件，R_T（R_{ext}）的范围为 2～40 kΩ，C_T（C_{ext}）为 10 pF～1000 μF。C_T 接在 10、11 脚之间，R_T 接在 11、14 脚之间。如果不外接 R_T，则也可以直接使用阻值为 2 kΩ 的内部定时电阻 R_{int}，将 R_{int} 接 U_{CC}，即 9、14 脚相接。外接 R_T 时，9 脚开路。

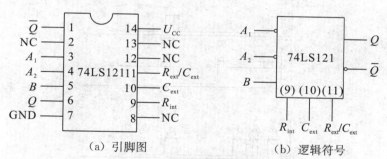

（a）引脚图　　　　　　　　（b）逻辑符号

图 6-13　集成触发器 74LS121

表 6-3　集成单稳态触发器 74LS121 的功能表

A_1	A_2	B	Q	$\overline{Q}$
L	×	H	L	H
×	L	H	L	H
×	×	L	L	H
H	H	×	L	H
H	↓	H	⊓	⊔
↓	H	H	⊓	⊔

续表

A_1	A_2	B	Q	$\bar{Q}$
↓	↓	H	⊓	⊔
L	×	↑	⊓	⊔
×	L	↑	⊓	⊔

74LS121 的主要性能如下。

(1) 电路在输入信号 A_1、A_2、B 号的所有静态组合下均处于稳态 $Q=0$，$\bar{Q}=1$。

(2) 有两种边沿触发方式。输入号 A_1 或 A_2 是下降沿触发，输入 B 是上升沿触发。由功能表可见，当 A_1、A_2 或 B 号中任一端输入相应触发脉冲时，在 Q 端输出一个正向定时脉冲，$\bar{Q}$ 端输出一个负向脉冲。例如，当 A_1 或 A_2 为低，B 号端有上升沿触发时，其输出波形如图 6—14 (a) 所示。

(3) 具有非重触发性。所谓非重触发性，是指在定时时间 T_W 内若有新的触发脉冲输入，则电路将不会产生任何响应，如图 6—14 (b) 所示（图中 P_B、P_C 不会引起电路重新触发）。

(4) 电路工作中存在死区时间。在定时时间 T_W 结束之后，定时电容岛有一段充电恢复时间，C_T 的恢复时间就是死区时间，记作 T_D。如果在此恢复时间内有输入触发脉冲，则输出脉冲宽度就会小于规定的定时时间 T_W。因此，若要得到精确的定时，则两个触发脉冲之间的最小间隔应大于 T_W+T_D，如图 6—14 (c) 所示。死区时间 T_D 的存在限制了这种单稳的应用场合。

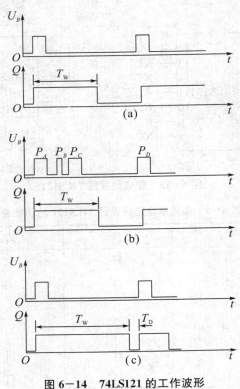

图 6—14 74LS121 的工作波形

6.4.2.2 74LS123 可重触发单稳态触发器

74LS123 是具有复位、可重触发的集成单稳态触发器，而且在同一芯片上集成了两个相同的单稳电路。其引脚图和逻辑符号如图 6—15（a）、（b）所示，功能表如表 6—4 所示。

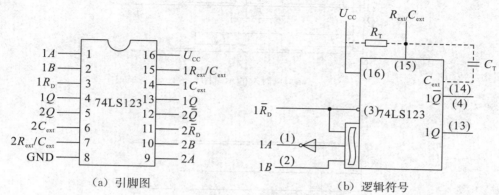

（a）引脚图　　　　　　（b）逻辑符号

图 6—15　集成触发器 74LS123

表 6—4　集成单稳态触发器 74LS123 的功能表

$\overline{R}_D$	A	B	Q	$\overline{Q}$
L	×	×	L	H
×	H	×	L	H
×	×	L	L	H
H	L	↑	⊓	⊔
H	↓	H	⊓	⊔
↑	L	H	⊓	⊔

74LS123 对于输入触发脉冲的要求和 74LS121 基本相同。其外接定时电阻 R_T（即 R_{ext}）的取值范围为 5～50 kΩ，对外接定时电容 C_T（即 C_{ext}）通常没有限制。输出脉宽为

$$T_W = 0.28 R_T C_T \left(1 + \frac{0.7}{R}\right)$$

当 $C_T \leqslant 1000$ pF 时，T_W 可通过查找有关图表求得。

单稳态触发器 74LS123 具有可重触发功能，并带有复位输入端 $\overline{R}_D$。所谓可重触发，是指该电路在输出定时时间 T_W 内可被输入脉冲重新触发。图 6—16（a）是重触发的示意图。不难看出，采用可重触发可以方便地产生持续时间很长的输出脉冲，只要在输出脉冲宽度 T_W 结束之前再输入触发脉冲，就可以延长输出脉冲宽度。直接复位功能可以使输出脉冲在预定的任何时期结束，而不由定时电阻 R_T 和电容 C_T 取值的大小来决定。在预定的时刻加入复位脉冲就可以实现复位，提前结束定时，其复位关系如图 6—16（b）所示。

还需指出，这种单稳态触发器不存在死区时间。因此，在 T_W 结束之后立即输入新的触发脉冲，电路可以立即响应，不会使新的输出脉冲的宽度小于给定的 T_W，这一特性如图 6-16（c）所示。

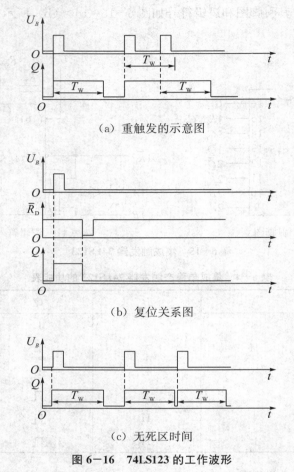

（a）重触发的示意图

（b）复位关系图

（c）无死区时间

图 6-16　74LS123 的工作波形

由于这种触发器可重触发且没有死区时间，因此它的用途十分广泛。

6.5　多谐振荡器

多谐振荡器是一种脉冲波形的产生电路，它无须外加触发信号，在接通电源后，就能产生一定频率和一定幅值矩形脉冲的自激振荡器，常作为脉冲信号源。当要求振荡频率很稳定时，常采用石英晶体多谐振荡器。因产生的矩形脉冲中含有丰富的高次谐波分量，故习惯称为多谐振荡器。多谐振荡器的特点是：

（1）在工作过程中没有稳定的状态，只有两个暂稳态，所以又称为无稳态电路；

（2）通过电容的充电和放电，使两个暂稳态相互交替，从而产生自励振荡，输出周期性的矩形脉冲信号。

6.5.1　用门电路组成的多谐振荡器

6.5.1.1　不对称式多谐振荡器

由 CMOS 门电路和 RC 定时电路组成的不对称式多谐振荡器如图 6-17 所示。由于 G_1 和 G_2 的外部电路不对称，故又称不对称多谐振荡器。为了使电路产生振荡，要求 G_1 和 G_2 工作中电压传输特性的转折区，即工作在放大区，$u_{I1} = u_{I2} = U_{TH} = \dfrac{V_{DD}}{2}$。

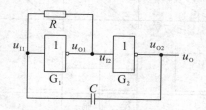

图 6-17　CMOS 不对称式多谐振荡器

其具体工作原理如下。

1. 第一稳态及电路自动翻转过程

在接通电源后，由于都工作在转折区，由于电源电压的变化和干扰等影响，假如使有微小的下降时，就会产生下列正反馈过程：

$$u_{I1} \downarrow \longrightarrow u_{O1}\,(u_{I2}) \uparrow \longrightarrow u_{O2} \downarrow$$

结果使 G_1 迅速截止、G_2 迅速饱和，u_{O1} 迅速跳至高电平 V_{DD}，u_{O2} 迅速跳至低电平 0 V，即 $u_{O1}=1$，$u_{O2}=0$，电路进入第一暂稳态。由于电容两端的电压不能突变，u_{I1} 也应与 u_{O2} 下跳同样的幅度，u_{I1} 本应该降至 $U_{TH}-V_{DD}$，但由于 G_1 内部下面保护二极管钳位作用，u_{I1} 实际仅上跳至 0 V 左右。随后，u_{O1} 的高电平经 R、C 和 G_2 的输出电阻（此时因导通很小）从左向右对电容 C 进行充电，此时 $u_{I1}=u_c$，使 u_{I1} 随之按指数规律上升。

2. 第二暂稳态及电路自动翻转过程

当上升时，会产生下列正反馈过程：

$$u_{I1} \uparrow \longrightarrow u_{O1}\,(u_{I2}) \downarrow \longrightarrow u_{O2} \downarrow$$

结果使 G_1 迅速饱和、G_2 迅速截止，u_{O1} 迅速跳至低电平 0 V，u_{O2} 迅速跳至高电平 V_{DD}，即 $u_{O2}=0$，$u_{O2}=1$，电路进入第二暂稳态。由于电容两端的电压不能突变，u_{I1} 也应与 u_{O2} 上跳同样的幅度，u_{I1} 本应该升至 $U_{TH}+V_{DD}$，但由于 G_1 内部上面保护二极管钳位作用，u_{I1} 实际仅上跳至 V_{DD}。随后，u_{O2} 的高电平经 C、R 和 G_1 的输出电阻（此时因导通很小）从右向左对电容 C 进行反向充电（即 C 放电），此时 $u_{I1}=V_{DD}-u_c$，使 u_{I1} 随之按指数规律下降。

3. 返回过程

当 u_{I1} 下降时，G_1 迅速截止、G_2 迅速饱和，$u_{O1}=1$，$u_{O2}=0$，电路返回第一暂稳态。

从分析不难看出，多谐振荡器两个暂稳态的转换过程是通过对电容 C 的充放电作用实现的，电容的充、放电作用又集中体现在 u_{I1} 的变化上。由分析过程可得到多谐振荡的工作波形，如图 6-18 所示。

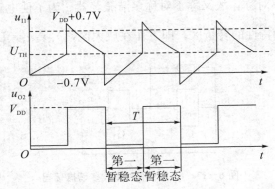

图 6-18 不对称式多谐振荡器的工作波形

多谐振荡器的振荡周期与两个暂稳态时间有关，两个暂稳态时间分别由电容的充、放电时间决定。设电路的第一暂稳态和第二暂稳态时间分别为 T_1 和 T_2，根据上述原理分析和 RS 电路的过渡过程的时间间隔公式可得：

$$T_1 = RC \ln \frac{V_{DD} - (-0.7)}{V_{DD} - U_{TH}} \approx RC \ln \frac{V_{DD} - 0}{V_{DD} - \frac{V_{DD}}{2}} = RC \ln 2 \approx 0.7RC$$

$$T_2 = RC \ln \frac{0 - (V_{DD} + 0.7)}{0 - U_{TH}} \approx RC \ln \frac{0 - V_{DD}}{0 - \frac{V_{DD}}{2}} = RC \ln 2 \approx 0.7RC$$

6.5.1.2 对称式多谐振荡器

由 TTL 门电路和 RC 定时电路组成的对称式多谐振荡器如图 6-19 所示。合理选择 R_1 和 R_2，使 G_1 和 G_2 工作在电压传输特性的转折区，即工作在放大区。

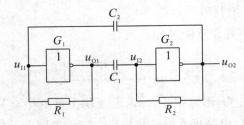

图 6-19 TTL 对称式多谐振荡器

其工作原理如下。

1. 第一稳态及电路自动翻转过程

在接通电源后，由于都工作在转折区，由于电源电压的变化和干扰等影响，假如使有微小的下降时，就会产生下列正反馈过程：

$$u_{I1} \uparrow \rightarrow u_{O1} \downarrow \rightarrow u_{I2} \downarrow \rightarrow u_{O2} \uparrow$$

结果使 G_1 迅速饱和，u_{O1} 迅速跳至低电平 U_{OL}；由于电容 C_1 两端的电压不能突变，u_{I2} 也随之下跳变，但由于 G_2 内部下面保护二极管钳位作用，u_{I2} 实际仅下跳至 -0.7 V，使 G_2 迅速截止，u_{O2} 迅速跳至高电平 U_{OH}；由于电容 C_2 两端的电压不能突变，u_{I1} 跳变同样的幅度，$u_{I1}=U_{TH}+$ $(U_{OH}-U_{OL})$（TTL 集成门电路内部不需要保护二极管），即 $u_{O1}=0$，$u_{O2}=1$，电路进入第一暂稳态。随后，u_{O2} 的高电平经 R_2、C_1 和 G_1 的输出电阻从右向左对电容 C_1 进行充电，且此时 V_{CC} 通过 G_2 内部电阻对电容 C_1 充电，此时 $u_{I2}=u_{C1}$，使 u_{I2} 随之按指数规律很快上升。同时，u_{O2} 的高电平经 C_2、R_1 和 G_1 的输出电阻（此时因导通很小）从右向左对电容 C_2 进行反向充电（即 C_2 放电），此时 $u_{I1}=U_{OH}-u_{C2}$，使 u_{I1} 随之按指数规律下降。

2. 第二暂稳态及电路自动翻转过程

由于集成门电路内电路的影响，C_1 的充电比 C_2 的放电快，当 u_{I2} 首先上升到时 U_{OH}，会产生另一个正反馈过程：

$$u_{I2} \uparrow \rightarrow u_{O2} \downarrow \rightarrow u_{I1} \downarrow \rightarrow u_{O1} \downarrow$$

结果使 G_2 迅速饱和，u_{O2} 迅速跳至低电平 U_{OL}；由于电容 C_2 两端的电压不能突变，u_{I1} 也随之下跳变，但由于 G_1 内部下面保护二极管钳位作用，u_{I1} 实际仅下跳至 -0.7 V，使 G_1 迅速截止，u_{O1} 迅速跳至高电平 U_{OH}；由于电容 C_1 两端的电压不能突变，u_{I2} 跳变同样的幅度，$u_{I2}=U_{TH}+$ $(U_{OH}-U_{OL})$，即 $u_{O1}=1$，$u_{O2}=0$，电路进入第二暂稳态。随后，u_{O1} 的高电平经 R_1、C_2 和 G_2 的输出电阻（此时因导通很小）从左向右对电容 C_2 进行充电，且此时 V_{CC} 通过 G_1 内部电阻对电容 C_2 充电，此时 $u_{I1}=u_{C2}$，使 u_{I1} 随之按指数规律很快上升。同时，u_{O1} 的高电平经 C_1、R_2 和 G_2 的输出电阻从左向右对电容 C_1 进行反向充电（即 C_1 放电），此时 $u_{I2}=U_{OH}-u_{C1}$，使 u_{I2} 随之按指数规律下降。

3. 返回过程

同理，充电比放电快，u_{I1} 首先上升到降到 U_{TH} 时，G_1 迅速饱和，G_2 迅速截止，即 $u_{O1}=0$，$u_{O2}=1$，电路返回第一暂稳态。

由分析过程可得到多谐振荡的工作波形，如图 6-20 所示。

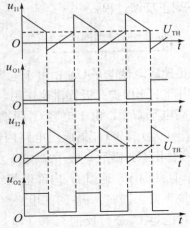

图 6-20 对称多谐振荡器的工作波形

对称式多谐振荡器的振荡周期与两个暂稳态时间有关，两个暂稳态时间分别由电容 C_1 和 C_2 的充、放电时间决定。设电路的第一暂稳态和第二暂稳态时间分别为 T_1 和 T_2。

当取 TTL 电路的 $U_{OH} = 3.6$ V、$U_{OL} = 0.3$ V、$U_{TH} = 1.4$ V、$R_1 = R_2 = R$、$C_1 = C_2 = C$ 时，根据上述原理分析和 RS 电路的过渡过程的时间间隔公式可得：

$$T_1 = R_2 C_1 \ln \frac{(U_{OH} - U_{OL}) - (-0.7)}{(U_{OH} - U_{OL}) - U_{TH}} \approx R_2 C_1 \ln \frac{3.3 + 0.7}{3.3 - 1.4} \approx R_2 C_1 \ln 2$$

$$T_2 = R_1 C_2 \ln \frac{(U_{OH} - U_{OL}) - (-0.7)}{(U_{OH} - U_{OL}) - U_{TH}} \approx R_1 C_2 \ln \frac{3.3 + 0.7}{3.3 - 1.4} \approx R_1 C_2 \ln 2$$

$$T = T_1 + T_2 = R_2 C_1 \ln 2 + R_1 C_2 \ln 2 \approx 1.4 RC$$

6.5.2 用 555 定时器组成多谐振荡器

6.5.2.1 电路组成

用 555 定时器组成的多谐振荡器如图 6-21 所示，将定时器的阈值输入端 TH 和触发器输入端 $\overline{TR}$ 相连后对地接电容 C，电源 V_{cc} 通过电阻 R_1、R_2 与电容相连接，放电端 DIS 和定时元件 R_1、R_2、C 相连接。

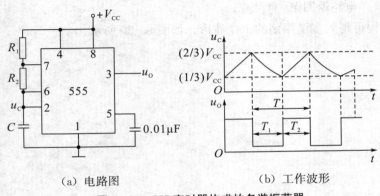

（a）电路图　　　　　　　　　（b）工作波形

图 6-21　555 定时器构成的多谐振荡器

6.5.2.2　工作原理

1. 第一暂稳态

多谐振荡器只有两个暂稳态。假设当电源接通后，电路处于某一暂稳态，电容 C 上电压 u_c 略低于 $\frac{1}{3}V_{CC}$，u_O 输出高电平，VT 截止，电源 V_{CC} 通过 R_1、R_2 给电容 C 充电。随着充电的进行 u_c 逐渐增高，但只要 $\frac{1}{3}V_{CC}<u_c<\frac{2}{3}V_{CC}$，输出电压 u_O 就一直保持高电平不变，这就是第一个暂稳态。

2. 第二暂稳态

当电容 C 上的电压 u_c 略微超过 $\frac{2}{3}V_{CC}$ 时，RS 触发器置 0，使输出电压 u_O 从原来的高电平翻转到低电平，即 $u_O=0$，VT 导通饱和，此时电容 C 通过 R_2 和 VT 放电。随着电容 C 放电，u_c 下降，但只要 $\frac{2}{3}V_{CC}>u_c>\frac{1}{3}V_{CC}$，$u_O$ 就一直保持低电平不变，这就是第二个暂稳态。

当 U_c 下降到略微低于 $\frac{1}{3}V_{CC}$ 时，RS 触发器置 1，电路输出又变为 $u_O=1$，VT 截止，电容 C 再次充电，又重复上述过程，电路输出便得到周期性的矩形脉冲。其工作波形如图 6-21（b）所示。

3. 振荡周期 T 的估算

电容充电时间 T_1，其为电容 u_c 从 $\frac{1}{3}V_{CC}$ 充到 $\frac{2}{3}V_{CC}$ 所需要的时间。时间常数 $\tau_1=(R_1+R_2)C$，带入 RC 过渡过程计算公式进行计算：

$$T_1=\tau_1\ln\frac{V_{CC}-\frac{1}{3}V_{CC}}{V_{CC}-\frac{2}{3}V_{CC}}=(R_1+R_2)\ln2=0.7(R_1+R_2)C$$

电容放电时间 T_2，其为电容 u_c 从 $\frac{1}{3}V_{CC}$ 放到 $\frac{2}{3}V_{CC}$ 所需要的时间。时间常数 $\tau_2=R_2C$，带入 RC 过渡过程计算公式进行计算：

$$T_2=0.7R_2C$$

电路振荡周期 T：

$$T=T_1+T_2=0.7(R_1+2R_2)C$$

电路振荡频率 f 为：

$$f=\frac{1}{T}\approx\frac{1.43}{(R_1+2R_2)C}$$

4. 占空比可调的多谐振荡器电路

在图 6-20 所示电路中，由于电容 C 的充电时间常数 $\tau_1=(R_1+R_2)C$，放电时间常数 $\tau_2=R_2C$，故 T_1 总是大于 T_2，u_O 的波形不仅不可能对称，而且占空比 q 不易调节。利用半导体二极管的单向导电特性，把电容 C 充电和放电回路隔离开来，再加上一个电位器，便可构成占空比可调的多谐振荡器，如图 6-22 所示。

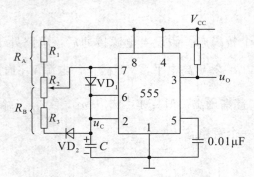

图 6-22　占空比可调的多谐振荡器电路

由于二极管的引导作用，电容 C 的充电时间常数 $\tau_1 = R_A C$，放电时间常数 $\tau_2 = R_B C$。通过与上面相同的分析计算过程可得 $T_1 = 0.7 R_A C$，$T_2 = 0.7 R_B C$，占空比：

$$q = \frac{T_1}{T} = \frac{T_1}{T_1 + T_2} = \frac{0.7 R_A C}{0.7 R_A C + 0.7 R_B C} = \frac{R_A}{R_A + R_B}$$

只要改变电位器滑动端的位置，就可以方便地调节占空比 q，当 $R_1 = R_2$ 时，$q = 0.5$，u_O 就成为对称的矩形波。

6.5.3　用施密特触发器构成多谐振荡器

6.5.3.1　电路组成

用施密特触发器构成的多谐振荡器的电路如图 6-23 所示，将施密特触发器的输出端经 RC 积分电路接回其输入端即可。

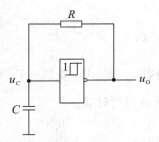

图 6-23　用施密特触发器构成的多谐振荡器

6.5.3.2　工作原理

设接通电源瞬间，电容 C 上的初始电压为 0，则输出电压。u_O 为高电平。此时 u_O 通过对电容 C 充电，当 u_C 按指数规律上升到正向阈值电压 U_{T+} 时，施密特触发器发生翻转，u_O 变为低电平。此后，电容 C 通过电阻 R 开始放电，u_C 按指数规律下降，当 u_C 下降到负向阈值电压 U_{T-} 时，电路又发生翻转，u_O 又跳变为高电平，对电容 C 充电。如此周而复始,在电路输出端,得到一定频率的矩形脉冲,对应的工作波形如图 6-24 所示。

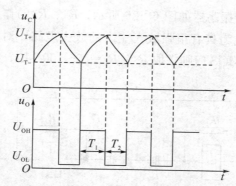

图 6-24 用施密特触发器构成多谐振荡器的工作波形

6.5.4 石英晶体多谐振荡器

在许多数字系统中,都要求时钟脉冲频率十分稳定,例如在数字钟表里,计数脉冲频率的稳定性,就直接决定着计时的精度。在上面介绍的多谐振荡器中,由于其工作频率取决于电容 C 充、放电过程中电压到达转换值的时间,因此稳定度不够高。这是因为:第一,转换电平易受温度变化和电源波动的影响;第二,电路的工作方式易受干扰,从而使电路状态转换提前或滞后;第三,电路状态转换时,电容充、放电的过程已经比较缓慢,转换电平的微小变化或者干扰,对振荡周期影响都比较大。一般在对振荡器频率稳定度要求很高的场合,都需要采取稳频措施,其中最常用的一种方法,就是利用石英谐振器(简称石英晶体或晶体)构成石英晶体多谐振荡器。

6.5.4.1 石英晶体的选频特性

石英晶体有两个谐振频率,如图 6-25 所示。当 $f=f_s$ 时,为串联谐振,石英晶体的电抗 $X=0$;当 $f=f_p$ 时,为并联谐振,石英晶体的电抗无穷大。由晶体本身的特性决定:$f_s \approx f_p \approx f_0$(晶体的标称频率)石英晶体的选频特性极好,$f_0$ 十分稳定。

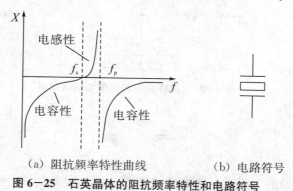

(a)阻抗频率特性曲线　　(b)电路符号

图 6-25 石英晶体的阻抗频率特性和电路符号

6.5.4.2 串联式石英晶体多谐振荡器

串联式石英晶体多谐振荡器如图 6−26 所示。R_1、R_2 的作用是使两个反相器在静态时都工作在转折区，成为具有很强放大能力的放大电路。对于 TTL 门，常取 $R_1 = R_2 = 0.7 \sim 2\ k\Omega$，若是 CMOS 门则常取 $R_1 = R_2 = 10 \sim 100\ M\Omega$；$C_1 = C_2$ 是耦合电容。

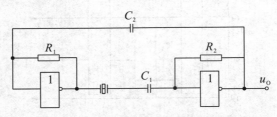

图 6−26　串联式石英晶体多谐振荡器

石英晶体工作在串联谐振频率 f_0 下，只有频率为 f_0 的信号才能通过，满足振荡条件。因此，电路的振荡频率 $f = f_0$，与外接元件 R、C 无关，所以这种电路振荡频率的稳定度很高。

6.5.4.3 并联式石英晶体多谐振荡器

并联式石英晶体多谐振荡器如图 6−27 所示。R_F 是偏置电阻，保证在静态时使 G_1 工作转折区，构成一个反相放大器。晶体工作在 f_s 与 f_p 之间，等效与电感，与 C_1、C_2 共同构成电容三点式振荡电路。电路的振荡频率为 f_0。反相器 G_2 起整形缓冲作用，同时 G_2 还可以隔离负载对振荡电路工作的影响。

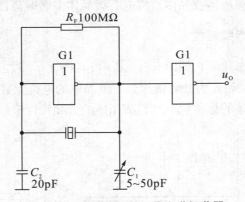

图 6−27　并联式石英晶体多谐振荡器

习　题

1. RC 电路如题图 1 所示。已知 $E = +5\ V$，$R_1 = 30\ k\Omega$，$R_2 = 10\ k\Omega$，$C = 0.05\ \mu F$。

（1）当 $t = 0$ 时，S_1 合上，S_2 断开，经过多长时间后电容上的电压 $U_C(t) = \dfrac{10}{3}\ V$？

（2）当 U_c（t）$=\dfrac{10}{3}$ V 时，断开 S_1，合上 S_2，经过多长时间 U_c（t）$=\dfrac{5}{3}$ V？

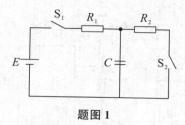

题图 1

2. 单稳触发器的输入、输出波形如题图 2 所示。已知 $U_{CC}=5$ V，给定的电容 $C=0.47\ \mu$F，试画出用 555 定时芯片接成的电路，并确定电阻 R 的取值。

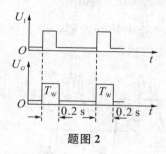

题图 2

3. 两片 555 定时器构成题图 3 所示的电路。

（1）在图示元件参数下，估算 U_{O1}、U_{O2} 端的振荡周期 T。

（2）定性画出 U_{O1}、U_{O2} 的波形，说明电路具备何种功能。

（3）若将 555 芯片的 U_{∞}（5 脚）改接 $+4$ V，对电路的参数有何影响？

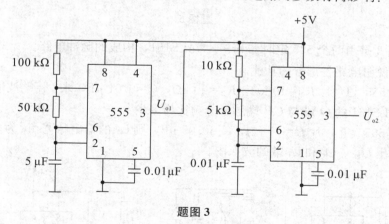

题图 3

4. 用 555 定时器构成发出"叮咚"声响的门铃电路如题图 4 所示，试分析其工作原理。

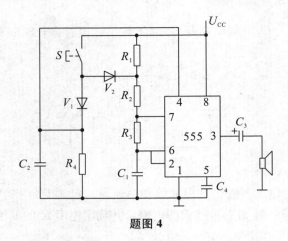

题图 4

5. 试用 555 定时器构成一个施密特触发器，以实现题图 5 所示的鉴幅功能。画出芯片的连接图，并标明有关的参数值。

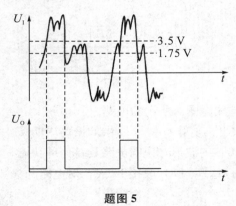

题图 5

6. 题图 6 是由两个 555 定时器和一片 74LS161，构成的脉冲电路。

(1) 试说明电路各部分的功能。

(2) 若 555（I）片 $R_1 = 10\ k\Omega$，$R_2 = 20\ k\Omega$，$C = 0.01\ \mu F$，求 U_{O1} 端波形的周期 T。

(3) 74LS161 的 O_c 端与 CP 端脉冲分频比为多少？

(4) 若 555（II）片 $R = 10\ k\Omega$，$C = 0.05\ \mu F$，则 U_O 的输出脉宽 T_w 为多少？

(5) 画出 U_{O1}、O_C 和 U_O 端的波形图。

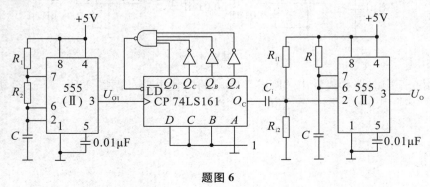

题图 6

7. 题图 7（a）～（f）所示 U_I、U_O 的波形各应选何种电路才能实现？

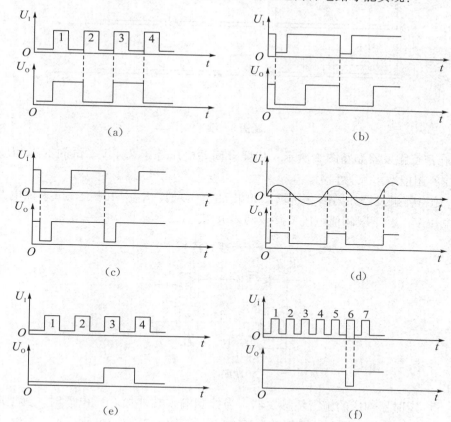

题图 7

8. 题图 8（a）～（c）所示 U_I、U_O 的波形各应选何种电路才能实现？

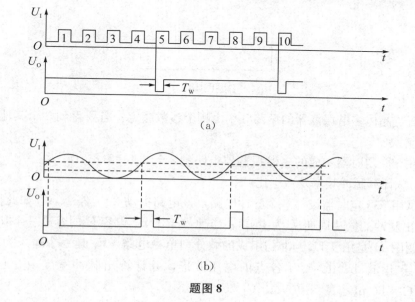

题图 8

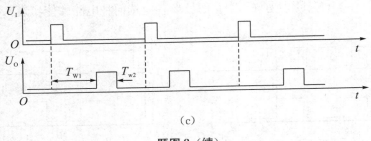

(c)

题图 8（续）

9. 施密特触发器如题图 9 所示，如要求回差电压等于 2.4 V，试问 R_{E1}、R_{E2} 的比值是多少？阻值取多大为宜？

10. 施密特触发器如题图 9 所示，如果 $R_{E1}=50\ \Omega$、$R_{E2}=100\ \Omega$，试求该电路的上限阈值电压 V_{T+}、下限阈值电压 V_{T-} 及回差电压 ΔV。

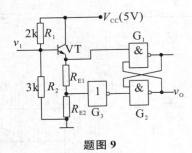

题图 9

11. 555 定时器构成的施密特触发器，当控制输入端外加 6 V 电压时，其上限阈值电压 V_{T+}、下限阈值电压 V_{T-} 及回差电压 ΔV 是多少？

12. 用 TTL 与非门构成的环形振荡器如题图 10 所示，试分析其工作原理，并画出各个与非门输出端波形。

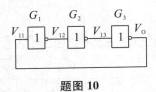

题图 10

13. 石英晶体多谐振荡器的振荡频率由哪个参数决定？若要得到多个其他频率的信号，如何解决？

14. 在 555 定时器构成的多谐振荡器电路中，若 $R_A=1.8\ \text{k}\Omega$、$R_B=3.6\ \text{k}\Omega$、$C=0.02\ \mu\text{F}$，试计算脉冲频率及占空比。

15. 试用 555 定时器设计一个脉冲电路，该电路振动 20 s 停 10 s，如此循环下去。该电路输出脉冲的振荡周期 T 为 1 s，占空比等于 1/2。电容 C 的容量一律取 10 μF。

16. 题图 11 是用 TTL 与非门组成的微分型单稳电路，V_I 是一个输入为 2 μs 的负脉冲。试绘出 a、b、d、e、f 各点的电压波形，并计算出脉冲宽度 t_w。已知 $R_1=4.7\ \text{k}\Omega$、$C_1=50\ \text{pF}$、$R_2=470\ \Omega$、$C_2=0.1\ \mu\text{F}$。

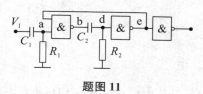

题图 11

17. 利用集成单稳态触发器 74121 设计一个逻辑电路。它的输入波形及要求产生的输出波形示于题图 12。

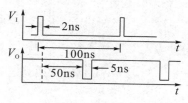

题图 12

18. 利用集成单稳态触发器 74121 产生脉宽为 500 ns 的负脉冲（输入信号上升边触发），试画出电路图。

19. 试确定题图 13 的微分型单稳态触发器的最高工作频率。

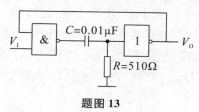

题图 13

20. 试用 555 定时器设计一个单稳态触发器，要求输出脉冲宽度在 $1\sim10$ s 的范围内连续可调，取定时电容 $C=10$ μF。

第7章 数模和模数转换器

7.1 概述

随着数字电子技术的迅速发展，尤其是计算机在自动检测、自动控制以及许多其他领域中的广泛应用，用数字技术来处理模拟信号已非常普遍。

为了用数字技术来处理模拟信号，必须把模拟信号转换成数字信号，才能送入数字系统进行处理。同时，往往还需要把处理后的数字信号转换成模拟信号，作为最后的输出。我们把从模拟信号转换到数字信号称为模数转换，或称为 A/D（Analog to Digital）转换，把从数字信号转换到模拟信号称为数模转换，或称为 D/A（Digital to Analog）转换。同时，把实现 A/D 转换的电路称为 A/D 转换器（ADC，Analog－Digital Converter）；把实现 D/A 转换的电路称为 D/A 转换器（DAC，Digital－Analog Converter）。

为了保证数据处理的准确性，A/D 转换器和 D/A 转换器必须达到一定的转换精度。同时，为了适应快速过程的检测和控制，A/D 转换器和 D/A 转换器必须有足够快的转换速度。

目前常见的 D/A 转换器有权电阻网络 D/A 转换器、倒 T 型电阻网络 D/A 转换器等。A/D 转换器的类型也有多种，可以分为直接 A/D 转换器和间接 A/D 转换器两大类。在直接 A/D 转换器中，输入的模拟信号直接被转换成相应的数字信号；在间接 A/D 转换器中，输入的模拟信号先被转换成某种中间变量（如电压、频率等），然后将中间变量转换为最后的数字量。

考虑到 D/A 转换器的工作原理比较简单，而在有些 A/D 转换器中需要用到 D/A 转换器作为内部反馈电路，所以首先讨论 D/A 转换器的工作原理，再介绍 A/D 转换器。

7.2 数模转换器

7.2.1 数模转换器的基本工作原理

数模转换器是将输入的二进制数字信号转换成模拟信号，以电压或电流的形式输出。因此，数模转换器可以看做是一个译码器。一般常用的线性数模转换器其输出模拟电压 U 和输入数字量 D 之间成正比关系，即 $U = KD$，式中，K 为常数。

数模转换器的一般结构如图 7-1 所示。图中，数据锁存器用来暂时存放输入的数字信号；n 位寄存器的并行输出分别控制 n 个模拟开关的工作状态；通过模拟开关，将参考电压按权关系加到电阻解码网络。

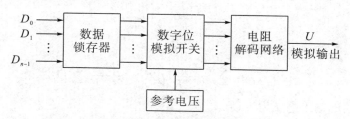

图 7-1 数模转换器的一般结构

电阻解码网络是一个加权求和电路，通过它把输入数字量 D 中的各位 1 按位权变换成相应的电流，再经过运算放大器求和，最终获得与 D 成正比的模拟电压 U。

7.2.2 数模转换器的主要电路形式

下面分别介绍权电阻网络数模转换器和倒 T 型电阻网络数模转换器。

7.2.2.1 权电阻网络数模转换器

n 位权电阻网络数模转换器如图 7-2 所示。它由数据锁存器、模拟电子开关（S_i）、权电阻解码网络、运算放大器（A）及基准电压 U_R 组成。

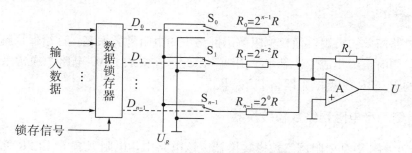

图 7-2 权电阻网络数模转换器

开关 S_i 的位置受数据锁存器输出的数码 D_i 控制。当 $D_i = 1$ 时，S_i 将电阻网络中相应的电阻 R_i 和基准电压 U_R 接通，当 $D_i = 0$，S_i 将电阻 R_i 接地。

权电阻网络由 n 个电阻（$2^0 R \sim 2^{n-1} R$）组成，电阻值的选择应使流过各电阻支路的电流 I_i 和对应 D_i 位的权值成正比。例如，数码最高位 D_{n-1} 的权值为 2^{n-1}，驱动开关为 S_{n-1}，连接的电阻 $R_{n-1} = 2^{n-1-(n-1)} = 2^0 R$；最低位为 D_0，驱动开关为 S_0，连接的权电阻为 $R_0 = 2^{n-1-(0)} = 2^{n-1} R$。因此，对于任意位 D_i，其权值为 2^i，驱动开关为 S_i，连接的权电阻值为 $R_i = 2^{n-1-i} R$，即位权（i）越大，对应的权电阻值就越小。

集成运算放大器作为求和权电阻网络的缓冲，主要用来减少输出模拟信号负载变化的影响，并将电流转换为电压输出。

当 $D_i = 1$ 时，S_i 将相应的权电阻 $R_i = 2^{n-1-i}R$ 与基准电压 U_R 接通，此时，由于运算放大器负输入端为虚地，因此该支路产生的电流为：$I_i = \dfrac{U_R}{2^{n-1-i}R} = \dfrac{U_R}{2^{n-1}R}2^i$；当 $D_i = 0$ 时，由于 S_i 接地，$I_i = 0$，因此，对于 D_i 位所产生的电流应表示为

$$I_i = \frac{U_R D_i}{2^{n-1-i}R} = \frac{U_R}{2^{n-1}R}2^i D_i$$

运算放大器总的输入电流为

$$I = \sum_{i=0}^{n-1} I_i = \sum_{i=0}^{n-1} \frac{U_R}{2^{n-1}R}D_i 2^i = \frac{U_R}{2^{n-1}R}\sum_{i=0}^{n-1} D_i 2^i$$

运算放大器的输出电压为

$$U = -R_f I = -\frac{R_f U_R}{2^{n-1}}\frac{1}{R}\sum_{i=0}^{n-1} D_i 2^i$$

若 $R_f = \dfrac{1}{2}R$，则代入上式后得：

$$U = -\frac{R_f U_R}{2^{n-1}R}\sum_{i=0}^{n-1} D_i 2^i = -\frac{U_R}{2^n}\sum_{i=0}^{n-1} D_i 2^i$$

由上式可见，输出模拟电压 U 的大小与输入二进制数的大小成正比，实现了数字量到模拟量的转换。

当 $D = D_{n-1}\cdots D_0 = 0$ 时，$U = 0$。

当 $D = D_{n-1}\cdots D_0 = 11\cdots 1$ 时，最大输出电压 $U_m = -\dfrac{2^n - 1}{2^n}U_R$，因而 U 的变化范围是 $0 \sim -\dfrac{2^n - 1}{2^n}U_R$。

这种电路简单、直观，但权电阻解码网络中的电阻种类太多，这给保证精度带来了很大困难，同时也给集成工艺带来了困难。因此，在集成 DAC 电路中通常采用电阻值种类较少的 $R-2R$ T 型电阻网络 DAC 电路。

7.2.2.2 倒 T 型电阻网络数模转换器

图 7-3 为倒 T 型电阻网络数模转换器。该电路中，电阻只有 R 和 $2R$ 两种，构成 T 型网络。开关 $S_{n-1} \sim S_0$ 是在运算放大器求和点（虚地）和地之间转换，因此，无论开关在任何位置，电阻 $2R$ 总是和地相接，因而流过 $2R$ 电阻上的电流不随开关位置的变化而变化，是恒流，开关速度较高。

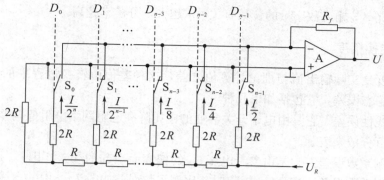

图 7-3 倒 T 型电阻网络数模转换器

从图 7-3 中可以看出，由 U_R 向里看的等效电阻为 R，数码无论是 0 还是 1，开关 S_i 都相当于接地。因此，由 U_R 流出的总电流为 $I = \dfrac{U_R}{R}$，而流入 $2R$ 支路的电流以 $\dfrac{1}{2}$ 的倍数递减，因此流入运算放大器的电流为

$$I_{\sum} = D_{n-1}\frac{I}{2^1} + D_{n-2}\frac{I}{2^2} + \cdots + D_1\frac{I}{2^{n-1}} + D_0\frac{I}{2^n}$$

$$= \frac{I}{2^n}(D_{n-1}2^{n-1} + D_{n-2}2^{n-2} + \cdots + D_1 2^1 + D_0 2^0)$$

$$= \frac{I}{2^n}\sum_{i=0}^{n-1}D_i 2^i$$

运算放大器的输出电压为

$$U = -I_{\sum}R_f = -\frac{IR_f}{2^n}\sum_{i=0}^{n-1}D_i 2^i$$

若 $R_f = R$，将 $I = \dfrac{U_R}{R}$ 代入上式，则有：

$$U = -\frac{U_R}{2^n}\sum_{i=0}^{n-1}D_i 2^i$$

可见，输出模拟电压正比于数字量的输入。

倒 T 型电阻网络的特点是电阻种类少，只有 R 和 $2R$ 两种。因此，可以提高制作精度，在动态转换过程中对输出不易产生尖峰脉冲干扰，有效地减小了动态误差，提高了转换速度。倒 T 型电阻网络数模转换器是目前转换速度较高且使用较多的一种。

7.2.3 数模转换器的主要技术指标

7.2.3.1 分辨率

分辨率指输入数字量从全 0 变化到最低有效位为 1 时，对应输出可分辨的电压变化量 ΔU 与最大输出电压 U_m 之比，即

$$分辨率 = \frac{\Delta U}{U_m} = \frac{1}{2^n - 1}$$

分辨率越高，转换时对输入量的微小变化的反应越灵敏。在电路的稳定性和精度能

保证时，分辨率与输入数字量的位数有关，n 越大，分辨率越高。

7.2.3.2　转换精度

转换精度是实际输出值与理论计算值之差，这种差值由转换过程中的各种误差引起，主要指静态误差，它包括如下几种。

（1）非线性误差。它是由电子开关导通的电压降和电阻网络电阻值偏差产生的，常用满刻度的百分数来表示。

（2）比例系数误差。它是由参考电压 U_R 的偏离而引起的误差，因 U_R 是比例系数，故称之为比例系数误差。当 ΔU_R 一定时，比例系数误差如图 7-4 中的虚线所示。

（3）漂移误差。它是由运算放大器的零点漂移产生的误差。当输入数字量为零时，由于运算放大器的零点漂移，输出模拟电压并不为 0。这使输出电压特性与理想电压特性之间产生一个相对位移，如图 7-5 中的虚线所示。

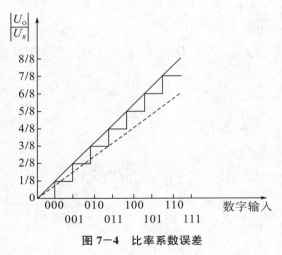

图 7-4　比率系数误差

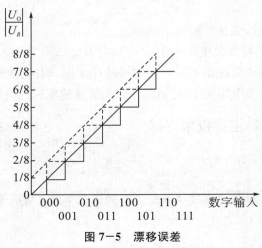

图 7-5　漂移误差

7.2.3.3　建立时间

从数字信号输入 DAC 起，到输出电流（或电压）达到稳态值所需的时间称为建立时间。建立时间的大小决定了转换速度。目前 10～12 位单片集成数模转换器（不包括运算放大器）的建立时间可以在 1 μs 以内。

7.2.4　八位集成数模转换器 DAC0832

集成 DAC0832 是单片 8 位数模转换器，它可以直接与 Z80、8080、MCS51 等微处理器相连。其结构框图和引脚排列图如图 7-6（a）、（b）所示。

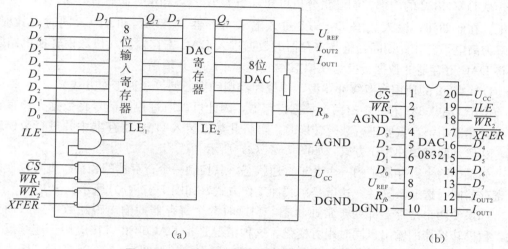

（a）　　　　　　　　　　　　　　（b）

图 7-6　集成 DAC0832 的结构框图与引脚排列图

集成 DAC0832 由一个 8 位输入寄存器、一个 8 位 DAC 寄存器和一个 8 位数模转换器三大部分组成。数模转换器采用了倒 T 型 $R-2R$ 电阻网络。由于 DAC0832 有两个可以分别控制的数据寄存器，所以在使用时有较大的灵活性，可根据需要接成不同的工作方式。DAC0832 中无运算放大器，且是电流输出，使用时必须外接运算放大器。芯片中已设置了 R 值，只要将 9 脚接到运算放大器的输出端即可。若运算放大器增益不够，则还需外加反馈电阻。

器件上各引脚的名称和功能如下：

ILE：输入锁存允许信号，输入高电平有效。

$\overline{CS}$：片选信号，输入低电平有效。

$\overline{WR_1}$：输入选通信号 1，输入低电平有效。

$\overline{WR_2}$：输入选通信号 2，输入低电平有效。

$\overline{XFER}$：数据传送选通信号，输入低电平有效。

$D_7 \sim D_0$：八位输入数据信号。

U_{REF}：参考电压输入。一般此端外接一个精确、稳定的电压基准源。U_{REF} 可在 -10～10 V 范围内选择。

R_{fb}：反馈电阻（内已含一个反馈电阻）接线端。

I_{OUT1}：DAC 输出电流 1。此输出信号一般作为运算放大器的一个差分输入信号。当 DAC 寄存器中的各位为 1 时，电流最大；当各位为全 0 时，电流为 0。

I_{OUT2}：DAC 输出电流 2。它作为运算放大器的另一个差分输入信号（一般接地）。I_{OUT1} 和 I_{OUT2} 满足如下关系：

$$I_{OUT1} + I_{OUT2} = 常数$$

U_{CC}：电源输入端（一般取 +5 V）。

DGND：数字地。

AGND：模拟地。

从 DAC0832 的内部控制逻辑分析可知，当 ILE、$\overline{CS}$ 和 $\overline{WR_1}$ 同时有效时，LE_1 为高电平。在此期间，输入数据 $D_7 \sim D_0$ 进入输入寄存器。当 $\overline{WR_2}$ 和 $\overline{XFER}$ 同时有效时，LE_2 为高电平。在此期间，输入寄存器的数据进入 DAC 寄存器。八位数模转换电路随时将 DAC 寄存器的数据转换为模拟信号（$I_{OUT1} + I_{OUT2}$）输出。

DAC0832 的使用有双缓冲器型、单缓冲器型和直通型等三种工作方式。

由于 DAC0832 芯片中有两个数据寄存器，因此可以通过控制信号将数据先锁存在输入寄存器中，当需要进行数模转换时，再将此数据装入 DAC 寄存器中并进行数模转换，这就是两级缓冲工作方式，如图 7-7（a）所示。

如果令两个寄存器中的一个处于常通状态，只控制一个寄存器的锁存，则可以使两个寄存器同时选通及锁存，这就是单缓冲工作方式，如图 7-7（b）所示。

如果使两个寄存器都处于常通状态，则这时两个寄存器的输出跟随数字输入而变化，数模转换器的输出也同时跟着变化。这种情况是将 DAC0832 直接应用于连续反馈控制系统中作数字增量控制器使用，即直通型工作方式，如图 7-7（c）所示。图中的电位器用于满量程调整。

实际使用时，工作方式应根据控制系统的要求来选择。

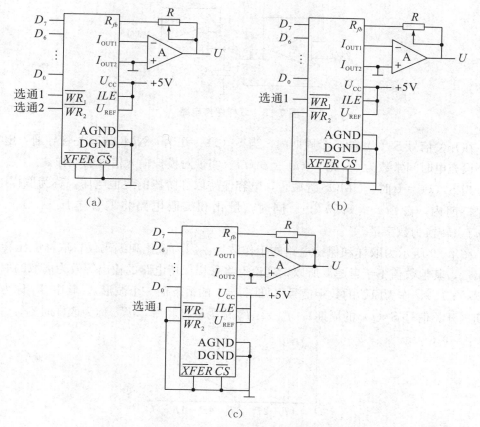

图 7-7 DAC0832 的三种工作方式

7.3 模数转换器

7.3.1 模数转换基础

与数模转换器相反，模数转换器（ADC）的输入是时间和幅值均连续的模拟信号，输出则是模拟信号所对应的数字量。因此，模数转换必须完成对模拟量的时间和幅值进行双重离散化的任务。通过取样和保持完成对时间的离散化，通过量化和编码完成对幅值的离散化。

7.3.1.1 取样和保持

取样和保持在取样保持电路中完成。取样保持电路取出模拟信号（通常是电压信号）的样值，并保持一定时间供量化和编码电路将其转换为数字量。

图 7-8 所示为取样保持电路的原理图。通常对模拟信号的时间采用等间隔离散化。周期开关信号 $S(t)$ 控制时间离散化过程：取样和保持。

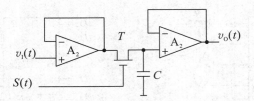

图 7-8 取样保持电路

在开关信号 $S(t)$ 的一个周期内，当 $S(t)=1$ 时，NMOS 开关管导通，电容充电。设充电时间常数为 0，则 $v_O(t)=v_I(t)$，实现对模拟输入信号的取样。

当 $S(t)=0$ 时，NMOS 管截止，电容保持取样阶段的终值电压，称为取样电压。在保持期内，$v_O(t)=v_I(nT_s)$。同时，量化和编码电路将取样电压 $v_O(nT_s)=v_I(nT_s)$ 转换为数字量。

图 7-9 所示为取样和保持电路的工作波形。因为量化和编码仅将取样电压转换为数字量，其他数值不予考虑。所以，理论上将采样保持电路的输出等效为离散的取样序列 $v_o(nT_s)$，作为原始的数字信号（见图 7-9 的最下面一个波形）。其中 T_s 称为取样周期（开关信号 $S(t)$ 的周期），$f_s=1/T_s$ 称为取样频率，nT_s 称为取样时刻。

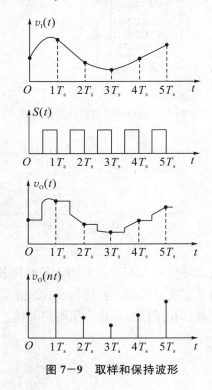

图 7-9 取样和保持波形

7.3.1.2 取样定理

当离散的取样序列与原始的模拟信号包含有相同的有效信息时，取样序列才能真正代表原始的模拟信号。

　　模拟信号包含的信息是频谱信息。同样，数字信号包含的信息也是频谱信息。如果取样序列包含原始模拟信号的频谱信息，则取样序列可真正代表原始的模拟信号。取样定理描述了取样序列包含原始模拟信号频谱的条件。

　　取样定理：设原始模拟信号具有频带有限的频谱，即频谱集中在$[-f_{imax}, f_{imax}]$之内，在$[-f_{imax}, f_{imax}]$之外频谱为 0。如果取样频率大于等于原始模拟信号最高频率的 2 倍，则可用取样序列完全恢复原始的模拟信号，即当 $f_s \geq 2f_{imax}$ 时，取样序列的频谱包含原始模拟信号的频谱。

　　如前所述，取样周期包含取样和保持，而量化和编码则在保持期内将模拟量转换为数字量。因此，如果取样频率过高，则保持时间短，不利于量化和编码。通常取 $f_s = (3\sim5) f_{imax}$ 可满足工程要求。

7.3.1.3　防混滤波

　　除有效信号外，原始输入信号通常还包含有噪声和高频干扰信号。有效信号的频谱通常是频带有限的，而噪声信号的频谱则是无限的。根据取样定理，为了从取样序列中恢复有效信号，应对原始输入信号进行低通滤波。理想低通滤波的截止频率是有效信号的最高频率 f_{imax}，从而可滤除干扰和噪声的频谱，避免它们混叠在取样序列的频谱中，保证取样序列的频谱主要包含有效信号的频谱。所以，消除频谱混叠的低通滤波称为防混滤波。

　　通常防混滤波器为二阶滤波器，经模数转换后，数字量仍然可能包含有较弱的噪声和干扰。所幸的是可以通过数字滤波方法抑制噪声和干扰。

7.3.1.4　量化和编码

　　量化和编码在取样电压的保持期内进行，实现对模拟信号幅值的离散化，获得数字量。

　　数字量在其值域内是离散的，是规定的最小数量的整倍数。而模拟电压的幅值在其值域内是连续的，因此，取样电压的幅值也是连续的。为了将取样电压转换为数字量，首先选定适当的单位电压 LSB，在取样电压的值域内形成间隔为 LSB 的离散电压，每个离散电压是 LSB 的整倍数。然后，将取样电压与离散电压比较，选择与取样电压差值（量化误差）最小的离散电压作为取样电压的近似值，并计算与 LSB 的倍数。最后，对倍数进行二进制编码（可以是自然二进制码、偏移二进制码和补码等），获得数字量。求得单位电压的倍数的过程称为量化。前述量化中，因离散电压间隔相等而称为均匀量化，如果离散电压的间隔不等则称为非均匀量化。

　　【例 1】设模拟电压的值域是 $[0, 1]$V，试对其离散为 3 位自然二进制数。

　　解：选择单位电压为

$$LSB = \frac{2}{2^{n+1}-1} = \frac{2}{2^{3+1}-1} = \frac{2}{15} \text{ (V)}$$

　　在 $[0, 1]$V 中插入 $2^n - 1 = 7$ 个离散电平：2/15，4/15，…，14/15。按与离散电平误差最小的原则对模拟量离散化，并按 3 位自然二进制数编码，如图 7-10 所示。这种方法的最大量化误差为 $LSB/2$。

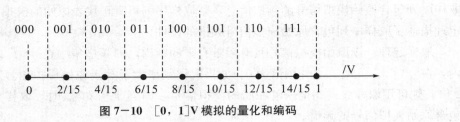

图 7-10　[0，1]V 模拟的量化和编码

综上所述，按取样、保持、量化和编码 4 个步骤实现模数转换。在取样保持电路中完成取样和保持，实现模拟量的时间离散化。在保持期内完成量化和编码，实现对模拟量的幅值离散化。量化和编码是模数转换的关键过程，习惯上，称实现量化和编码的电路为模数转换器（ADC）。注意，广义的模数转换器包含取样保持电路和狭义的模数转换器。

7.3.1.5　模数转换器（ADC）的分类

量化和编码电路（下述为 ADC），按工作原理分为直接型 ADC 和间接型 ADC。直接型 ADC 将模拟信号（通常是电压）直接转换为数字信号，模数转换速度较快。典型电路有并行比较 ADC、逐次比较 ADC 等。而间接型 ADC 则是先将模拟信号转变为中间电量（如时间或频率），然后再将中间电量转换为数字信号，转换速度比直接型 ADC 慢。典型电路有双积分 ADC、电压频率转换 ADC。下面介绍并行比较 ADC、逐次比较 ADC 和双积分 ADC。

7.3.2　并行比较 ADC

并行比较 ADC 直接将取样电压转换为与之对应的数字量，转换速度最快。图 7-11 所示为 3 位并行比较 ADC 的电路原理图。电路由电压比较器、寄存器和编码器组成。

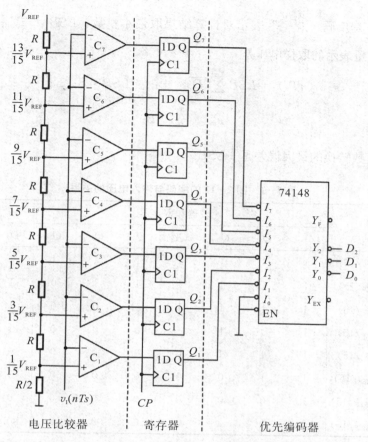

电压比较器　　　寄存器　　　优先编码器

图 7-11　3 位并行比较 ADC

输入电压 $v_I(nT_s)$ 作用到 7 个电压比较器的反相输入端,设输入电压的值域是 $[0,V_{FSR}]V$,其中 V_{FSR} 称为满量程电压。取基准电压 $V_{REF}=V_{FSR}$,并用精密电阻对基准电压分压,为 7 个反相电压比较器提供稳定的比较器参考电压,如图 7-11 所示。比较器的 7 个参考电压建立了类似于图 7-10 中电压轴的 7 个刻度值(长虚线对应处),通过 7 个比较器的输出组合可以确定输入电压 $v_I(nT_s)$ 所处的坐标位置,实现了对输入电压的量化。例如,当 $C_7=C_6=C_5=C_4=C_3=C_2=C_1=0$ 时,表示输入电压在 $(\frac{13}{15}V_{REF},\frac{15}{15}V_{REF})$ 内;当 $C_7=1$、$C_6=C_5=C_4=C_3=C_2=C_1=0$ 时,表示输入电压在 $(\frac{11}{15}V_{REF},\frac{13}{15}V_{REF})$ 内;……寄存器在时钟的上升沿锁存 7 个电压比较器的结果(即量化结果)。然后,优先编码器 74148 对量化结果进行编码,其输出是自然二进制码的按位取反(称为反码)。

综上所述,输出二进制码与输入电压的关系如表 7-1 所示。由表 7-1 得

$$B_F=\overline{D}_2 2^2+\overline{D}_1 2^1+\overline{D}_0 2^0=\left[\frac{v_I(nT_s)}{\frac{2}{15}V_{REF}}+0.5\right]=\left[\frac{v_I(nT_s)}{LSB}+0.5\right]$$

219

式中，B_F是反码，"[ ]"表示对计算结果取最小整数，$LSB = \dfrac{2}{15}V_{REF}$表示单位电压。输出数字量表示的取样电压是

$$v_I(nT_s) = LSB \sum_{i=0}^{n-1} \overline{D_i} 2^i \pm e = LSB \cdot B_F \pm e$$

$$e_{max} = \frac{1}{2}LSB$$

所以，模数转换的最大误差是$\dfrac{1}{2}LSB$。

表 7-1　图 7-11 的编码与输入电压的关系

输入电压 $v_I\,(nT_s)$	比较器和寄存器							优先编码器		
	Q_7	Q_6	Q_5	Q_4	Q_3	Q_2	Q_1	D_2	D_1	D_0
$(0\sim1)\cdot(V_{REF}/15)$	1	1	1	1	1	1	1	1	1	1
$(1\sim3)\cdot(V_{REF}/15)$	1	1	1	1	1	1	0	1	1	0
$(3\sim5)\cdot(V_{REF}/15)$	1	1	1	1	1	0	0	1	0	1
$(5\sim7)\cdot(V_{REF}/15)$	1	1	1	1	0	0	0	1	0	0
$(7\sim9)\cdot(V_{REF}/15)$	1	1	1	0	0	0	0	0	1	1
$(9\sim11)\cdot(V_{REF}/15)$	1	1	0	0	0	0	0	0	1	0
$(11\sim13)\cdot(V_{REF}/15)$	1	0	0	0	0	0	0	0	0	1
$(13\sim15)\cdot(V_{REF}/15)$	0	0	0	0	0	0	0	0	0	0

由于图 7-11 中有寄存器，当输入电压使比较器输出稳定后，CP 的上升沿即可锁存比较结果，编码器快速输出二进制码（数字量）。所以，并行比较 ADC 的转换速度很快，并且可以不用取样保持电路，它被寄存器替代。

单片集成并行比较 ADC 的产品有 AD9012（TTL 工艺/8 位）、AD9002（ECL 工艺/8 位）和 AD9020（TTL 工艺/10 位）等。

7.3.3　逐次比较 ADC

逐次比较模数转换原理与天平称量重物的方法类似。图 7-12 示出了称量 5.6 kg 重物的示意图。重物置于天平的一个盘内，将砝码由重到轻依次试放入另一个盘内（砝码盘），重则取出，轻则保留，直到最小的砝码试放完毕。0 表示取出，1 表示保留，得到一组二进制数，该数乘以单位重量即是物重。在此过程中，砝码试放顺序是关键，即依权重顺序试放。

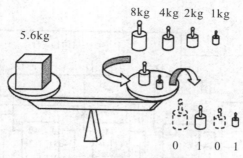

图 7-12 天平称量重物

逐次比较 ADC 原理框图如图 7-13 所示。电压比较器相当于天平，取样电压相当于重物。数模转换器 DAC 将寄存器的二进制数转换为权重电压的和（n 倍的单位电压），相当于砝码盘。逐次比较控制逻辑依权重顺序（从最高有效位到最低有效位）和比较结果设置寄存器的二进制数，直到最低有效位比较结束，寄存器保存的数字即是与取样电压对应的数字量。

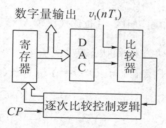

图 7-13 逐次比较原理

逐次比较控制逻辑是典型的顺序控制逻辑。第一步设置寄存器的最高有效位 1；第二步根据比较结果取舍比较位，并设置相邻低位为 1；重复第二步，直到最低有效位。因此，逐次比较控制逻辑可以采用顺序脉冲发生器和取舍组合逻辑电路实现。

综上所述，逐次比较 ADC 输出数字量的位数越多，转换时间越长。通常，其输入是取样保持电路输出的取样电压，保持时间大于逐次比较 ADC 的转换时间。即在进行模数转换时，取样电压 $v_1(nT_s)$ 保持不变。

图 7-14 所示为一个 4 位逐次比较 ADC 的电路原理图。4 个下降沿触发的 JK 触发器作为寄存器。除寄存器、4 位 DAC 和电压比较器外，其余部分组成逐次比较控制逻辑，由顺序脉冲发生器和取舍组合逻辑组成。

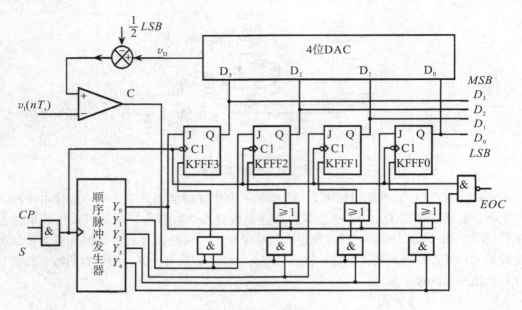

图 7-14　4 位逐次比较 ADC

在图 7-14 中，触发器驱动方程和状态方程为

$$J_3 = Y_0，\ K_3 = CY_1，\ Q_3^{n+1} = Y_0\ \overline{Q_3^n} + \overline{CY_1}Q_3^n$$

$$J_2 = Y_1，\ K_2 = CY_2 + Y_0，\ Q_2^{n+1} = Y_1\ \overline{Q_2^n} + \overline{CY_2 + Y_0}Q_2^n$$

$$J_1 = Y_2，\ K_2 = CY_3 + Y_0，\ Q_1^{n+1} = Y_2\ \overline{Q_1^n} + \overline{CY_3 + Y_0}Q_1^n$$

$$J_0 = Y_3，\ K_0 = CY_4 + Y_0，\ Q_0^{n+1} = Y_3\ \overline{Q_0^n} + \overline{CY_4 + Y_0}Q_0^n$$

为了更清楚地了解逐次比较 ADC 的工作过程，下面举例说明。

设取样电压的满刻度电压 $V_{REF} = 7.75$ V，$v_I\ (nT_s) = 6.2$ V。取 DAC 的单位电压 LSB 为

$$LSB = \frac{2}{2^{n+1} - 1}V_{FSR} = \frac{15.5}{31} = 0.5 \ (\text{V})$$

则比较器同相端电压为

$$v_p = v_D - \frac{1}{2}LSB = 0.5 \times (8D_3 + 4D_2 + 2D_1 + D_0) - 0.25$$

式中，电压偏移量 $-\dfrac{1}{2}LSB$ 是为了减小转换误差而引入的。

$S = 1$ 启动逐次比较 ADC 工作。CP 脉冲的上升沿使顺序脉冲发生器按 Y_0、Y_1、Y_2、Y_3 和 Y_4 顺序输出宽度为一个时钟周期的高电平脉冲。如图 7-15 所示。

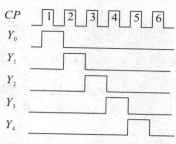

图 7-15 顺序脉冲发生器波形

在顺序脉冲发生器的控制下，ADC 按下述顺序工作。

第一步，（图 7-15 中 CP 的第 1 个脉冲周期），$Y_0=1$，$Y_1=Y_2=Y_3=Y_4=0$，代入触发器的状态方程式，在 CP 脉冲的下降沿使寄存器输出 $Q_3Q_2Q_1Q_0=1000$。4 位 DAC 的输入 $D_3D_2D_1D_0=Q_3Q_2Q_1Q_0$，代入式 $v_p=v_D-\frac{1}{2}LSB=0.5\times(8D_3+4D_2+2D_1+D_0)-0.25$，经 DAC 和电压偏移，得比较器同相端电压 $v_p=3.75$ V。与取样电压 6.2 V 比较，比较器输出 $C=0$，说明 Q_3 应保留为 1（在下一步进行）。

第二步，$Y_0=0$，$Y_1=1$，$Y_2=Y_3=Y_4=0$、$C=0$，代入触发器的状态方程式，在 CP 脉冲的下降沿使 $Q_3Q_2Q_1Q_0=1100$。4 位 DAC 的输入 $D_3D_2D_1D_0=Q_3Q_2Q_1Q_0$，代入式 $v_p=v_D-\frac{1}{2}LSB=0.5\times(8D_3+4D_2+2D_1+D_0)-0.25$，比较器同相端电压 $v_p=5.75$ V。与取样电压 6.2 V 比较，比较器输出 $C=O$，说明 Q_2 应保留为 1（在下一步进行）。

第三步，$Y_0=Y_1=0$，$Y_2=1$，$Y_3=Y_4=0$，$C=0$，代入触发器的状态方程式，在 CP 脉冲的下降沿使 $Q_3Q_2Q_1Q_0=1110$。4 位 DAC 的输入 $D_3D_2D_1D_0=Q_3Q_2Q_1Q_0$，代入公式 $v_p=v_D-\frac{1}{2}LSB=0.5\times(8D_3+4D_2+2D_1+D_0)-0.25$，比较器同相端电压 $v_p=6.75$ V。与取样电压 6.2 V 比较，比较器输出 $C=1$，说明 Q_1 应为 0（在下一步进行）。

第四步，$Y_0=Y_1=Y_2=0$，$Y_3=1$，$Y_4=0$、$C=1$，代入触发器的状态方程式，在 CP 脉冲的下降沿使 $Q_3Q_2Q_1Q_0=1101$。4 位 DAC 的输入 $D_3D_2D_1D_0=Q_3Q_2Q_1Q_0$，代入公式 $v_p=v_D-\frac{1}{2}LSB=0.5\times(8D_3+4D_2+2D_1+D_0)-0.25$，比较器同相端电压 $v_p=6.25$ V。与取样电压 6.2 V 比较，比较器输出 $C=1$，说明 Q_0 应为 0（在下一步进行）。

第五步，$Y_0=Y_1=Y_2=Y_3=0$，$Y_4=1$、$C=1$，代入触发器的状态方程式，在 CP 脉冲的下降沿使 $Q_3Q_2Q_1Q_0=1100$，输出数字量 $D_3D_2D_1D_0=Q_3Q_2Q_1Q_0=1100$，是自然二进制码。

数字量（1100）与单位电压之积为 $12\times0.5=6$（V），与取样电压的误差为 0.2 V。所以，ADC 的输出数字量代表了取样电压。

推广到一般情况，逐次比较 ADC 的输出数字量表示的取样电压是

$$v_I(nT_s) = LSB \cdot \sum_{i=0}^{n-1} D_i 2^i \pm e = LSB \cdot B_Z \pm e$$

$$e_{\max} = \frac{1}{2} LSB$$

式中，e 是误差，$e_{\max}$ 是最大误差，B_Z 是自然二进制数。

常用的单片集成逐次比较 ADC 有 ADC0808/0809（8 位）、AD575（10 位）和 AD574A（12 位）等。

7.3.4 双积分 ADC

双积分 ADC 是间接型 ADC。它将取样电压转换为与之成正比的时间宽度，在此期间允许计数器对周期脉冲进行计数。计数器的二进制数就是取样电压对应的数字量。

图 7−16 所示为双积分 ADC 的电路原理图。电路主要由积分器、比较器、计数器、JK 触发器和控制开关组成。由 JK 触发器的输出 Q_s 控制单刀双置开关选择积分器的输入电压。当 $Q_s=0$ 时，积分器对取样电压 $v_I(nT_s)$ 做定时积分；当 $Q_s=1$ 时，积分器对基准电压 $-V_{REF}$ 做定压积分。$v_I(nT_s)$ 与 $-V_{REF}$ 电压极性相反，这里设取样电压 $v_I(nT_s)$ 为正，则 $-V_{REF}$ 为负。

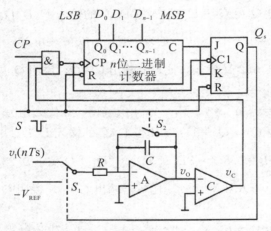

图 7−16 双积分 ADC 电路原理图

7.3.4.1 定时积分

在确定的时间内对取样电压进行积分即是定时积分。

启动信号 S 输入负窄脉冲（$S=0$），使计数器、JK 触发器 Q_s 清零，开关 S_1 选择取样电压作积分器输入。同时开关 S_2 短暂闭合，使积分电容放电，$v_O=0$。负脉冲消失后（$S=1$），开关 S_2 断开，积分器对取样电压做积分，积分器输出电压下降，$v_O<0$，比较器输出逻辑 1。允许 n 位二进制计数器对周期脉冲 CP 计数。当进位 $C=1$ 时，下一个 CP 脉冲使计数器复零，JK 触发器 $Q_s=1$，定时积分结束，定压积分开始。

取启动信号 S 的负脉冲刚消失的时刻为时间零点，并设时钟脉冲 CP 的周期为 T_{CP}。则对取样电压的积分时间为

$$T_1 = 2^n T_{CP}$$

是确定不变的。积分器输出电压为

$$v_O(t) = -\frac{1}{RC}\int_0^t v_1(nT_s)\mathrm{d}\tau + v_O(0) = -\frac{v_1(nT_s)}{RC}t$$

积分器输出电压与时间成线性关系，其斜率是负的，与取样电压 v_1 （nT_s）和积分器的时间常数 RC 有关。v_1 （nT_s）越大，负斜率也越大。定时积分的工作波形如图 7-17 所示，图中绘出了两个取样电压的情况。

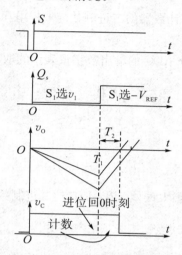

图 7-17　双积分 ADC 工作波形

定时积分结束时的积分器输出电压为

$$v_O(T_1) = -\frac{v_1(nT_s)}{RC}T_1 = -\frac{2^n T_{CP}}{RC}v_1(nT_s)$$

与取样电压成正比。

7.3.4.2　定压积分

在定时积分期间，当计数器的进位 $C=1$ 时，下一个 CP 脉冲使计数器复零和 JK 触发器 $Q_s=1$，开关 S_1 选择基准电压 $-V_{REF}$，积分器开始对基准电压 $-V_{REF}$ 做定压积分。由于比较器输出逻辑 1，计数器从 0 继续计数。与此同时，积分器输出电压上升

$$v_O(t) = -\frac{1}{RC}\int_{T_1}^t (-V_{REF})\mathrm{d}\tau + v_O(T_1) = \frac{V_{REF}}{RC}(t - T_1) - \frac{2^n T_{CP}}{RC}v_1(nT_s)$$

积分器输出电压同样与时间成线性关系，其斜率是正常数，与基准电压 V_{REF} 和积分器的时间常数 RC 有关。定压积分的工作波形如图 7-17 所示。当 v_O （t）>0 时，比较器输出逻辑 0，计数器停止计数，并保持计数结果 B_Z（通常为自然二进制数）。从定压积分开始到计数器刚停止计数（v_O （t）$=0$）的时间 T_2 为

$$T_2 = B_Z T_{CP}$$

并且，在计数器停止计数时刻，积分器输出电压为 0，即

$$v_O(T_1 + T_2) = \frac{V_{REF}}{RC}T_2 - \frac{2^n T_{CP}}{RC}v_1(nT_s) = 0$$

所以

$$T_2 = \frac{2^n T_{CP}}{RC} v_1(nT_s)$$

定压积分时间 T_2 与取样电压成正比。在此期间，计数器从 0 开始对周期脉冲 CP 计数，直到停止并保持计数值 B_Z。所以

$$B_Z = \left[\frac{T_2}{T_{CP}}\right] = \left[\frac{2^n - 1}{V_{REF}} v_1(nT_s)\right]$$

"[ ]" 表示取最小整数。计数器的二进制数与取样电压成正比，是取样电压对应的数字量。

推广到一般情况，双积分 ADC 的输出数字量表示的取样电压是

$$v_1(nT_s) = \frac{V_{REF}}{2^n - 1} \cdot B_Z \pm e = LSB \cdot B_Z \pm e$$

$$LSB = \frac{V_{REF}}{2^n - 1}$$

$$e_{max} = \frac{1}{2} LSB$$

式中，e 是误差，e_{max} 是最大误差，B_Z 是自然二进制数。

7.3.4.3 双积分 ADC 的优缺点

由双积分 ADC 的原理可知，转换过程中有 2 次积分，同时进行 2 次计数。2 次积分相互抵消了同一个积分器的误差，包括时间常数 RC 和运放的误差，它们不影响转换结果。2 次计数的时钟周期相同，周期的大小也不影响转换结果。所以，双积分 ADC 的转换精度高。

此外，如果取样电压包含有平均值为 0 的周期干扰电压，则取定时积分时间 T_1 是其周期的整倍数，可消除周期干扰电压对积分器输出的影响。例如，对于工频（50 Hz）干扰电压，取 $T_1 = 20$ 或 40 ms，可消除工频干扰。噪声是平均值为 0 的随机电压，积分器可以极大地抑制噪声的影响。同样，短时脉冲干扰电压对积分器输出影响也极小。因此，双积分 ADC 抗干扰和噪声能力强。

但是双积分 ADC 的模数转换时间长，最大转换时间 T_{TR} 等于 2 次计数的最长时间之和

$$T_{TR} = (2^{n+1} - 1)T_{CP} + (2^n - 1)T_{CP}$$

一般达到几十毫秒以上。

由于有上述特点，双积分 ADC 常用于测量仪器中，如数字万用表中。典型的单片集成产品有 CB7106/7126、CB7107/7127。

7.3.5　ADC 的主要技术指标

与数模转换器（DAC）一样，模数转换器（ADC）的主要技术指标是转换精度和转换速度。

7.3.5.1　转换精度

通常用分辨率和转换误差描述 ADC 的转换精度。

输入电压范围可能被等分的数目定义为 ADC 的分辨率。参考公式：$v_1(nT_s) = LSB \cdot \sum_{i=0}^{n-1} D_i 2^i \pm e = LSB \cdot B_Z \pm e$，$e_{max} = \frac{1}{2} LSB$，一个 n 位二进制码 ADC 理论上可将输入电压范围分为 $2^n - 1$ 个等份，故分辨率为 $2^n - 1$，简述为 n 位分辨率。设输入电压的满量程为 V_{FSR}，则每个等份的电压宽度为 $V_{FSR} / (2^n - 1)$（1 个 LSB），即可以区分的最小输入电压为 $V_{FSR} / (2^n - 1)$。分辨率也可用十进制数表示。例如，$3\frac{1}{2}$ 分辨率表示可将输入电压分为 2000 等份。如果满量程输入电压是 2 V，则最小可分辨的输入电压为 1 mV。

分辨率表示 ADC 在理论上可能达到的精度，而实际的精度与 ADC 的电路结构和工作环境参数有关。它们是基准电压、电阻网络、模拟开关、运放的特性和工作温度等。这些元件的非理想性使输出数字量偏离理论值，产生转换误差。通常，ADC 的转换误差的绝对值小于 $\frac{1}{2} LSB$。

综上所述，选择高稳定度的基准电压和低漂移的运放和比较器，与高分辨率、误差小的 ADC 芯片配合，才能组成高转换精度的模数转换器。

7.3.5.2　转换速度

ADC 的转换速度是指完成一次模数转换所需的时间。如前所述，ADC 的转换速度主要取决于转换电路的类型。类型不同，转换速度相差很大。

并联比较 ADC 的转换速度最快。例如，8 位单片集成并联比较 ADC 的最小转换时间约为 50 ns。

逐次比较 ADC 的转换速度次之。多数单片集成产品的转换时间在 $10 \sim 100\ \mu s$。个别的产品可达到 $1\ \mu s$。

间接型 ADC 的转换速度较慢。例如，双积分 ADC 的转换时间在几十毫秒到几百毫秒之间。但间接型 ADC 抗干扰能力强。

前述的 ADC 电路仅完成量化和编码，一次完整的模数转换包括取样、保持、量化和编码。所以，实现一次完整的模数转换时间应包括取样和保持电路的取样时间和孔径时间（取样保持电路由取样到保持的转换时间），以及 ADC 的转换时间。

习　　题

1. 一个 8 位数模转换器的最小输出电压增量为 0.02 V，当输入代码为 11011001 时，输出电压 V_o 为多少伏？

2. 某一控制系统中，要求所用数模转换器的精度小于 0.25%，试问应该选用多少位的数模转换器？

3. 电路如题图 1 所示。当输入信号某位 $D_i=0$ 时，对应的开关 S_i 接地；$D_i=1$ 时，S_i 接基准电压 V_{REF}。试问

（1）若 $V_{REF}=10$ V，输入信号 $D_4D_3D_2D_1D_0=10011$，则输出模拟电压 $V_O=$?

（2）电路的分辨率为多少？

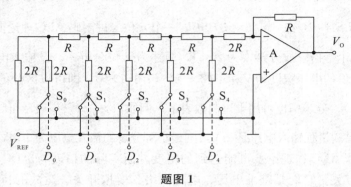

题图 1

4. 数模转换器如题图 2 所示。

（1）试计算从 V_{REF} 提供的电流 I 为多少？

（2）若当 $D_i=1$ 时，对应的开关 S_i 置于 2 位；当 $D_i=0$ 时，S_i 置于 1 位，试写出 $D_3=1$，其余各位均为 0 时输出电压 V_O 的表达式。

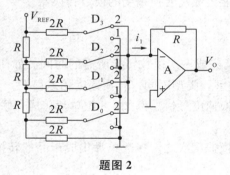

题图 2

5. 10 位单片机 CMOS 数模转换器 AD7520 电路及逻辑框图如题图 3（a）和（b）所示。主要参数如下。

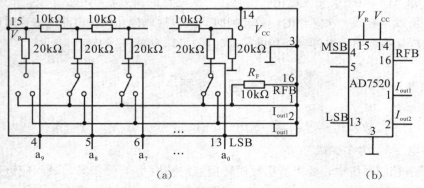

（a）　　　　　　　　（b）

题图 3

电源电压：+5～+15 V

功耗：20 mW

分辨率：10 位

稳定时间：500 ns

现按双极性输出方式接成如题图 4 所示电路。为得到±5 V 的最大输出模拟电压，试决定基准电压 V_{REF}，偏移电压 V_B 及电阻 R_B 之值，并列出双极性输入输出对照表。

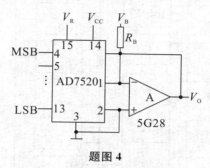

题图 4

6. 某模数转换系统，输入模拟电压 V_1 为 0～4 V，信号源内阻为 300 Ω，采样保持芯片使用 HTS0025，其输入旁路电流为 14 nA，输出电压下降率为 0.2 mV/μs，A/D 转换时间为 100 μs，试计算由采样保持电路引起的最大误差。

7. 11 位 A/D 转换器分辨率的百分数是多少？如果满刻度电压为 10 V，当输入电压 50 mV 时，输出的二进制代码为多少？

8. 如果要将一个最大幅值为 5.1 V 的模拟信号转换为数字信号，要求模拟信号每变化 20 mV 能使数字信号最低位发生变化，所用的 A/D 转换器至少要多少位？

9. 计数型 A/D 转换器原理框图如题图 5 所示。试问：若输出的数字量为 10 位，时钟信号频率为 1 MHz，则完成一次转换的最长时间是多少？如果希望转换时间不大于 100 μs，那么时钟信号的频率应选多少？

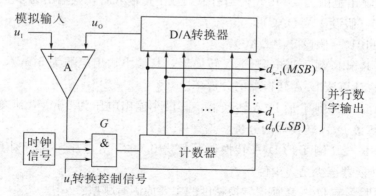

题图 5

10. 并行比较型 A/D 转换器的电路如图 6 所示。试问：

(1) 每个量化层的电压值是多少？最低位的电压值又是多少？

(2) 设定基准电压 $V_{REF}=8$ V，输入模拟电压 $V_1=6.55$ V，则寄存器中存放的数据是多少？经编码器输出的数字量是多少？

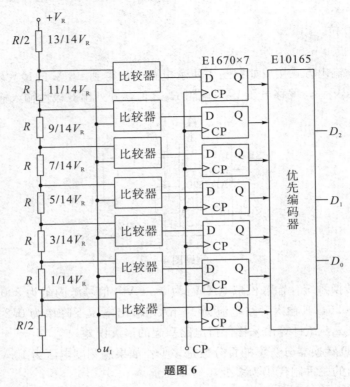

题图 6

11. 4 位倒 T 形电阻网络 DAC 中，$V_{REF} = 5$ V，$R_f = 30$ kΩ，$R = 10$ kΩ，求对应输入二进制数码 $D_3 D_2 D_1 D_0$ 分别为 0101、0110 和 1101 三种情况下的输出电压 V_o。

12. 一个 4 位 R-2R 倒 T 形电阻 D/A 转换器，当输入数字量为 0001 时，对应的输出模拟电压电压为 0.02 V，试计算当数字量为 1101 时输出电压为多少？

13. DAC 输出范围为 0~10 V，当有下列数字量输入时，其输出为多少。

(1) 0110（假设 4 位 DAC）；

(2) 10111010（假设 8 位 DAC）。

14. 已知 R-2R 倒 T 形电阻 D/A 转换器，其最小输出电压为 5 mV，满刻度输出电压为 10 V，计算该 D/A 转换器的分辨率。

15. 已知 R-2R 倒 T 形 D/A 转换器，其最小输出电压为 5 mV，满刻度输出电压为 10 V，计算该 D/A 转换器的分辨率。

16. 一个 R-2R 倒 T 形 D/A 转换器可分辨 0.0025 V 电压，其满刻度输出电压为 10 V，求该转换器至少是多少位？

17. 试说明影响 D/A 转换器转换精度的主要原因有哪些？

18. 某数字系统要求 10 位二进制数码代表 0~50 V，试问此数码最低位（LSB）代表几伏？

19. 若全量程为 10 V，为了获得分辨率 1 mV，数字量应该是几位？

20. 若 A/D 转换器（包括取样-保持电路）输入模拟信号的最高变化频率为

10 kHz，试说明取样频率的下限是多少。完成一次 A/D 转换所用时间的上限应为多少？

21. 对于一个三位的并联比较型 A/D 转换器，参考电压为 10 V，试问电路的最小量化单位是多少？当输入电压为 6.3 V 时，输出数字量 $D_2D_1D_0$ 是多少？此时的转化误差 e 为多少？

22. 若一理想的 6 位 DAC 具有 10 V 的满刻度模拟输出，当输入为自然加权二进制码"010100"时，此 DAC 的模拟输出为多少？

23. 在 4 位逐次比较 A/D 转换器中，若要求产生 8 位 2 进制数码，试按工作顺序列表说明输入电压为 20.5 V 时的转换过程。假设 DAC 输出电压的最小量为 0.1 V（列表项目：时钟顺序、寄存器输出、D/A 转换器输出、比较器输出）。

24. 在双积分型 A/D 转换器中，若时钟频率为 100 kHz，分辨率为 10 位，问：

（1）当输入模拟电压 u_1＝5 V，参考电压 V_{REF}＝10 V 时，输出二进制代码是多少？

（2）第一次积分时间为多少？第二次积分时间为多少？

（3）转换所需时间与输入模拟电压的大小是否有关？

25. 10 位 ADC 的百分分辨率为多少？

26. 某 8 位 ADC 输入电压范围为 0～10V，当输入下列电压值时，转换成多大的二进制数字量：

（1）39.3 mV；（2）4.48 V；（3）7.81 V。

27. 试说明在 A/D 转换过程中产生量化误差的原因以及减小量化误差的方法。

28. 说明引起 A/D 转换器转换误差的主要原因。

29. 某温度控制电路中，测试的温度信号经取样、放大、整流后，成为低压模拟信号，其最大幅值不超过 5 V，为了将此信号转换成计算机能识别的数字信号，并要求模拟信号每变化 20 mV（相当于温度 1 ℃）能使数字信号最低位发生变化置那么应选几位的转换器？若温度传感器输出的信号为（0～50 mV），放大器的放大倍数应为多大？画出信号取样、放大、转换的原理图。当 ADC 的输入信号为 1.2 V 时，问：

（1）输出端的二进制数是多少？

（2）转换误差为多少？

（3）如何提高转换精度？

30. 在双积分型 A/D 转换器中，输入电压 v_1 和参考电压 V_{REF} 在极性和数值上应满足什么关系？如果 $|v_1|>|V_{REF}|$，电路能完成模数转换吗？

第8章 半导体存储器

半导体存储器（简称存储器）是存储大量二进制数据的逻辑部件。它是数字系统，特别是计算机，不可缺少的组成部分。存储器的容量越大，计算机的处理能力越强，工作速度越快。因此，存储器采用先进的大规模集成电路技术制造，尽可能地提高存储器的容量。

8.1 半导体存储器基础

8.1.1 半导体存储器的结构框图

图 8-1 所示为半导体存储器的结构框图。存储器由寻址电路、存储阵列和读写电路组成。

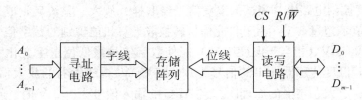

图 8-1 半导体存储器结构框图

存储 1 或 0 的电路称为存储单元，存储单元的集合形成存储阵列（通常按行列排成方阵）。

二进制数据以信息单位（简称字）存储在存储阵列中。最小的信息单位是 1 位（bit），8 位二进制信息称为 1 个字节（byte），4 位二进制信息则称为 1 个半字节（nibble）。为便于对每个信息单位（字）进行必要的操作，存储阵列按字组织成直观的存储结构图。例如，图 8-2 所示为一个 64 位存储阵列分别按 8 位、4 位和 1 位字组织的存储结构图和存储的示例数据。每个存储单元的位置由行序号和列序号唯一确定。每个字的位置（行序号）称为它的地址，用二进制码表示（$A_{n-1}\cdots A_1 A_0$）；列序号表示二进制位在每个字中的位置。例如，按 4 位组织的、地址为 14 的字存储单元的信息是 1110。

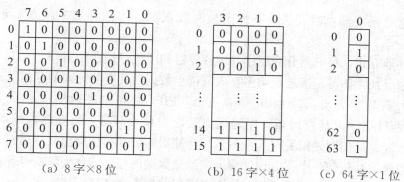

(a) 8 字×8 位　　　　　　(b) 16 字×4 位　　(c) 64 字×1 位

图 8－2　64 位存储阵列分别按 8 位、4 位和 1 位字组织的存储结构图

存储单元的总数定义为存储器的容量，它等于存储器的字数和每字位数之积。例如，10 位地址码，每字 8 位，则存储容量为 2^{10} B＝1024 B＝1 KB＝8 Kbit。存储器的容量单位还有 1 MB＝2^{20} B 或 1GB＝2^{30} B 等。

存储器具有两种基本的操作：写操作和读操作。

写操作（亦称存数操作）：输入地址码 $A_{n-1}\cdots A_1 A_0$，寻址电路（通常是译码器）将地址转换成字线上的有效电平选中字存储单元。在片选信号 CS 有效（通常是低电平）和读写信号 $R/\overline{W}$ 为低电平时，读写电路通过存储阵列的位线将数据总线上的 m 位数据 $D_{m-1}\cdots D_1 D_0$ 写入选中的字存储单元中保存（设存储阵列按每字 m 位组织）。

读操作（亦称取数操作）：输入地址码 $A_{n-1}\cdots A_1 A_0$，寻址电路（通常是译码器）将地址码转换成字线上的有效电平选中字存储单元。在片选信号 CS 有效（通常是低电平）和读写信号 $R/\overline{W}$ 为高电平时，读写电路通过存储阵列的位线，将选中的字存储单元的 m 位数据输出到数据总线 $D_{m-1}\cdots D_1 D_0$（设存储阵列按每字 m 位组织）。

在复杂的数字系统（如数字计算机）中，多个功能电路间利用一组公共的信号线（导线或其电传导介质）实现互连，并分时传输信息，这样的一组信号线称为总线。对于存储器，数据总线 $D_{m-1}\cdots D_1 D_0$ 是双向总线（输入/输出，常用表示 I/O_{m-1}，…，I/O_1，I/O_0），而地址总线 $A_{n-1}\cdots A_1 A_0$ 和控制总线（CS，$R/\overline{W}$）则是单向总线（输入）。在存储器内部，属于同一位的存储单元共用位线，阵列中的存储单元通过位线与读写电路交换数据。

8.1.2　半导体存储器的分类

按功能，存储器分为只读存储器、随机读写存储器（或称为存取存储器）和闪存。

工作时只能快速地读取已存储的数据，而不能快速地随时写入新数据的存储器称为只读存储器（Read Only Memory，ROM）。即只读存储器的写操作时间（毫秒级）远比读操作时间（纳秒级）长，数据必须在工作前写入存储器，上电工作后只能从存储器中读出数据，才不影响数字系统的工作速度。

随机读写存储器的写操作时间和读操作时间相当（都是纳秒级），工作时能够随时快速地读出或写入数据。即工作时读写存储器具有存入和取出数据两种功能。

闪速存储器（Flash Memory，简称闪存）工作时可以进行读或写操作，但闪存的每个存储单元写操作时间长，不能随机写入数据，适合对众多存储单元批量地写入数据。

按寻址方式，存储器分为顺序寻址存储器和随机寻址存储器。

顺序寻址存储器是按地址顺序存入或读出数据，其存储阵列的存储单元连接成移位寄存器。有先进先出（First in First Out，FIFO）和先进后出（First In Last Out，FILO）两种顺序寻址存储器。先进先出是指先存入（写入）存储器的数据先被取出（读出）。先进后出则是指先存入（写入）存储器的数据后被取出（读出）。

可以随时从任何一个指定地址写入或读出数据的存储器称为随机寻址存储器。随机寻址存储器的寻址电路通常采用一两个译码器（称为地址译码器）。

采用随机寻址方式的随机读写存储器称为随机存取存储器（Random Access Memory，RAM）。只读存储器（ROM）和闪存也采用随机寻址方式。

存储器还可分为易失型存储器和非易失型存储器。如果掉电（停电）后数据丢失，则是易失型存储器；否则，是非易失型存储器。RAM 是易失型存储器，而 ROM 和闪存是非易失型存储器。

部分存储器的寻址方式和功能归纳见表 8−1。

表 8−1　存储器的寻址方式和功能

存储器	功能	寻址方式	掉电后	说明
随机存取存储器	读、写	随机寻址	数据丢失	
只读存储器	读	随机寻址	数据不丢失	工作前写入数据
闪存	读、写	随机寻址	数据不丢失	
先进先出存储器	读、写	顺序寻址	数据丢失	
先进后出存储器	读、写	顺序寻址	数据丢失	

由于随机寻址灵活、方便、电路简单，随机存取存储器成为存储器的主流产品。限于篇幅，下面仅介绍 RAM 和 ROM。

8.2　只读存储器

只读存储器（ROM）是一种当写入信息后，就只能读出而不能改写的固定存储器。ROM 中的信息是由专用装置预先写入的，在正常工作过程中只能读出不能写入，掉电后，ROM 中所写入的信息也不会丢失，所以，ROM 是非易失性存储器。因此，微机系统中常用 ROM 来存放不需要经常修改的程序或数据，如监控程序、操作系统中的 BIOS（基本输入输出系统）、系统监控程序、显示器字符发生器中的点阵代码以及 BASIC 解释程序或用户需要固化的程序等。

ROM 按照数据写入方式特点不同，可分为固定 ROM、一次性可编程 ROM（PROM）、光可擦除可编程 ROM（EPROM）、电可擦除可编程 ROM（EEPROM 或

E^2PROM)、快闪存储器（Flash Memory）等几种类型，其分类结构图如图 8-3 所示。

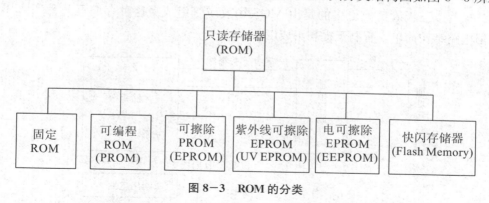

图 8-3　ROM 的分类

ROM 的电路结构如图 8-4 所示，由存储矩阵、地址译码器和输出控制电路三部分组成。

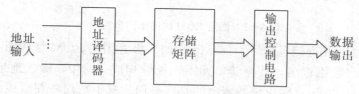

图 8-4　ROM 的电路结构框图

存储矩阵由许多基本存储单元排列而成。基本存储单元可以由二极管构成，也可以由双极型三极管或 MOS 管构成。每个基本存储单元能存放一位二进制信息，每一个或一组基本存储单元有一个对应的地址。

地址译码器的作用是将输入的地址译码成相应的控制信号，利用这个控制信号从存储矩阵中选出指定的单元，将其中的数据从数据输出端输出。

存储矩阵由存储单元组成，PROM、EPROM、E^2ROM 和 Flash 存储器都具有地址译码器、输出缓冲器和存储矩阵，它们之间的区别就是存储单元不同以及擦除、写入和读出方法不同。

输出控制电路通常由三态输出缓冲器构成，其作用有两个：一是提高存储器的承载能力；二是实现输出三态控制，以便与系统总线连接。

8.2.1　固定 ROM

固定 ROM 也称掩膜 ROM，存放的信息是由生产厂家采用掩膜工艺专门为用户制作的，这种 ROM 出厂时其内部存储的信息就已经"固化"在里边了，所以也称固定 ROM。它在使用时只能读出，不能写入，因此通常只用来存放固定数据、固定程序和函数表等。

固定 ROM 基本结构一般由地址译码器和存储矩阵组成。图 8-5 是带有 n 个地址输入（地址线）和 m 个数据输出（存储二进制数的位数）的组合逻辑电路，存储容量为 $2^n \times m$ 位的 ROM 结构框图。ROM 中存放的是输出与输入之间固定逻辑关系，存储矩阵中字线和位线交叉处能存储一位二进制信息的电路叫作一个存储元，而一个字线所

对应的 m 个存储元的总体叫作一个存储单元。ROM 中的存储元不用触发器而用一个半导体二极管或三极管，但更多的是由 MOS 场效应管组成。这种存储元虽然写入不方便，但电路结构简单，有利于提高集成度。

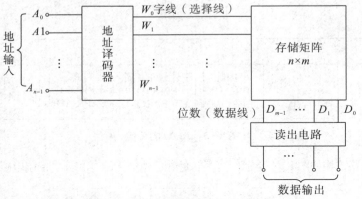

图 8-5　固定 ROM 内部结构示意图

如图 8-6 所示是存储容量为 $4 \times 4 = 16$ 位的二极管固定 ROM 结构图，它具有 2 bit 地址输入和 4 bit 数据输出，其存储单元用二极管构成。图中，输入地址码是 $A_1 A_0$，输出数据是 $D_3 D_2 D_1 D_0$，输出缓冲器用的是三态门。其中与门阵列组成译码器，或门阵列构成存储阵列。地址译码器将地址 $A_1 A_0$ 译成 $W_0 \sim W_3$ 中的一个高电平输出信号，存储矩阵实际上是一个编码器，当 $W_0 \sim W_3$ 输出高电平信号时，则在 $D_0 \sim D_3$ 输出一个四位二值代码。例如，$A_1 A_0 = 10$，$W_2 = 1$，$W_0 = W_1 = W_3 = 0$，此时 W_2 被选中，只有 D_2' 一根位线与 W_2 之间有二极管，二极管导通，$D_2' = 1$，$D_0' = D_1' = D_3' = 0$，则输出 $D_3 D_2 D_1 D_0 = 0100$。如表 8-2 所示为 ROM 全部地址内所存储的输出信号真值表。

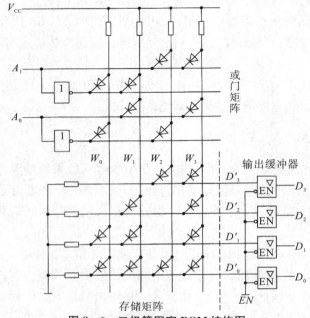

图 8-6　二极管固定 ROM 结构图

表 8-2　ROM 输出信号真值表

地址		数据			
A_1	A_0	D_3	D_2	D_1	D_0
0	0	0	1	0	1
0	1	1	0	1	0
1	0	0	1	1	1
1	1	1	1	1	0

从存储器角度看，A_1A_0 是地址码，$D_3D_2D_1D_0$ 是数据。表 8-2 中，在 00 地址中存放的数据是 0101，01 地址中存放的数据是 1010，10 地址中存放的是 0111，11 地址中存放的是 1110。

从函数发生器角度看，A_1、A_0 是两个输入变量，D_3、D_2、D_1、D_0 是 4 个输出函数。表 8-2 中，当变量 A_1、A_0 取值为 00 时，函数 $D_3=0$、$D_2=1$、$D_1=0$、$D_0=1$；当变量 A_1、A_0 取值为 01 时，函数 $D_3=1$、$D_2=0$、$D_1=1$、$D_0=0$，依此类推。

从译码编码角度看，与门阵列先对输入的二进制代码 A_1A_0 进行译码，得到 4 个输出信号 W_0、W_1、W_2、W_3，再由或门阵列对 W_0、W_1、W_2、W_3 信号进行编码。表 8-2 中，W_0 的编码是 0101，W_1 的编码是 1010，W_2 的编码是 0111，W_2 的编码是 1110。

图 8-7 所示为二极管固定 ROM 节点图，有二极管的交叉点画实心点，无二极管的交叉点不画点。可以得到与门阵列的输出表达式：

$$W_0 = \overline{A_1}\,\overline{A_0}, \ W_1 = \overline{A_1}A_0, \ W_2 = A_1\overline{A_0}, \ W_3 = A_1A_0$$

ROM 并不能记忆前一时刻的输入信息，只是用逻辑电路来实现组合逻辑关系，如图 8-6 所示的存储矩阵和电阻 R 组成了 4 个二极管或门，或门阵列输出表达式：

$$D_0 = W_0 + W_1 = \overline{A_1}A_0 + \overline{A_1}\,\overline{A_0}$$

$$D_1 = W_3 + W_1 = A_1A_0 + \overline{A_1}A_0$$

$$D_2 = W_3 + W_2 + W_0 = A_1A_0 + A_1\overline{A_0} + \overline{A_1}\,\overline{A_0}$$

$$D_3 = W_3 + W_1 = A_1A_0 + \overline{A_1}A_0$$

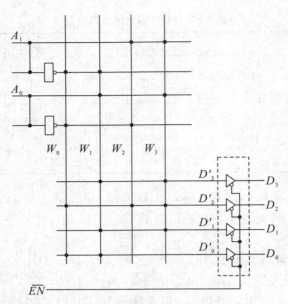

图 8-7　二极管固定 ROM 节点图（阵列图）

　　由于固定 ROM 的电路结构简单，集成度高，工作可靠，成批生产时价格又很低，因此适合存储固定的信息。

8.2.2　可编程只读存储器（PROM）

　　PROM（Programable ROM）是可编程 ROM，该存储器在出厂时器件中不存入任何信息，是空白存储器，由用户根据需要，利用特殊方法写入程序和数据。但只能写入一次，写入后就不能更改，它类似于固定 ROM，适合小批量生产。图 8-8 为 PROM 的原理图，其存储单元由三极管和熔丝组成，可存储一位信息。出厂前，所有存储单元的熔丝都是通的，存储内容全为 1（或全为 0），用户在使用前进行一次性编程，利用编程写入器对选中的基本存储电路通以 $20 \sim 50$ mA 的电流，将熔丝烧断，则该存储元将存储信息改写为 0（或 1）。

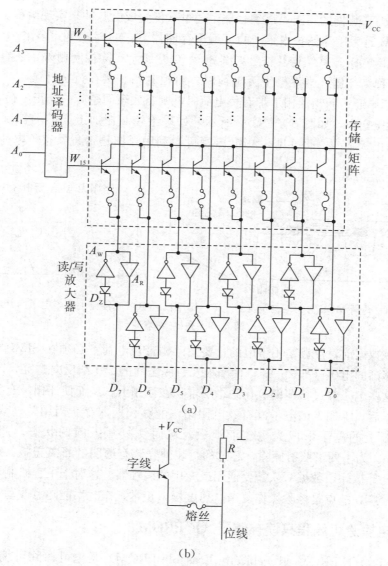

(a)

(b)

图 8-8　PROM 原理结构图

　　这种 ROM 采用熔丝或 PN 结击穿的方法编程，如图 8-8 (b) 所示，由于熔丝烧断或 PN 结击穿后不能再恢复，因此 PROM 只能改写一次，编程后不能再修改。

8.2.3　可擦除可编程只读存储器 （EPROM）

　　为了克服 PROM 只能写入一次的缺点，又出现了多次可擦除可编程的存储器。这种存储器在擦除方式上有两种。一种是电写入紫外线擦除的存储器 EPROM （Erasable Programmable Read-Only Memory）。另一种是电写入电擦除的存储器，称为 EEPROM 或 E^{2}PROM （Electrically Erasable Programmable Read-Only Memory）。

　　EPROM 内容在使用过程中是不能擦除重写的，所以仍属于只读存储器。要想改写 EPROM 中的内容，必须将芯片从电路板上拔下，放到紫外灯光下照射十几分钟，使存储的数据消失。数据的写入可用编程器，通过软件生成电脉冲来实现编程。

EPROM 是采用浮栅技术生产的可编程存储器，它的存储单元多采用 N 沟道叠栅 MOS 管（SIMOS），其结构及符号如图 8−9 （a）所示。除控制栅外，还有一个无外引线的栅极，称为浮栅。当浮栅上无电荷时，给控制栅（接在行选择线上）加上控制电压，MOS 管导通；而当浮栅上带有负电荷时，则衬底表面感应的是正电荷，使得 MOS 管的开启电压变高，如图 8−9 （b）所示，如果给控制栅加上同样的控制电压，MOS 管仍处于截止状态。由此可见，SIMOS 管可以利用浮栅是否积累有负电荷来存储二值数据。

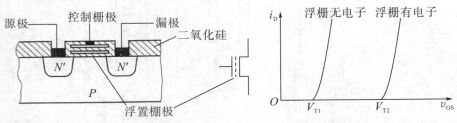

(a) 叠栅 MOS 管的结构及符号　　(b) 叠栅 MOS 管浮栅上积累电子与开启电压的关系

图 8−9　叠栅 MOS 管

在写入数据前，浮栅是不带电的，要使浮栅带负电荷，必须在 SIMOS 管的漏、栅极加上足够高的电压（如 25 V），使漏极及衬底之间的 PN 结反向击穿，产生大量的高能电子。这些电子穿过很薄的氧化绝缘层堆积在浮栅上，从而使浮栅带有负电荷。当移去外加电压后，浮栅上的电子没有放电回路，能够长期保存。当用紫外线或 X 射线照射时，浮栅上的电子形成光电流而泄放，从而恢复写入前的状态。照射一般需要 15~20 min。为了便于照射擦除，芯片的封装外壳装有透明的石英盖板。EPROM 的擦除为一次全部擦除，数据写入需要通用或专用的编程器。这对于工程研制和开发特别方便，应用较广，缺点是擦除操作复杂，速度慢，正常工作时不能随意改写。

8.2.4　电擦除可编程只读存储器 （E^2PROM）

EEPROM/E^2PROM （Elecbically Erasable PROM）是电可擦除可编程 ROM，其特点是能以字节为单位进行擦除和改写，而不是像 EPROM 那样整体擦除，也不需要把芯片从用户系统中拔下来用编程器编程，在用户系统即可进行。随着技术的发展，E^2PROM 的擦写速度将不断加快，容量将不断提高，可作为非易失性的 RAM 使用。

上面介绍的 PROM 要改写其中的存储内容，需要用紫外线照射，使用起来不太方便。E^2PROM 是一种电写入电擦除的只读存储器，擦除时不需要紫外线照射，只要用 10 ms、20 V 左右的电脉冲即可完成擦除操作。擦除操作实际上是对 E^2PROM 进行写 "1" 操作，全部存储单元均写为 "1" 状态，编程时只要对相关部分写为 "0" 即可。E^2PROM 擦除操作简单，速度快，正常工作时最好不要随意改写。

8.2.5　快闪存储器 （Flash Memory）

快闪存储器是电子可擦除可编程只读存储器 E^2PROM 的一种形式。快闪存储器允许在操作中多次擦或写，并具有非易失性，即单指保存数据而言，它并不需要耗电。快闪存储器和传统的 E^2PROM 不同在于它是以较大区块进行数据抹擦，而传统的 E^2PROM 只能进行擦除和重写单个存储位置，这就使得快闪在写入大量数据时具有显著地优势。闪存具有较快的读取速度，其读取时间小于 100 ns，这个速度可以和主存储器相比，但是由于它的写入操作比较复杂，花费时间较长，与硬盘相比，闪存的动态抗振能力更强，因此它非常适合用于移动设备上，例如笔记本电脑、相机和手机等。闪存的一个典型应用 USB 盘已经成为计算机系统之间传输数据的流行手段。

快闪存储器除具有 E^2PROM 擦除的快速性，结构又有所简化，操作简单，容量增大，进一步提高了集成度和可靠性，从而降低了成本。目前除了各种快闪存储器的产品面世外，快闪存储器还向其他应用领域拓展，例如现在已经出现了应用于计算机上的可移动磁盘，以代替软磁盘。可移动磁盘的容量大的已经做到 1 G 以上，大小只相当一只普通的打火机，它采用 USB 口，有的可以带电插拔，工作速度快，使用十分方便。Flash Memory 的进一步完善，可取代计算机的硬盘，以及更新和诞生许多新的电子产品，如数码相机的存储卡、MP3、MP4 等音频、视频播放器等。

综上所述，无论是哪一种形式的 ROM，在使用时只能读出，不能写入，断电时，存放在 ROM 中的信息都不会丢失。

8.3 随机存储器

随机存储器（RAM）也称随机读/写存储器，简称 RAM。在 RAM 工作时可以随时从任何一个指定地址读出数据，也可以随时将数据写入任何一个指定的存储单元中去。它的优点是读、写方便，使用灵活。缺点是一旦断电，所存储的数据将随之丢失，即存在数据易失性的问题。RAM 电路通常由存储矩阵、地址译码器和读/写控制电路（也称输入/输出电路）几部分组成，电路结构框图如图 8-10 所示。

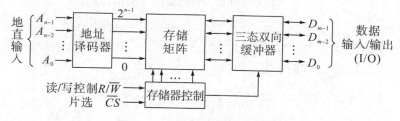

图 8-10 RAM 的电路结构框图

存储矩阵由许多存储单元排列而成，每个存储单元能存储 1 位二进制数据（1 或 0），在译码器和读/写控制电路的控制下既可以写入 1 或 0，又可将所存储的数据读出。

地址译码器将输入的地址代码译成一条字线的输出信号，使连接在这条字线上的存储单元与相应的读/写控制电路接通，然后对这些单元进行读或写。

读/写控制电路用于对电路的工作状态进行控制，当读/写控制信号 $R/\overline{W}=1$ 时，执行读操作，将存储单元里的内容送到输入/输出端（I/O）上。当 $R/\overline{W}=0$ 时，执行写操作，输入/输出线上的数据写入存储器中。多数 RAM 集成电路是用一根读/写控制线控制其读/写操作的，但也有些 RAM 集成电路是用两个输入端分别进行读和写控制的。此外，在读/写控制电路中另加有片选输入端 $\overline{CS}$。当 $\overline{CS}=0$ 时，RAM 为正常工作状态；当 $\overline{CS}=1$ 时，所有的输入/输出端均为高阻态，不能对 RAM 进行读/写操作。利用片选输入端 $\overline{CS}$ 可以使多片 RAM 集成电路组合扩展成更大容量的存储器。

输入/输出电路通常由三态门组成，由 $R/\overline{W}$ 信号及 $\overline{CS}$ 信号控制，实现输入（写入）或输出（读出）功能。

RAM 根据存储单元的工作原理的不同又分为静态随机存储器 SRAM 和动态随机存储器 DRAM 两大类。

8.3.1 静态随机存储器（SRAM）

静态随机存储器 SRAM 的存储单元是在静态触发器的基础上附加控制线或门控管而构成的。它们是靠电路状态的自保功能存储数据的。由于使用的器件不同，静态存储单元又分为 MOS 型和双极型两种。基本的电路结构如图 8−11 所示。

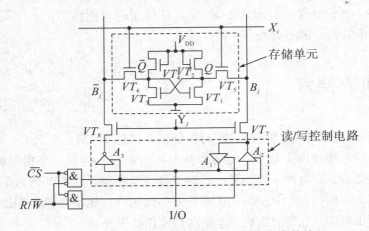

（a）6 管 N 沟道增强型 MOS 管组成的静态存储单元

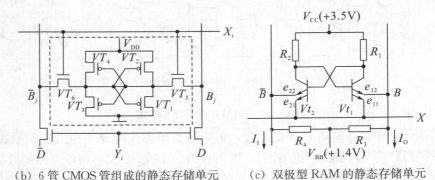

（b）6 管 CMOS 管组成的静态存储单元　　（c）双极型 RAM 的静态存储单元

图 8−11　SRAM 电路基本结构

图 8−11（a）是用 6 只 N 沟道增强型 MOS 管组成的静态存储单元。其中的 $VT_1 \sim VT_4$ 组成基本 RS 触发器，用于记忆 1 位二值代码。VT_5 和 VT_6 是门控管，做模

拟开关使用，以控制触发器的 Q、$\overline{Q}$ 和位线 B_j、$\overline{B_j}$ 之间的联系。VT_5、VT_6 的开关状态由字线 X_i 的状态决定。$X_i=1$ 时 VT_5、VT_6 导通，触发器的 Q 和 $\overline{Q}$ 端与位线 B_j、$\overline{B_j}$ 接通；$X_i=0$ 时 VT_5、VT_6 截止，触发器与位线之间的联系被切断。VT_7、VT_8 是每一列存储单元公用的两个门控管，用于和读/写缓冲放大器之间的连接。VT_7、VT_8 的开关状态由列地址译码器的输出 Y_j 来控制，$Y_j=1$ 时导通，$Y_j=0$ 时截止。

存储单元所在的一行和所在的一列同时被选中以后，$X_i=1$，$Y_j=1$，VT_5、VT_6、VT_7、VT_8 均处于导通状态，Q、$\overline{Q}$ 和位线 B_j、$\overline{B_j}$ 接通。如果这时 $\overline{CS}=0$、$R/\overline{W}=1$，则读/写缓冲放大器的 A_1 接通、A_2 和 A_3 截止，Q 端的状态经 A_1 送到 I/O 端，实现数据读出；$\overline{CS}=0$、$R/\overline{W}=0$，则读/写缓冲放大器的 A_1 截止、A_2 和 A_3 导通，加到 I/O 端的数据被写入存储单元中。图 8–11（b）为 6 管 CMOS 管组成的静态存储单元。图 8–11（c）为双极型 RAM 的静态存储单元。

8.3.2 动态随机存储器（DRAM）

动态随机存储器 DRAM 的存储单元是利用 MOS 管栅极电容能够存储电荷的原理制成的。电路结构比较简单，但由于栅极电容的容量很小（只有几皮法），而漏电流不可能为零，所以电荷的存储时间有限。为了及时补充泄漏掉的电荷以避免存储信号丢失，必须定时给栅极电容补充电荷，通常把这种操作叫作刷新或再生。因此，工作时必须辅以比较复杂的刷新电路。

早期采用的动态存储单元为四管电路或三管电路。这两种电路的优点是外围控制电路比较简单，读出信号也比较大，而缺点是电路结构仍不够简单，不利于提高集成度。单管动态存储单元是所有存储单元中电路结构最简单的一种。虽然它的外围控制电路比较复杂，但由于在提高集成度上所具有的优势，使它成为目前所有大容量 DRAM 首选的存储单元。单管动态 MOS 存储单元的电路结构图如图 8–12 所示。

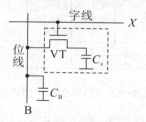

图 8–12 单管动态 MOS 存储单元的电路结构图

存储单元由一只 N 沟道增强型 MOS 管 VT 和一个电容 C_s 组成。在进行写操作时，字线给出高电平，使 VT 导通，位线上的数据便经过 VT 被存入 C_s 中。在进行读操作时，字线同样应给出高电平，并使 VT 导通，这时 C_s 经 VT 向位线上的电容 C_B 提供电荷，使位线获得读出的信号电平。因为在实际的存储器电路中位线上总是同时接有很多存储单元，使 $C_B \gg C_s$，所以位线上读出的电压信号很小。因此，需要在 DRAM 中设置灵敏的读出放大器，一方面将读出信号加以放大，另一方面将存储单元里原来存储的信号恢复。

8.4 存储器容量的扩展

在数字系统中，当使用一片 ROM 或 RAM 器件不能满足存储容量要求时，必须将若干片 ROM 或 RAM 连在一起，以扩展存储容量。扩展可以通过增加位数或字数来实现。

8.4.1 位数的扩展

如果现有 ROM 或 RAM 芯片的字数够用，而位数不够用，则需要进行位扩展。

位扩展可以利用芯片的并联方式实现。RAM 扩展时可将所有 RAM 的地址线、读/写控制线（$R/\overline{W}$）和片选信号（$\overline{CS}$）对应地并联在一起，而将每个芯片的 I/O 端作为整个 RAM 的各个 I/O 端。例如，现需要 1024×8 位的 RAM，而手头只有 1024×4 位的 RAM 芯片，则可以用 2 片 1024×4 的 RAM 组成所需要的 RAM，连接图如图 8-13 所示。当地址码 $A_9 \sim A_0$ 有效，且 $\overline{CS}$、$R/\overline{W}$ 有效时，两片 RAM 中相同地址的单元同时被访问并进行读/写操作，RAM（1）可读/写每个字的低 4 位，RAM（2）可读/写每个字的高 4 位。

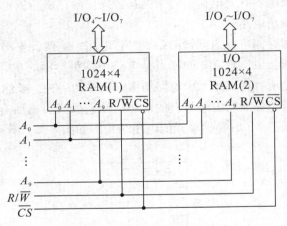

图 8-13 RAM 的位扩展连接法

ROM 芯片上没有读/写控制端 $R/\overline{W}$，位扩展时其余引出端的连接方法与 RAM 相同。

8.4.2 字数的扩展

如果一片存储器的位数（字长）已经够用而字数不够用，则需要进行字扩展。

字数的扩展可以通过外加译码器控制存储器芯片的片选使能端（$\overline{CS}$）来实现。例如，用 2-4 译码器将 4 片 1024×8 位的 RAM 扩展为 4096×8 位 RAM 的系统框图如图 8-14 所示。图中，存储器扩展所需增加的地址线 A_{11}、A_{10} 加至 2-4 译码器的地址输入端，译码器的输出 $\overline{Y_0} \sim \overline{Y_3}$ 分别接至 4 片 RAM 的片选端（$\overline{CS}$），而 4 片 RAM 的 10 位

地址 $A_9 \sim A_0$ 并接在一起。这样当整个系统的输入地址 $A_{11} \sim A_0$ 变化时，4 片 RAM 的工作情况和地址分配如表 8−3 所示。可见，当高位地址 A_{11}、A_{10} 变化时，每次只能选择一片 RAM 工作，即只有被选中的芯片可以进行读/写操作。具体选择哪个信息单元（字）进行读/写，则由低 10 位地址 $A_9 \sim A_0$ 决定。所以，4 片 RAM 轮流工作，整个系统的字数扩大了 4 倍。

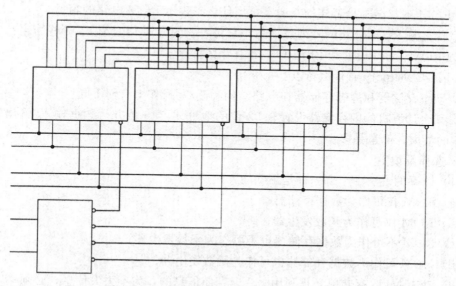

图 8−14　RAM 的字扩展

表 8−3　图 8−14 中各片 RAM 的地址范围

地址范围														译码器输出				有效芯片（$\overline{CS}=0$）
A_{11}	A_{10}	A_9	A_8	A_7	A_6	A_5	A_4	A_3	A_2	A_1	A_0			$\overline{Y_0}$	$\overline{Y_1}$	$\overline{Y_2}$	$\overline{Y_3}$	
0	0	0	0	0	0	0	0	0	0	0	0			0	1	1	1	RAM（1）
						⋮												
		1	1	1	1	1	1	1	1	1	1							
0	1	0	0	0	0	0	0	0	0	0	0			1	0	1	1	RAM（2）
						⋮												
		1	1	1	1	1	1	1	1	1	1							
1	0	0	0	0	0	0	0	0	0	0	0			1	1	0	1	RAM（3）
						⋮												
		1	1	1	1	1	1	1	1	1	1							
1	1	0	0	0	0	0	0	0	0	0	0			1	1	1	0	RAM（4）
						⋮												
		1	1	1	1	1	1	1	1	1	1							

　　ROM 的字扩展方法与上述方法相同。

　　若存储器位数或字数都不够用，则需要同时采用位扩展和字扩展的方法，组成满足需要的存储系统。

习 题

1. 半导体存储器的分类情况如何? ROM 与 RAM 的最大区别是什么?

2. RAM 有几种主要的类别?

3. ROM 基本结构是怎样的? 通常可用什么来表示 ROM 电路的容量?

4. 什么是 ROM 电路的阵列逻辑图? 它对一般的 ROM 电路做了哪些简化?

5. PROM、EPROM 和 EEPROM 各有什么特点?

6. Flash Memory 有什么特点?

7. 动态存储器和静态存储器在电路结构和读/写操作上有何不同?

8. 某台计算机的内存储器设置有 32 位的地址线, 16 位并行数据输入/输出端, 试计算它的最大存储量是多少。

9. 选择及填空

(1) 以下的说法中, 哪一种是正确的? (　　　)

(a) ROM 仅可作为数据存储器;

(b) ROM 仅可作为函数发生器;

(c) ROM 不可作为数据存储器也不可作为函数发生器;

(d) ROM 可作为数据存储器也可作为函数发生器。

(2) 动态 MOS 存储单元是利用_____存储信息的, 为不丢失信息, 必须_____。

(3) 利用浮栅技术制做的 EPROM 是靠存储_____信息的, 当将外部提供的电源去掉之后, 信息_____。

10. 试用如题图 1 所示的 8×4 RAM 扩展为

(1) 32×4 RAM

(2) 16×8 RAM

可附加译码器、集成逻辑门电路, 最后画出各自连接图。

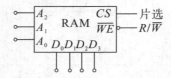

题图 1　8×4 RAM 示意图

11. 用 ROM 电路的阵列逻辑图实现余 3 码转换成 2421BCD 码的码制转换电路。

12. 用 ROM 电路的阵列逻辑图实现全加法器。

13. 已知 $y = 6x^2 + 3$, 其中 x 为小于 4 的正整数。试画出该函数的 ROM 阵列图。

14. 试用两片 1024×8 位的 ROM 组成 1024×16 位的储存器。

15. 试用四片 4 K×8 位的 RAM 接成 16 K×8 位的储存器。

16. 用 ROM 设计一个组合逻辑电路, 产生如下逻辑函数

$$\begin{cases} Y_1 = \overline{A}BC\overline{D} + \overline{A}BCD + A\overline{B}C\overline{D} + ABCD \\ Y_2 = \overline{A}\overline{B}C\overline{D} + \overline{A}\overline{B}CD + A\overline{B}\overline{C}\overline{D} + AB\overline{C}D \\ Y_3 = \overline{A}BD + \overline{B}C\overline{D} \\ Y_4 = BD + \overline{B}\overline{D} \end{cases}$$

列出 ROM 应有的数据表，画出存储矩阵的点阵图。

17. 试设计一个判别电路，判别一个 4 位二进制数 $D_3 D_2 D_1 D_0$ 的状态，其框图如题图 2 所示。

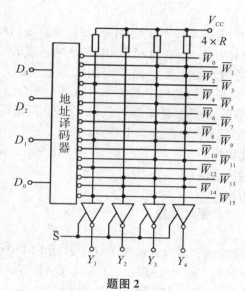

题图 2

（1）是否能被 3 整除，若能被 3 整除，则输出 $Y_1 = 1$。

（2）是否大于 12，若大于 12，则输出 $Y_2 = 1$。

（3）是否为奇数，若为奇数时，则输出 $Y_3 = 1$。

（4）是否有奇数个 1，若有奇数个 1，则输出 $Y_4 = 1$。

要求用 ROM 实现，只需在题图 2 中的存储矩阵内相关之处标记"·"即可。

18. PROM 实现的组合逻辑函数如题图 3 所示。

（1）分析电路功能，说明当 XYZ 为何种取值时，函数 $F_1 = 1$，函数 $F_2 = 1$。

（2）XYZ 为何种取值时，$F_1 = F_2 = 0$。

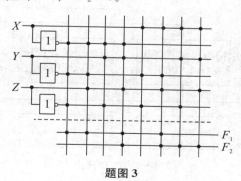

题图 3

第 9 章　可编程逻辑器件

可编程逻辑器件（Programmable Logic Device）简称 PLD，是可以由用户编程、配置的一类逻辑器件的泛称，它是 20 世纪 70 年代发展起来的一种集成器件。PLD 是大规模集成电路技术发展的产物，是一种半定制的集成电路，结合计算机软件技术（EDA 技术）可以快速、方便地构建数字系统。本节将主要介绍可编程阵列逻辑 PAL、通用阵列逻辑 GAL、复杂的可编程逻辑器件（CPLD）、现场可编程门阵列（FPGA）等典型的 PLD 器件。可编程逻辑器件有以下特点：

（1）减少系统的硬件规模；

（2）增强逻辑设计的灵活性；

（3）缩短系统设计周期；

（4）简化系统设计，提高系统速度；

（5）降低系统成本。

常用的 PLD 就其集成度而言可分为简单 PLD、复杂 PLD 及现场可编程门阵列，如图 9-1 所示。简单 PLD 包括 PROM、PLA、PAL、GAL 等，它们的集成度很低，每只器件中可用的逻辑门大约在 500 门以下。复杂 PLD 芯片的集成度较高，现在大量使用的 CPLD 就属于这一类。可编程器件从结构上可分为乘积项（Product Term）结构器件和查找表（Look Up Table，LUT）结构器件。前者的基本结构为"与-或阵列"的器件，大部分简单 PLD 和 CPLD 都属于这个范畴；后者是由简单的查找表组成可编程门，再构成阵列形式，称为可编程门阵列（Programmable Gate Array），FPGA 属于此类器件。CPLD 和 FPGA 是 20 世纪 80 年代中期发展起来的高密度芯片，每只器件可含有上万门可用的逻辑门。

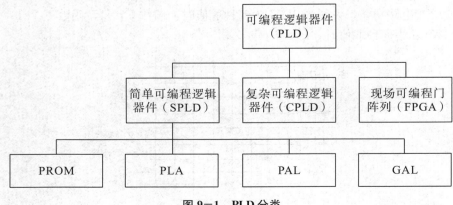

图 9-1　PLD 分类

9.1　概述

9.1.1　PLD 的基本结构及其表示方法

9.1.1.1　PLD 的基本结构

PLD 电路由与门阵列和或门阵列两种基本的门阵列组成。可编程逻辑器件的基本结构如图 9－2 所示，它由输入缓冲器、与阵列、或阵列、输出缓冲器等 4 部分功能电路组成。

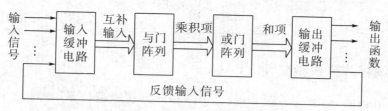

图 9－2　PLD 的基本结构

与阵列和或阵列是 PLD 的核心，通过用户编程可实现"与－或"逻辑。其中，与阵列产生逻辑函数所需的与项（乘积项），而或阵列选择所需的与项，实现或逻辑，构成"与－或"逻辑函数（乘积项之和）。输入缓冲电路主要对输入变量进行预处理，为与阵列提供互补的输入变量，即原变量和反变量。输出缓冲电路主要用来对输出的信号进行处理。对于不同的 PLD，其输出缓冲电路的结构有很大的差别，通常含有三态门、寄存器、逻辑宏单元等。用户可根据需要进行编程，实现不同类型的输出结构，既能输出组合逻辑信号，也能输出时序逻辑信号，并能决定输出信号的极性。输出缓冲电路还可以把某些输出端，经反馈通路引回到与阵列，使输出端具有 I/O 功能。

9.1.1.2　PLD 的逻辑符号表示方法

PLD 内部电路的连接十分庞大，而且 PLD 器件所用门电路输入/输出端数繁多，前面介绍的逻辑电路的一般表示方法不适合描述可编程逻辑器件 PLD 内部结构与功能。PLD 表示法在芯片内部配置和逻辑图之间建立了一一对应关系，并将逻辑图和真值表结合起来，形成一种紧凑而又易于识读的表达形式。如表 9－1 所示为 PLD 的逻辑符号表示方法。

（1）输入缓冲器表示。

输入缓冲器可产生输入变量的原变量和反变量，并提供足够的驱动能力。

（2）与门和或门的表示。

为了方便逻辑图的表达，PLD 器件中与门和或门的逻辑表示方法如表 9－1 所示。其中输入线画成横线（行线），所有的输入变量都称为输入项，并画成与行线垂直的列线以表示输入，列线与行线交叉处，即逻辑矩阵交叉点的逻辑表示，由表 9-1 可以看到，门阵列交叉点上连接有三种方式。

（1）硬线连接：硬线连接是固定连接，不能用编程加以改变。

（2）编程接通：它是通过编程实现接通的连接。

（3）可编程断开：通过编程以使该处连接呈断开状态。

表 9-1　PLD 逻辑符号表示方法

项目	PLD 逻辑符号表示方法	项目	PLD 逻辑符号表示方法
输入缓冲器	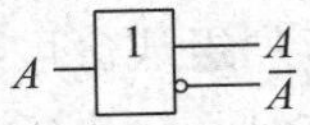 A —[1]— $\frac{A}{\overline{A}}$	或门阵列	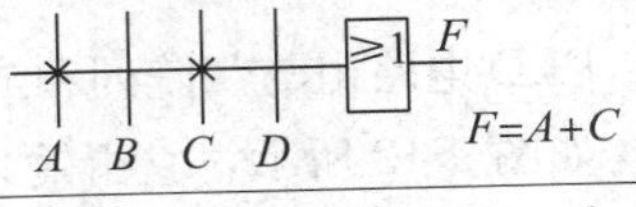 $\begin{array}{l} \times\ \mid\ \times\ \mid\ [\geq1]\ F \\ A\ B\ C\ D\quad F=A+C \end{array}$
与门阵列	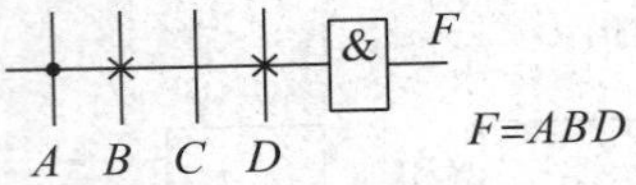 $\begin{array}{l} \bullet\ \times\ \bullet\ \times\ [\&]\ F \\ A\ B\ C\ D\quad F=ABD \end{array}$	连接画法	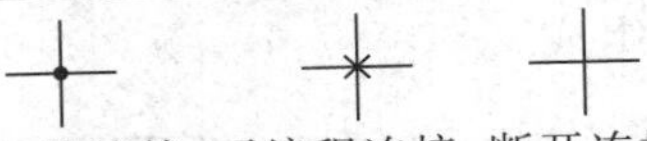 永久性连接　可编程连接　断开连接

9.1.2　可编程阵列逻辑器件（PAL）

PAL（Programmable Array Logic）可编程阵列逻辑器件是 20 世纪 70 年代末由 MMI 公司率先推出的一种低密度、一次性可编程逻辑器件，是第一个具有典型实际意义的可编程逻辑器件。它采用双极型工艺制作，熔丝编程方式，器件工作速度很高（十几毫秒）。PAL 器件由可编程的与逻辑阵列、固定的或逻辑阵列和输出电路三部分组成，通过对与逻辑阵列编程可以获得不同形式的组合逻辑函数。为了扩展电路的功能并增加使用的灵活性，PAL 在与或阵列的基础上，增加了多种输出及反馈电路，构成了各种型号的 PAL 器件，同一型号的 PAL 器件的输入、输出端个数固定。根据 PAL 器件的输出结构和反馈电路的不同，可将它们大致分成专用输出结构、可编程输入/输出结构、寄存器输出结构、异或输出结构等几种类型。它们不仅可以构成组合逻辑电路，也可以构成时序逻辑电路。本节介绍 PAL 的几种基本结构。

9.1.2.1　专用输出基本门阵列结构

如图 9-3 所示的专用输出基本门阵列结构就是一种专用输出结构，除此之外，还有或非门结构和互补型结构。专用输出结构的输出端只能输出信号，不能兼做输入。图中所示的输出部分采用或门输出，为高电平有效器件；如果采用或非门输出，则为低电平有效器件；有的器件采用互补输出的或门，称为互补型输出。专用输出基本门阵列输出结构只适用于实现组合逻辑电路。

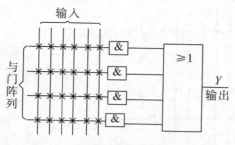

图 9-3　专用输出基本门阵列结构

图 9-4（a）为一个具有 3 个输入变量、可提供 6 个与项、产生 3 个输出函数的 PAL 逻辑结构图，其相应阵列图如图 9-4（b）所示。

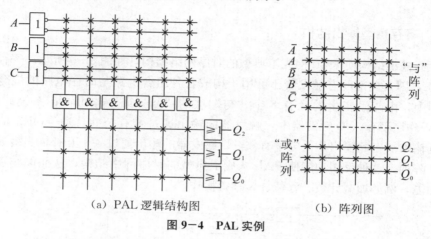

（a）PAL 逻辑结构图　　　　　　　　（b）阵列图

图 9-4　PAL 实例

9.1.2.2　带反馈的可编程 I/O 输出结构

带反馈的可编程 I/O 结构通常又称为异步可编程 I/O 结构，如图 9-5 所示，最上面一个与门所对应的"与"项作为输出三态缓冲器的选通控制。编程时如果该与门的所有输入项全接通，即此"与"项为"0"，此时 EN 为 0，则三态缓冲器处于高阻状态，对应的 I/O 引脚作为输入使用，这时右边一个互补输出缓冲器作为输入缓冲器用。相反地，若最上面与门的所有输入项都断开，即此"与"项为"1"，此时 EN 为 1，则三态缓冲器为工作状态，对应 I/O 引脚作为输出使用。根据这一特性，可通过编程指定某些 I/O 端方向，从而改变器件输入/输出线数目的比例。同时，输出端经过一个互补输出的缓冲器反馈到与逻辑阵列上，由于器件输出的反馈功能，即不论 I/O 引脚作为输入还是输出使用，都通过互补输出缓冲器反馈至"与"阵列，使之能在数据移位等操作中提供双向 I/O 功能。

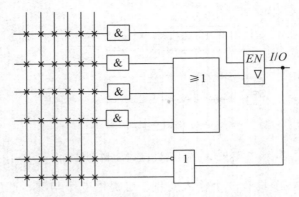

图 9-5 带反馈的可编程 I/O 输出结构

9.1.2.3 寄存器型输出结构

寄存器输出结构使 PAL 构成了典型的时序网络结构，如图 9-6 所示。寄存器输出型的 PAL，因其内部配有触发器还可用于构成各种组合电路与时序电路的混合多用途电路，图中，由或门产生的具有 8 个"与"项的"与-或"输出，在系统时钟 CLK（公共的）作用下存入 D 触发器中，触发器的输出通过带有公共选通（OE）的三态缓冲器送到输出端，此输出是低电平有效。D 触发器的输出通过一个互补输出缓冲器反馈回"与"阵列，这种反馈功能使 PAL 构成了典型的时序网络结构，从而能实现时序逻辑电路功能，例如加减计数、移位、转移等操作。

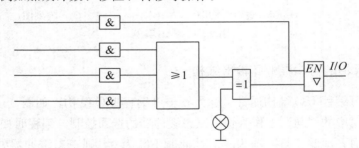

图 9-6 带反馈的可编程 I/O 输出结构

9.1.2.4 带异或门的输入输出结构

这种结构是在寄存器输出结构的基础上增加了一个异或门，如图 9-7 所示，在 D 触发器的 D 端引入一个异或门，使 D 端的极性可通过编程设置，这实际上是允许把输出端置为高电位有效或者低电位有效。

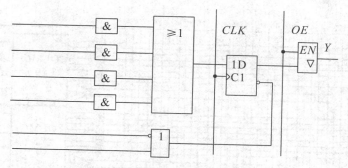

图 9-7　带异或门的输入输出结构

综上所述，PAL 具有如下的三个优点：

（1）提高了功能密度，节省了空间；

（2）提高了设计的灵活性，且编程和使用都比较方便；

（3）有通电复位功能和加密功能，可以防止非法复制。

【例 1】PAL 可以组合逻辑函数，请用 PAL 实现下列一组函数。

$$Y_1 = A\bar{B} + AB + ABC\bar{D} + ABCD$$
$$Y_2 = \bar{A}B + B\bar{C} + AC$$
$$Y_3 = AB\bar{D} + A\bar{C}D + AC + AD$$
$$Y_4 = \bar{A}BC + \bar{A}BC + AB\bar{C} + ABC$$

解：用 PAL 实现逻辑函数的基本原理是基于函数的最简与或表达式，首先进行化简，得到如下的表达式。

$$Y_1 = A$$
$$Y_2 = B + AC$$
$$Y_3 = AB + AC + AD$$
$$Y_4 = AB + \bar{A}C$$

根据表达式画出阵列图，如图 9-8 所示。

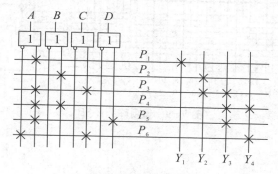

图 9-8　例 1 阵列图

9.1.3　通用阵列逻辑

图 9-9 所示为通用阵列逻辑（GAL）器件 GAL16V8 的逻辑图。

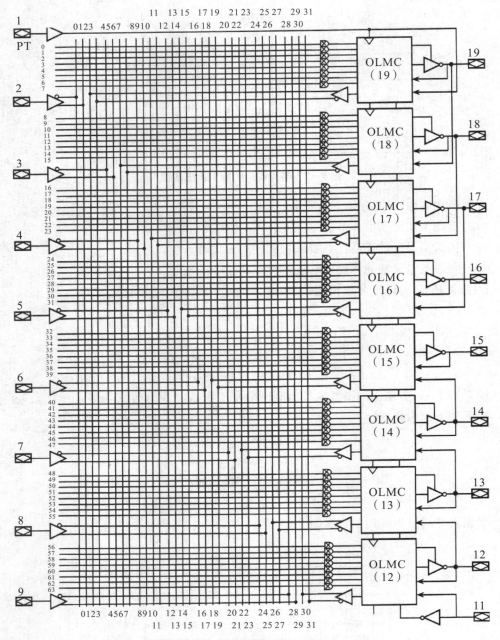

图 9—9 通用阵列逻辑

9.1.3.1 基本结构

（1）有 8 个输入缓冲器（第 2~9 管脚）和 8 个反馈缓冲器，它们的输出作为与阵列的输入，接与阵列的 32 条列线。注意第 2~9 管脚只能作输入。

（2）与阵列有 64 个乘积项输出 PT_0~PT_{63}（标有数字的行线），64 行×32 列=2048 个可编程单元构成与阵列。行号（0~63）和列号（0~31）共同确定一个唯一的编程单元。

（3）有 8 个输出逻辑宏单元（第 12～19 管脚），以管脚编号并分为两组：OLMC（12）～OLMC（15）组和 OLMC（19）～OLMC（16）组。特别指出：OLMC 中有 8 输入或门，作为固定的或阵列。通过对 OLMC 编程，第 12～19 管脚即可以作输入，也可作输出，记为 I/O（n）端，$n=12，13，\cdots，19$。

（4）1 个时钟输入端（第 1 脚）和 1 个三态使能输入端 OE（第 11 脚），它们也可作为数据输入端。

（5）5 V 电源端（第 20 脚）和接地端（第 10 脚），图中未画出。

9.1.3.2　结构控制字

GAL16V8 的结构控制字配置其片内资源。结构控制字如图 9-10 所示。8 个 OLMC 有两个公共的结构控制字单元 AC_0 和 SYN，每个 OLMC 还各有两个可编程的结构控制单元 AC_1（n）和 XOR（n）（$n=12\sim19$）。$PT_0\sim PT_{63}$ 位分别控制与阵列的 64 个乘积项是否使用。

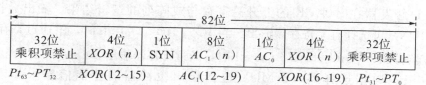

图 9-10　GAL16V8 的结构控制字

9.1.3.3　输出逻辑宏单元（OLMC）及其工作模式

OLMC 的电路如图 9-11 所示。

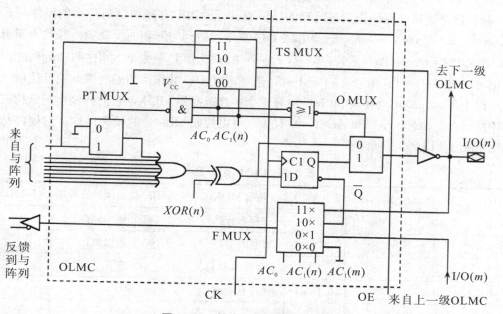

图 9-11　输出逻辑宏单元 OLMC

255

(1) 在图 9-11 中，数据选择器 MUX 的地址变量 AC_0、AC_1 (n)、AC_1 (m) 来自结构控制字，$n=12\sim19$，表示引脚 $12\sim19$ 对应的输出宏模块（OLMC），m 表示相邻宏模块。时钟信号 CK 与引脚 1 相连，输出允许信号 OE 与引脚 11 相连。每个 OLMC (n) $[n=12\sim19]$ 的引脚 I/O (n) 被引到组内相邻下级 OLMC，I/O (m) 来自组内相邻上级 OLMC 的引脚；AC_1 (n) 是属于本级 OLMC 的结构控制位，AC_1 (m) 是属于相邻上级的结构控制位。对于 OLMC (12) 和 OLMC (19)，I/O (m) 分别是第 11 脚和第 1 脚（见图 9-9），它们对应的 AC_0 和 AC_1 (m) 分别改为 $\overline{SYN}$ 和 SYN。

(2) 8 输入或门构成固定的或阵列，输入来自可编程的与阵列。其中一个乘积项受乘积项数据选择器 PT MUX 的控制，可以是或门的输入（$AC_0 \cdot AC_1$ (n) $=0$）或者不是或门的输入（$AC_0 \cdot AC_1$ (n) $=1$）。该乘积项还是三态数据选择器 TS MUX 的一个输入。

(3) 异或门控制或门的输出极性。当 XOR (n) $=1$ 时，异或门输出或门的反；当 XOR (n) $=0$ 时，异或门输出或门的原。XOR (n) 来自结构控制字。

(4) D 触发器在时钟 CK 的上升沿寄存与或阵列的逻辑结果。输出数据选择器（OUT MUX）可选择有无寄存器输出。当 $\overline{AC_0+AC_1}$ (n) $=0$ 时，不通过寄存器输出，称为寄存器旁路；当 $\overline{AC_0+AC_1}$ (n) $=1$ 时，通过寄存器输出。

(5) 三态数据选择器 TS MUX 选择输出缓冲器的使能信号。当 $AC_0=0$、AC_1 $(n)=0$ 时，输出使能（输出缓冲器为工作态）；当 $AC_0=0$、AC_1 (n) $=1$ 时，输出禁止（输出缓冲器为高阻态）；当 $AC_0=1$、AC_1 (n) $=0$ 时，选择 OE 信号作输出缓冲器的使能信号；当 $AC=1$、AC_1 (n) $=1$ 时，选择来自与阵列的乘积项作输出缓冲器的使能信号。

(6) 反馈数据选择器 F MUX 选择回馈到与阵列的反馈项：当 $AC_0=0$、AC_1 (m) $=0$ 时，选择逻辑 0 作回馈到与阵列的反馈项，等效为没有回馈到与阵列的反馈项；当 $AC_0=0$、AC_1 (m) $=1$ 时，选择邻级 I/O 端作回馈到与阵列的反馈项，等效为邻级的 I/O 引脚作输入；当 $AC_0=1$、AC_1 (n) $=0$ 时，选择 D 触发器的 $\overline{Q}$ 作回馈到与阵列的反馈项；当 $AC_0=1$、AC_1 (n) $=1$ 时，选择本级 I/O 端作回馈到与阵列的反馈项。

综上所述，输出宏模块 OLMC 中有 4 个多路选择器 MUX，它们的输出与结构控制字中的 AC_0、AC_1 (n) 和 AC (m) 有关，可以控制 OLMC 的硬件结构。对硬件结构的影响归纳如表 9-2 所示。

表 9-2　OLMC 的配置表

AC_0	AC_1 (n)	AC (m)	PT MUX	OUT MUX	TS MUX-输出缓冲器控制	F MUX
0	0	×	PT	寄存器旁路	1 (V_{cc}) 输出允许	
0	1	×	PT	寄存器旁路	0 (0V) 输出禁止	
1	0	×	PT	寄存器输出 Q	OE	
1	1	×	0 (0V)	寄存器旁路	PT	
0	×	0				0-无反馈

续表

AC_0	AC_1 (n)	AC (m)	PT MUX	OUT MUX	TS MUX−输出缓冲器控制	F MUX
0	×	1				I/O (m)
1	0	×				触发器的 $\overline{Q}$
1	1	×				I/O (n)

注：×表示无关，PT 来自与阵列的乘积项，寄存器旁路是异或门的输出

根据结构控制字中 SYN、AC_0、AC_1（n）和 XOR（n）的数据，可以将 OLMC 配置成 5 种工作模式之一，见表 9−3。注意：当 $SYN=1$ 时，用于实现组合逻辑电路，第 1 和第 11 管脚作为数据输入端；当 $SYN=0$ 时，用于实现时序逻辑电路，第 1 管脚作时钟输入 CK，第 11 管脚作输出使能 OE。与 5 种工作模式对应的电路见图 9−12。注意电路图[图 9−12（c）和（d）]，引脚既可作输入，也可作输出。

表 9−3　OLMC 的工作模式

SYN	AC0	AC1 (n)	工作模式	备注
1	0	1	专用输入	实现组合逻辑电路。第 1 和第 11 管脚作为数据输入端
1	0	0	专用组合输出	
1	1	1	反馈组合输出	
0	1	1	时序组合输出	实现时序逻辑电路。第 1 和第 11 管脚分别是 CK 和 OE
0	1	0	寄存器输出	

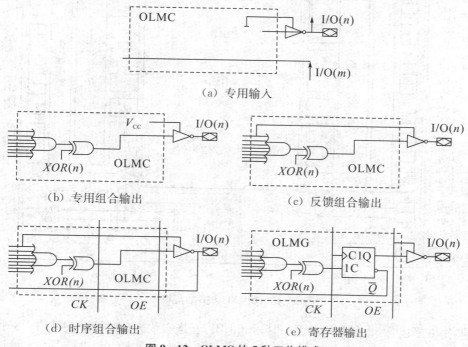

(a) 专用输入

(b) 专用组合输出　　　(c) 反馈组合输出

(d) 时序组合输出　　　(e) 寄存器输出

图 9−12　OLMC 的 5 种工作模式

例如，将输出宏模块 OLMC（12）配置成专用输入，则控制字中相应的控制位（见表 9-3）：AC_1（n）$=AC_1$（12）$=1$，$SYN=1$。对 OLMC（12），$AC_0=\overline{SYN}=0$，AC_1（m）$=SYN=1$，I/O（m）为引脚 11，I/O（n）为引脚 12。根据这些数据查表 9-2（第 2 和 6 行数据），确定 OLMC（12）中多路选择器 MUX 的配置，绘出电路如图 9-12（a）所示。

再例如，将输出宏模块 OLMC（19）配置成寄存器输出，则控制字中相应的控制为（见表 9-3）：AC_1（n）$=AC_1$（19）$=0$，$SYN=0$。对 OLMC（19），$AC_0=\overline{SYN}=1$，AC_1（m）$=SYN=0$，I/O（m）为引脚 1，I/O（n）为引脚 19，引脚 1 接时钟 CK，引脚 11 接输出允许 OE。根据这些数据查表 9-2（第 3 和 7 行数据），确定 OLMC（19）中多路选择器 MUX 的配置，绘出电路如图 9-12（e）所示。

GAL 的编程数据（包括与阵列和输出宏模块等的数据）由逻辑设计软件产生，并通过专门的编程器写入 GAL，不需要设计者手工设计。所以，GAL 的设计和使用比较方便。

9.1.4 复杂可编程逻辑器件

复杂可编程逻辑器件（CPLD）器件内部集成了多个比 GAL 功能更完善的通用逻辑块（Generic Logic Block，GLB），可以实现较复杂的数字系统。图 9-13 所示为 LATTICE 公司生产的在系统可编程大规模集成逻辑器件 ispLSI 1016 的功能框图。

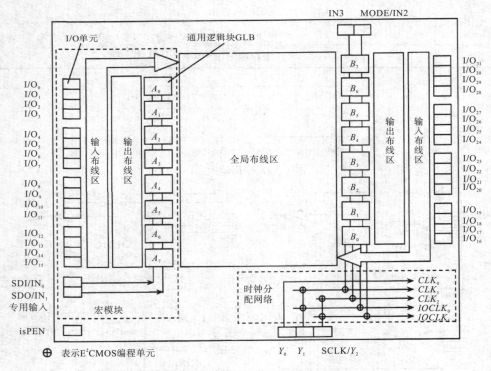

图 9-13　ispLSI 1016 功能框图

器件主要包含 32 个 I/O 单元、16 个 GLB、互连布线区和时钟分配网络。8 个 GLB $A_0\sim A_7$ 与 16 个 I/O 单元 I/O$_0\sim$I/O$_{15}$ 组成一个宏模块。余下的组成另一个宏模块。通过输入布线区将 I/O 单元的输入信号引到全局布线区，任何一个 GLB 可从全局布线区选择输入信号作为其输入。输出布线区可将 GLB 的输出灵活地与宏模块内的任何 4 个 I/O 单元相连。I/O 单元则是内部逻辑和器件引脚的互连电路，可设置为输入、输出和双向模式。

可以将 CPLD 想象为一个在印制电路板上制作的数字系统，I/O 单元和通用逻辑块 GLB 等模块相当于印制电路板上的集成器件完成一定的功能，通过互连布线区将它们互连组成一个复杂的电路系统。

9.1.4.1 时钟分配网络

由图 9-13 可知，CLK_0 是由引脚 Y_0 输入的外部时钟。而 CLK_1、CLK_2、$IOCLK_0$ 和 $IOCLK_1$ 可由 GLB B_0 产生或者由外部输入（Y_1、Y_2）。CLK_0、CLK_1 和 CLK_2 用于 GLB 中的触发器，而 $IOCLK_0$ 和 $IOCLK_1$ 则用于 I/O 单元中的触发器。Y_1 还可作为全局复位输入（Global Reset），其作用由逻辑设计开发软件确定。

9.1.4.2 通用逻辑块（GLB)

图 9-14 是 ispLSI 1016 的 GLB。GLB 有 18 个输入，产生 4 个输出（$O_0 \sim O_3$）。

来自全局布线区的 16 个信号和两个专用输入信号（IN_0、IN_1 或者 IN_2、IN_3，见图 9-13）作与阵列的输入，产生 20 个乘积项 $PT_0 \sim PT_{19}$。乘积项共享阵列可灵活分配乘积项。例如，按 4、4、5、7 分配给 4 个或门，然后通过共享阵列分配给任何一个触发器，可用的乘积项最多可达 20 个；也可以将共享阵列旁路，直接将或门输出送触发器。可让乘积项 PT_{12} 作触发器的时钟（CLK）/复位（reset）信号，或者让乘积项 PT_{19} 作 I/O 单元的输出允许（OE）/复位（reset）信号。参见控制功能框。

可重配置的触发器由 4 个 D 触发器和异或门（图 9-14 中未画出）组成，可以灵活地配置成可复位的 D、JK 和 T 触发器。异或门还可以配置为对乘积项（PT_0、PT_4、PT_8、PT_{13}）和或门输出作异或运算。输出数据选择器 MUX 可以选择 GLB 有无寄存器输出。

GLB 的控制功能电路选择触发器的时钟和复位信号。时钟信号 CLK_0、CLK_1 和 CLK_2 来自时钟分配网络，PT Clock 来自与阵列（PT_{12}）。复位信号可以是乘积项（PT_{19}）或全局复位信号 Y_1（低电平有效）。PT OE 来自与阵列（PT_{19}），去输出使能数据选择器 OE MUX（图 9-15）。

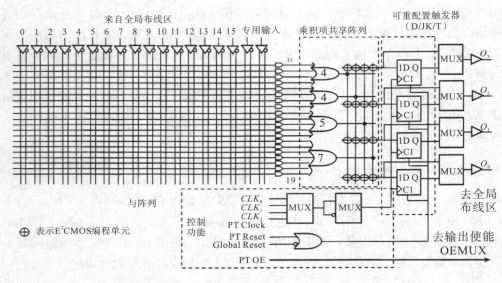

图 9-14　ispLSI 1016 的 GLB

9.1.4.3　I/O 单元和输出使能数据选择器 OE MUX

I/O 单元是内部逻辑和器件引脚的互连电路，如图 9-15 所示。主要由 6 个数据选择器 MUX、3 个缓冲器和 1 个触发器组成。当 R/L=1 时，触发器配置为边沿触发；当 R/L=0 时，触发器配置为锁存器。OE MUX 选择来自 8 个 GLB 的乘积项之一，可控制 I/O 单元的输出缓冲器。

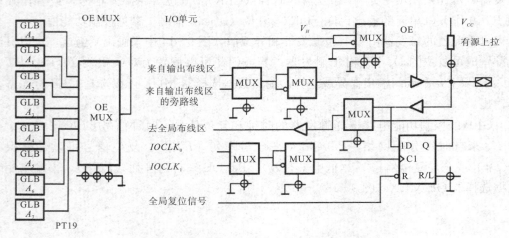

图 9-15　ispLSI 1016 的 I/O 单元和 OE MUX

为了保证器件使用的灵活性，CPLD 的引脚大多数可设置为输入、输出和双向单元，如图 9-16 所示。

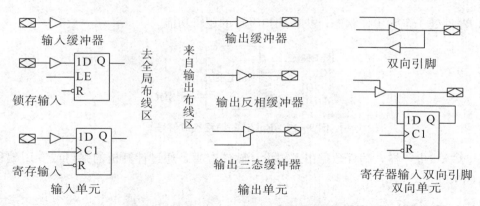

图 9-16   ispLSI 1016 的 I/O 单元配置形式

输入单元将引脚输入信号传递到输入布线区和全局布线区。全局布线区为 GLB 提供输入信号。引脚信号可以是缓冲输入、锁存输入或寄存器输入。

输出单元将 GLB 的输出送到引脚上。GLB 的输出可以经过输出布线区并缓冲输出到引脚上。可编程的输出布线区可以将 GLB 的每个输出送到宏模块的任何 4 个 I/O 单元，增加了使用的灵活性。也可以旁路输出布线区，GLB 的输出直接缓冲输出到引脚上，实现高速输出。

双向单元使引脚具有输入/输出的功能。注意：输入、输出是分时进行的。为了避免信号冲突，必须有输出三态缓冲器。

9.1.4.4　在系统编程

将设计数据写入 PLD 的可编程单元中称为 PLD 的编程。编程后的 PLD 实现用户设计的逻辑功能。

编程元件（叠栅 MOS 管、隧道 MOS 管和闪存 MOS 管）的擦除和写入需要比器件正常工作电压高的编程电压。早期的 PLD（如 PAL、GAL 等）内部没有编程电压发生器，故必须通过专门的编程器对其进行编程。所以，编程时，必须把 PLD 器件从系统中拔出并置于编程器中。

对于在系统编程（In System Orogrammable，ISP）器件，其内部集成了编程电压发生器、编程状态机和接口电路。编程电压发生器由正常的工作电压（5 V）产生编程电压（高于 5 V），编程状态机控制数据的输入、输出和编程单元的改写，接口电路实现编程数据的输入和输出。通常，PLD 的全部可编程单元组织成一定的存储结构，设计数据按存储结构组织，通过接口电路输入编程数据。从 PLD 读出的数据用于校验写入数据的正确性。

ispLSI 器件的编程接口信号如图 9-17 所示。当 ispEN＝0 时，器件处于编程状态。除编程接口引脚外，PLD 的其余引脚全部为高阻态，对外部元件无影响，故可实现在系统编程。输入信号 MODE、SCLK、SDI 和 SDO 配合，实现数据的串行输入和串行输出。SDI 和 SDO 分别是数据串行输入和输出端，SCLK 是时钟输入端，MODE 是模式输入端。先输入数据，后读出数据。校验正确后，对编程单元进行改写。当 ispEN＝

1时，器件处于正常工作状态，执行用户设计的逻辑功能。

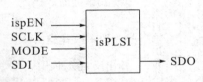

图 9-17 ispLSI 的编程接口信号

与 GAL 也一样，编程数据由逻辑设计软件产生，通过计算机的并口或专用编程器写入 CPLD。

9.1.5 现场可编程门阵列（FPGA）

FPGA（Field Programmable Gate Array）是 20 世纪 80 年代中期 Xilinx 公司推出的一种新型的可编程逻辑器件，其结构不同于基于与或阵列的器件，其最大的特点是可实现现场编程，同时具有密度高、编程速度快、设计灵活和可再配置等许多优点。所谓现场编程是指对于已经焊接在 PCB 上或正在工作的芯片实现逻辑重构，当然也可在工作一段时间后修改逻辑。除 FPGA 外，基于 GAL 系列的 ispLSI 等在线可编程集成电路都也具有这种功能。

结构上 FPGA 为逻辑单元阵列结构 LCA（Logic Cell Array），主要由可组态逻辑块 CLB（Configurable Logic Block）、可编程输入输出模块 IOB（Input-Output Block）和可编程内部连线 PIC（Programmable Interconnect）三部分组成。FPGA 的基本结构图如图 9-18 所示，下面以 Xilinx FPGA 结构为例。

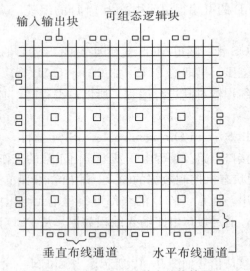

图 9-18 FPGA 的基本结构简图

9.1.5.1 CLB 结构

由 CLB 构成二维阵列，块与块之间有纵向、横向两种布线资源，芯片内部各部分的逻辑连接由 SRAM 控制。芯片的四周是输入/输出模块，这些 IOB 也是由逻辑门和触发器等组成。同一公司生产的不同型号的 FPGA，其 CLB 和布线也有较大的区别。

　　例如 XC3000 系列，它有 64 个 CLB，排列成 8 行×8 列的矩阵，每个 CLB 都由一个组合逻辑电路、两个触发器和若干多路选择器组成。其中组合逻辑电路为 32×1 的查表存储器方式组成，它可实现五变量的任意函数。两个输出可以为组合的或者是寄存器型的。由于有时钟端口、两个触发器，它也可以方便地实现时序逻辑功能。

9.1.5.2　可编程输入/输出块 IOB

　　每一个 IOB 可以根据需要，通过编程控制的存储器单元来定义 3 种不同的功能：输入、输出、双向。当 IOB 作为输入接口使用时，输入信号可通过缓冲器输入，也可通过寄存器输入。当 IOB 作为输出口使用时，来自芯片内部的信号既可直接输出，又可由 D 触发器寄存后经缓冲器或三态门输出。每一个 IOB 的设置选项有：是否倒相、信号输出翻转速率、是否接高阻值的上拉电阻等。此外，每一个输入电路还具有钳位二极管来提供静电保护。

9.1.5.3　可编程内部连接线 PIC

　　可编程内部连接线主要由金属线段组成，它分布于 CLB 阵列周围，通过由 SRAM 配置控制的可编程开关实现系统逻辑的布线。主要有三种类型的连线：内部连线、长线和直接连线。XC3000 系列的长线含有复用总线和宽位“线与”功能。直接连线资源常被用来进行 CLB−CLB 之间、CLB−IOB 之间的连接，具有布线短、延迟小的特点。长线用于传递传输距离长的或要求偏移率低的信号。

　　FPGA 的基本特点如下：

　　(1) 采用 FPGA 设计 ASIC 电路（专用集成电路），用户不需要投片生产，就能得到合用的芯片；

　　(2) FPGA 可做其他全定制或半定制 ASIC 电路的中试样片；

　　(3) FPGA 内部有丰富的触发器和 I/O 引脚；

　　(4) FPGA 是 ASIC 电路中设计周期最短、开发费用最低、风险最小的器件之一；

　　(5) FPGA 采用高速 CMOS 工艺，功耗低，可以与 CMOS、TTL 电平兼容。

　　可以说，FPGA 芯片是小批量系统提高系统集成度、可靠性的最佳选择之一，目前 FPGA 受到普遍的欢迎，并得到迅速发展。

9.2　可编程逻辑器件的编程技术

9.2.1　现代电路与系统的设计方法

　　PLD 的出现，在系统可编程器件及其技术的问世，使现代电子电路与系统的设计发生了革命性的变化。现代电路与系统的设计一般可分为设计输入、设计实现和编程三个步骤，以及功能仿真、时序仿真、测试三个设计验证过程。流程大致如图 9-19 所示。这是一种简单、快捷、高效的方法。现代流行的可编程器件、开发软件，都可以根据实际需要进行选用。

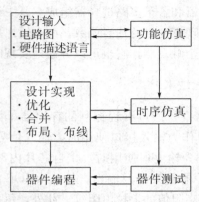

图 9-19　PLD 器件的设计流程图

　　可编程逻辑器件的开发软件很多，它们都采用系统级目标设计功能和框架式结构，具有输入、综合、编译和仿真的功能。设计广泛采用自顶向底、逐步细化的模块化设计方法，并允许采用原理图、高级语言、真值表、状态机和混合式多种输入方式。

　　对于 CPLD、FPGA 和 ISP 系列器件的编程需要用到当前流行的两种硬件描述语言 VHDL 或 Verilog，另外也有几种器件的制造商为其开发的产品而专门设计的硬件描述语言。

9.2.2　设计输入

　　以计算机硬件和系统软件为操作平台，借助开发软件（又称为开发工具、工具软件等。典型的开发软件有 MAX+PLUS II、Quartus II 等），将设计者所设计的逻辑电路以开发软件规定的方式写入开发软件的编辑界面中。最常用的输入方式有原理图输入方式和硬件描述语言输入方式两种。

　　最主要的硬件描述语言有 VHDL 和 Verilog-HDL 两种。其中 Verilog-HDL 是专门为 ASIC〔Application（应用）Specific（专用）Integrate（集成）Circuit（电路）——专用集成电路，简称 ASIC，FPGA 和 CPLD 都属于 ASIC〕的设计而开发的，较为适合算法极（Algorithm）、寄存器传输极（RTL）、逻辑极（Logic）和门极（Gate）设计；VHDL 更适合特大型的系统极设计。

9.2.3　设计实现

　　整个设计实现是在人工操作下由软件完成的。

　　（1）功能仿真。对源文件所描述的逻辑功能进行测试、模拟，以了解其实现的功能是否满足原设计要求的过程，不涉及具体器件的硬件特性。可在综合与适配后进行。

　　（2）综合优化。当输入的源文件经检查无误后，开发软件中的"综合器"将其转换成与 PLD 器件的基本结构相映射的电路网表文件（文件格式为 edf、edn 等），供适配器进行布局布线。优化的目标有面积和速度两个方面，由设计者根据需要预先设定，一般为默认。可见综合就是将源文件转换成 FPGA 或 CPLD 中各逻辑单元间连接关系的网表文件。

（3）适配（布局布线）。将由综合器产生的描述电路连接关系的网表文件配置到指定的目标器件中，产生最终的下载文件。完成适配的软件叫适配器。

（4）时序仿真。接近真实器件运行特征的仿真，产生的仿真网表文件包含了精确的硬件延迟信息。时序仿真是自动设计技术最优秀的特性和最重要的硬件调试工具之一。

（5）编程下载。把适配后生成的下载或配置文件，通过编程器（硬件）或编程电缆（硬件）向 FPGA 或 CPLD 等 PLD 器件下载。完成编程下载的软件也称为编程器。

（6）硬件测试。指在线调试，示波器和逻辑分析仪是主要的调试工具。要求 FPGA 和 CPLD 设计人员保留一定数量的 FPGA，引脚作为测试脚，在综合时把待测试信号锁定到测试脚上。

9.2.4　编程技术

各种 PLD 的编程都需要在开发软件系统的支持下进行。开发系统的硬件部分由计算机和编程器组成，软件部分是专用的编程语言和相应的编程软件。

（1）在系统编程技术（ISP）简介。在系统编程，是指用户可以在自己设计的目标系统上为实现预定逻辑功能而对逻辑器件进行编程或改写。使用 ISP 技术可实现几乎所有类型的数字逻辑电路功能，使得在一块芯片上由用户自行实现大规模数字系统的设想成为现实，这是 PLD 设计技术发展中的一次重要变革。而且 ISP 技术不用编程器，直接在用户的目标系统或印制板上对 PLD 芯片下载，打破了先编程后装配的传统做法。具有 ISP 性能的器件是 E^2CMOS 工艺制造。

ISP 技术及其系列产品有 ispLSI、ispGAL 和 ispGDS，其显著特点是在系统可编程功能，它结合了可编程逻辑器件结构灵活、性能优越、设计简单等特点，为用户提供了传统的 PLD 技术无法达到的灵活性，用户无需昂贵的编程器就可以直接使用系列产品 PLSI/ispLSI 和 ispGAL、ispGDS 器件编程构造数字系统。这种"硬件软做"的方法对于芯片的设计与应用开发、电路的调试与修改、电子产品的升级换代以及缩短产品研制周期、降低生产成本、提高产品竞争能力都具有重要意义，不仅给用户带来了极大的时间效益和经济效益，而且使可编程技术发生了实质性的飞越。ispLSI、ispGAL 和 ispGDS 等可编程逻辑器件是继 CPLD、EPLD、FPGA 之后的一个更新的家族成员，而且 FPGA 中有部分器件就具有在系统编程能力和远程控制能力。

（2）ICR 编程技术。具有 ICR 功能的器件采用了 SRAM 制造工艺。重构工作与 ISP 相似，也是在用户的目标系统或印制电路板上进行的，故称在电路可重构技术。重构方式通常有两种：其一是被动型重构，其二是主动型重构。

（3）反熔丝编程技术。采用反熔丝工艺的 FPGA 采用可编程的低阻元件作为反熔丝介质，该介质在未编程的通常状态下，呈现十分高的阻抗（>100 MΩ）当编程电压施加其上时，该介质击穿，使两层导电材料连接起来而成为永久性物理接触，实现非丢失性一次编程。

9.3　可编程逻辑器件的开发

PLD 的开发是指利用开发系统的软件和硬件对 PLD 进行设计和编程的过程。

低密度 PLD 早期使用汇编型软件，如 PALASM、FM 等。这类软件不具备自动化简功能，只能用化简后的与或逻辑表达式进行设计输入，而且对不同类型的 PLD 兼容性较差。20 世纪 80 年代以后出现了编译型软件，如 ABEL、CUPL 等，这类软件功能强，效率高，可以采用高级编程语言输入，具有自动化简和优化设计功能，而且兼容性好，因而很快得到了推广和应用。高密度 PLD 出现以后，各种新的 EDA 工具不断出现，并向集成化方向发展。这些集成化的开发系统软件（软件包）可以从系统设计开始，完成各种形式的设计输入，并进行逻辑优化、综合和自动布局布线、系统仿真、参数测试、分析等芯片设计的全过程工作。高密度 PLD 的开发系统软件可以在 PC 机或工作站上运行。

开发系统的硬件主要包括计算机和编程器。编程器是对 PLD 进行写入和擦除的专用装置，能提供写入或擦除操作所需要的电源电压和控制信号，并通过并行接口从计算机接收编程数据，最终写入 PLD 中。

习　　题

1. 题图 1 是一个已编程的 $2^4 \times 4$ 位 ROM，试写出各数据输出端 D_3、D_2、D_1、D_0 的逻辑函数表达式。

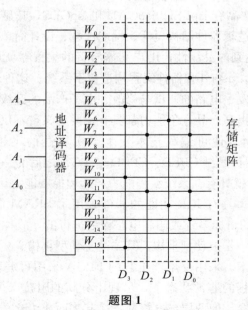

题图 1

2. 试问一个 256 字×4 位的 ROM 应有地址线、数据线、字线和位线各多少根？

3. 确定用 ROM 实现下列逻辑函数所需的容量。

（1）比较两个四位二进制数的大小及是否相等。

（2）两个三位二进制数相乘的乘法器。

（3）将八位二进制数转换成十进制数（用 BCD 码表示）的转换电路。

4. 用一个 2—4 译码器和四片 1024×8 的 ROM 组成一个容量为 4096×8 的 ROM，画出连接图（ROM 芯片的逻辑符号如题图 2 所示，$\overline{CS}$ 为片选信号）。

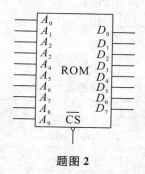

题图 2

5. 题图 3 为 256×4 位 RAM 芯片的符号图，试用位扩展的方法组成 25×8 位 RAM，并画出逻辑图。

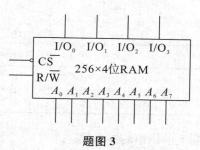

题图 3

6. 已知 4×4 位 RAM 如题图 4 所示。如果把它们扩展成 8×8 位 RAM：

（1）试问需要几片 4×4RAM?

（2）画出扩展电路图。

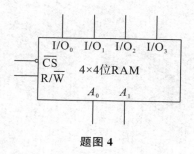

题图 4

7. 试用 ROM 实现 8421 BCD 码至余 3 码的转换器。

8. 题图 5 是用 16×4 位 ROM 和同步十六进制加法计数器 74LS161 组成的脉冲分频电路。ROM 的数据表如题表 1 所示。试画出在 CP 信号的连续作用下 D_3、D_2、D_1、

D_0 输出的电压波形，并说明它们和 CP 信号频率之比。

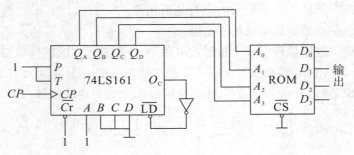

题图 5

题表 1

地址输入				数据输出				地址输入				数据输出			
A_3	A_2	A_1	A_0	D_3	D_2	D_1	D_0	A_3	A_2	A_1	A_0	D_3	D_2	D_1	D_0
0	0	0	0	1	1	1	1	1	0	0	0	1	1	1	1
0	0	0	1	0	0	0	0	1	0	0	1	0	1	0	0
0	0	1	0	0	0	1	1	1	0	1	0	0	0	0	1
0	0	1	1	0	1	0	0	1	0	1	1	0	0	1	0
0	1	0	0	0	1	0	1	1	1	0	0	0	0	0	1
0	1	0	1	1	0	1	0	1	1	0	1	0	1	0	0
0	1	1	0	1	0	0	1	1	1	1	0	0	1	1	1
0	1	1	1	1	0	0	0	1	1	1	1	0	0	0	0

9. 试用 FPLA 实现习题 7 的码组转换电路。

10. 试用 FPLA 和 D 触发器实现一个模 8 加/减法计数器。

11. 试用 FPLA 和 JK 触发器实现一个模 9 加法计数器。

12. 比较 GAL 和 PAL 器件在电路结构形式上有何异同点。

参考文献

[1] 蔡惟铮. 基础电子技术 [M]. 北京：高等教育出版社，2004.

[2] 陈明义. 数字电子电路基础 [M]. 长沙：中南大学出版社，2005.

[3] 曹汉房. 数字电路与逻辑设计 [M]. 4 版. 武汉：华中科技大学出版社，2004.

[4] 高吉祥，库锡树，刘菊荣，等. 电子技术基础实验与课程设计 [M]. 3 版. 北京：电子工业出版社，2011.

[5] 姜书艳. 数字逻辑设计及应用 [M]. 北京：清华大学出版社，2007.

[6] 康华光. 电子技术基础数字部分 [M]. 5 版. 北京：高等教育出版社，2006.

[7] 蓝江桥，曹汉房. 现代数字电路设计 [M]. 北京：高等教育出版社，2006.

[8] 李燕明. 电路和电子技术（下）[M]. 北京：北京理工大学出版社，2012.

[9] 刘时进. 数字电子技术基础 [M]. 武汉：湖北科学技术出版社，2008.

[10] 龙治红，谭本军. 数字电子技术 [M]. 北京：北京理工大学出版社，2010.

[11] 秦曾煌. 电工学（下册）[M]. 北京：高等教育出版社，2011.

[12] 唐庆玉. 电工技术与电子技术（下）[M]. 北京：清华大学出版社，2007.

[13] 童诗白，华成英. 模拟电子技术基础 [M]. 北京：高等教育出版社，2006.

[14] 王鸿明，段玉生. 电工与电子技术 [M]. 北京：高等教育出版社，2009.

[15] 王毓银. 数字电路逻辑设计 [M]. 4 版. 北京：高等教育出版社，2005.

[16] 谢芳森，刘祝华，徐林. 数字电子技术 [M]. 北京：电子工业出版社，2012.

[17] 阎石. 数字电子技术基础 [M]. 5 版. 北京：高等教育出版社，2006.

[18] 余孟尝，陆小珊，王胜元. 电子技术 [M]. 北京：高等教育出版社，2005.

[19] 杨颂华，初秀琴，张秀芳. 电子线路 EDA 仿真技术 [M]. 西安：西安交通大学出版社，2008.

[20] 尹雪飞，陈克安. 集成电路速查大全 [M]. 西安：西安电子科技大学出版社，2003.

[21] 余孟尝. 数字电子技术基础简明教程 [M]. 3 版. 北京：高等教育出版社，2006.

[22] 赵曙光，郭万有，杨颂华. 可编程逻辑器件原理、开发与应用 [M]. 2 版. 西安：西安电子科技大学出版社，2006.

[23] 张兴忠，阎宏印，武淑红. 数字逻辑与数字系统 [M]. 北京：科学出版社，2004.